国家科学技术学术著作出版基金资助出版

纳米力学测试新方法
——扫描探针声学显微术

NANOMECHANICAL TESTING METHOD
ATOMIC FORCE ACOUSTIC MICROSCOPY

李法新　周锡龙　付　际　著

科学出版社

北　京

内 容 简 介

本书是关于纳米力学测试新方法——扫描探针声学显微术(AFAM)的专著，是在作者前期研究的基础上，经过总结和凝练而成。AFAM 的基本原理是利用探针与样品的接触振动来对材料纳米尺度的弹性性能进行成像或测量，主要涉及微悬臂梁的振动力学和接触力学。本书的内容安排如下：第 1章绪论，简要介绍当前主要的纳米力学测试方法以及 AFAM 的发展历史和研究现状。第 2 章首先简介接触力学的基本理论，随后介绍纳米压痕的测试原理和应用。第 3 章简介原子力显微镜的基本原理和应用模式。第 4~6 章详细介绍AFAM 的定量化原理及基本成像模式，测试和成像的准确度和灵敏度以及基于AFAM 的黏弹性力学性能测试方法的原理。第 7 章介绍 AFAM 在纳米科学技术各个领域的应用，主要涉及复合材料、智能材料和生物材料等。第 8 章介绍目前正在兴起的另外一种纳米力学测试技术——多频原子力显微成像技术。

本书可作为力学、物理学、材料学等学科，特别是纳米科学与技术领域的研究生、本科生以及相关研究人员的参考书，本书所涉及的原理和方法，对其他测试领域的研究人员也有一定的启示作用。

图书在版编目(CIP)数据

纳米力学测试新方法：扫描探针声学显微术/李法新，周锡龙，付际著.
—北京：科学出版社，2017.1

ISBN 978-7-03-051576-6

Ⅰ. ①纳… Ⅱ. ①李… ②周… ③付… Ⅲ. ①纳米材料–材料力学–研究
Ⅳ. ①TB383.01

中国版本图书馆 CIP 数据核字 (2017) 第 017084 号

责任编辑：刘信力 /责任校对：钟 洋
责任印制：徐晓晨 /封面设计：耕者设计

科 学 出 版 社 出版
北京东黄城根北街 16 号
邮政编码：100717
http://www.sciencep.com

北京虎彩文化传播有限公司 印刷
科学出版社发行 各地新华书店经销

*

2017 年 3 月第 一 版 开本：720×1000 1/16
2017 年 8 月第二次印刷 印张：12 1/4 插页：4
字数：233 000

定价：**78.00 元**
(如有印装质量问题，我社负责调换)

前　言

纳米科学与技术是近二十年来发展起来的一门前沿和交叉学科，纳米力学作为其中的一个分支，对其他分支学科如纳米材料学、物理学、生物医学等都有着重要的支撑作用。当前纳米力学主要应用的测试手段是纳米压痕和基于原子力显微镜 (AFM) 的力–距离曲线方法，实际上还有另外一种基于 AFM 的纳米力学测试方法——扫描探针声学显微术 (atomic force acoustic microscopy, AFAM)。AFAM 具有分辨率高、成像速度快、相对误差低、力学性能敏感度高等优点。然而，目前 AFAM 的应用还不够广泛，相关领域的学者对 AFAM 了解和使用的还不多。为此，我们在前期研究的基础上，经过整理和凝练，形成了这部专著，目的是推动 AFAM 这种新型纳米力学测量方法在国内的广泛应用。

AFAM 的基本原理是利用探针与样品的接触振动来对材料纳米尺度的弹性性能进行成像或测量。AFAM 于 20 世纪 90 年代中期由德国萨尔布吕肯无损检测研究所的 Rabe 博士 (女) 首先提出，最初为单点测量模式。2000 年前后，他们采用逐点扫频的方式实现了模量成像功能，但是成像的速度很慢，一幅 128×128 像素的图像需要大约 30min，导致图像的热漂移比较严重。2005 年，美国国家标准局的 Hurley 博士 (女) 采用 DSP 电路控制扫频和探针的移动，将成像速度提高了 4~5 倍 (一幅 256×256 像素的图像需要大约 25min)。同年，中国科学院上海硅酸盐研究所的曾华荣研究员在国内率先独立开发出定频成像模式的 AFAM，但不能测量模量。随后，同济大学、北京工业大学等单位也对这种成像模式进行了研究。2011 年初，我们研究组将双频共振追踪技术用于 AFAM，实现了快速的纳米模量成像 (一幅 256×256 像素的图像只需 1~2min)，并对其准确度和灵敏度进行了系统研究。最近几年，AFAM 引起了越来越多国内外学者的关注。然而，相对于其他 AFM 模式，AFAM 的测量原理涉及梁振动力学和接触力学，初学者不容易掌握。

本书的主要内容是介绍 AFAM 方法的原理和应用，同时对所涉及的其他纳米力学测试方法，包括纳米压痕、AFM 力–距离曲线方法、多频原子力显微术，也逐一进行了介绍。然而，由于我们所用仪器和研究水平的限制，在对这些方法进行介绍和评价时难免出现疏漏和不准确，因此欢迎相关专家和读者提出宝贵意见和建议。

作　者

2015 年 9 月 1 日

目　　录

彩图

第 1 章 　绪　　　论

1.1 　微纳米力学测试的意义和必要性

1959 年美国著名物理学家费曼在美国物理学会会议上做了 *There's Plenty of Room at the Bottom* 的报告，被认为拉开了纳米科学和技术的序幕。近些年来，随着纳米科学技术的快速发展，各种人工合成的纳米材料和器件层出不穷[1]，材料或器件的尺寸变得越来越小。这些纳米材料和器件广泛应用于国民生产以及国防等各个部门，发挥着重要作用。纳米材料和器件的广泛应用又推动人们设计和开发新的、可靠性更高的器件。目前，世界上主要的发达国家都把纳米科学和技术列为国家优先发展的高科技领域。纳米力学是研究纳米尺度材料、器件与结构的力学，是纳米科学技术的一个分支。纳米力学包括纳米材料学、纳米摩擦学、纳米机电系统、纳米流体力学等。纳米材料和器件典型的特征就是小尺度。材料纳米尺度的力学性能可能与宏观块体材料不同，主要是因为当材料从宏观尺度降低到微纳米尺度时，材料的表面积与体积比随尺度的降低而迅速增加，导致材料的表面能迅速增大，材料变得不稳定，一些微观效应开始变得显著。有的材料还具有临界尺寸效应，即当尺寸降低到一定程度时，材料性能会发生显著变化。力学性能是纳米材料应用的最基本性能，将直接决定纳米材料或结构的可靠性和稳定性。为了在服役过程中稳定高效地发挥纳米材料和结构的功能，必须对其力学性能进行测试和表征，因此发展纳米力学测试和表征方法就显得尤为关键。

微纳米力学测试是微纳米力学分支学科的基础和重要内容。微纳米尺度力学性能测试面临的主要挑战是材料的小尺度。尤其是纳米力学，涉及纳米尺度的力和位移，需要通过特殊的传感器进行测量。纳米材料的测试和表征，需要事先知道材料的微纳尺度空间结构。而对于多相纳米材料，如纳米复合材料和生物材料，需要对各相材料以及不同相材料之间的界面进行测试和表征。纳米材料和器件在服役过程中通常会受到各种力、热、电、磁等载荷的作用。在外载作用下，如果存在多场耦合效应，其力学性能也会相应地发生改变。对材料微纳米尺度的组分进行力学定量化测试，有助于建立材料各组分的力学性能与宏观整体性能之间的关系，进一步通过材料微尺度结构设计提高其宏观力学性能。因此，想要稳定高效地发挥纳米材料和结构的作用，就必须对纳米材料和结构在力、热、电、磁等载荷作用下的性能响应进行分析和表征。鉴于纳米力学性能的重要性，目前急需发展各种可靠的纳米力学表征方法。另外，为了节省成本，缩短产品周期，研究人员也需要发展各种理论和数值模型，对纳米材料和器件的性能和行为进行预测，而模型中的很多参数需要通过纳米力学定量化测试来获得。

发展纳米尺度力学性能测试方法的研究方向可以分为两大类：一类是仿照宏观材料力学性能测试方法，将样品的尺度从宏观降低到微纳米尺度；另一类是直接发展适合于微纳米尺度的力学性能测试方法。在介绍微纳米力学测试方法之前，回顾一下宏观力学测试方法，既可以与微纳米尺度的测试方法对比，也可以为发展微纳米力学测试方法提供新思路。图 1.1 是常用的材料宏观力学性能测试方法，其中拉伸、压缩、扭转等属于简单应力状态的测试，压痕等测试方法属于复杂应力状态测试。参照宏观力学性能的测试方法，可以直接将材料尺度降低，制备出微纳米尺

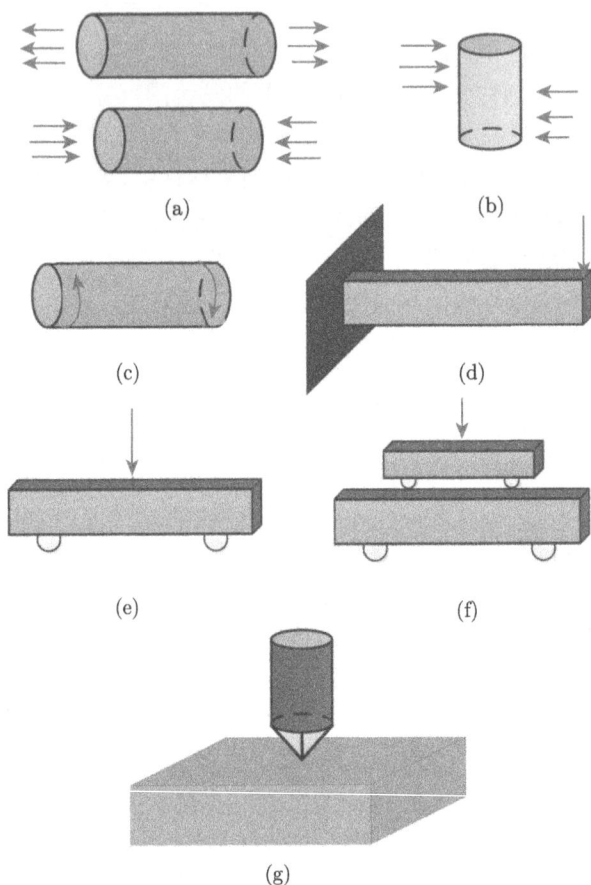

(a)

(b)

(c)

(d)

(e)

(f)

(g)

图 1.1　材料宏观力学性能的各种测试方法

(a) 单轴拉伸压缩测试；(b) 剪切测试；(c) 扭转测试；(d) 悬臂梁弯曲测试；(e) 三点弯测试；(f) 四点弯测试；(g) 宏观压痕测试[3]

度的测试样品，实现对材料微纳米尺度力学性能的测试。例如，我们可以制备出横跨在微纳米孔上的纳米线，利用图 1.1 中三点弯测试的方法，结合具体的力学分析模型，实现对纳米线力学性能的测试。然而，这类测试方法对样品制备和测试夹具提出了很高的要求，由于样品制备和夹持的分散性，往往给测试结果带来很大不确定性。我们通常所说的微纳米力学测试方法主要指的是后一类，即对材料微区进行力学性能测试的方法，一般来说样品仍然是宏观尺度的。本书中所涉及的微纳米力学测试方法，如无特别说明，均指的是这一类方法。

定量化纳米力学测试方法主要分为两类：一类是基于纳米压痕技术 (nanoindentation，NI)，可以看成将宏观压痕方法尺度降低演变而来的一种方法，但是对接触面积的处理方式又与宏观压痕有所区别，宏观压痕是直接在光学显微镜下对压痕尺寸进行测量，而纳米压痕是利用测量得到的压入深度反推出压痕面积；另一类是基于原子力显微镜 (atomic force microscopy，AFM) 的纳米力学测试方法。此外，还有纳米云纹法，可以用来测量物体表面的全场变形。但是，这类技术一般无法获得样品表面的力学性能等定量化信息[2]。纳米压痕测试方法主要包括准静态压入测试、纳米划痕、动态黏弹性力学性能测试以及模量成像等。而基于 AFM 的定量化纳米力学测试方法的种类比较多，包括力–距离曲线测试、扫描探针声学显微术、多频测试技术、摩擦力测试等。这两类测试方法都是基于压头或针尖与样品表面相互作用。从测试系统的观点来看，两类微纳米力学测试技术的基本思路是一致的，都是给包含被测样品在内的力学系统一个载荷或位移输入，测量系统的响应输出。根据建立的包含有未知参数的力学系统模型及相应的输入和输出响应，反推出力学系统的模型参数。衡量一种微纳米力学测试方法的主要指标有：测试范围及测试内容、空间分辨率、是否无损、测试技术的准确度和灵敏度、测试或成像速度等。

目前，对纳米力学测试的研究又可以分为两类：一类是针对测试方法本身的研究，包括对方法基本理论的建立和发展，对新的测试方法的开发等；另一类是利用相关测试方法对材料微纳米力学性能进行的研究，是对测试方法的应用研究。其中，针对方法本身研究的深入程度是方法是否很好应用的前提和基础。只有对方法有透彻深入的理解后，才能更好地开展应用方面的工作，这也是测试方法研究的最终目的。

1.2 微纳米力学测试方法的现状和发展趋势

下面简要介绍一下目前应用最广泛的两类微纳米力学测试方法：纳米压痕方法和基于原子力显微镜的纳米力学测试方法。

纳米压痕是 20 世纪 90 年代初期快速发展起来的一种微纳米力学测试方法，是研究微纳米尺度材料力学性能的重要方法之一，在科研和工业领域都有着广泛的应用[4,5]。纳米压痕的压入深度在一般在纳米量级，远小于传统压痕的微米或毫米量级。限于光学显微镜的分辨率，无法直接对纳米压痕的尺寸进行精确测量。纳米压痕技术通过测量压针的压入深度，根据特定形状压针压入深度与接触面积的关系推算出压针与被测样品之间的接触面积。因此，纳米压痕也被称为深度识别压痕 (depth-sensing indentation，DSI) 技术。纳米压痕技术的应用范围非常广泛，可以用于金属、陶瓷、聚合物、生物材料、薄膜等绝大多数样品的测试。纳米压痕相关仪器的操作和使用也非常方便，加载过程既可以通过载荷控制，也可以通过位移控制，并且只需测量压针压入样品过程中的载荷位移曲线，结合恰当的力学模型就可以获得样品的力学信息。纳米压痕获得的材料信息也比较丰富，既可以通过静态力学性能测试获得材料的硬度、弹性模量、断裂韧性、相变 (畸变) 等信息，也可以通过动态力学性能测试获得被测样品的存储模量、损耗模量或损耗因子等。另外，动态纳米压痕技术还可以实现对材料微纳米尺度存储模量和损耗模量的模量成像 (modulus mapping)。图 1.2 是美国 Hysitron 公司生产的 TI-900 Triboindenter 纳米压痕仪的实物图。纳米压痕作为一种较通用的微纳米力学测试方法，目前仍然有不少研究者致力于对其方法本身的改进和发展。

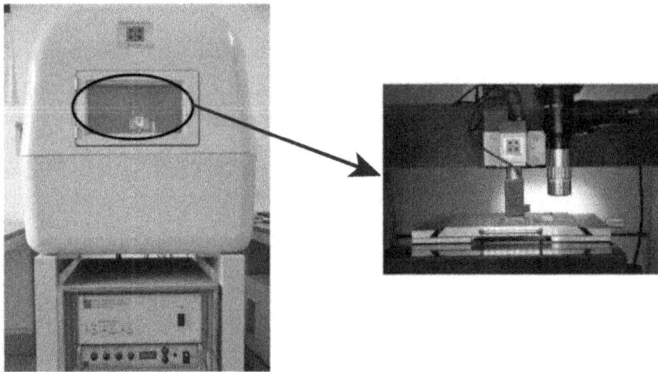

图 1.2 美国 Hysitron 公司生产的 TI-900 Triboindenter 纳米压痕仪实物图

目前纳米压痕在科研界和工业界都得到了广泛的应用，但是它仍然存在一些难以克服的缺点，比如纳米压痕实际上是对材料有损的测试，尤其是对于薄膜来说；其压针的曲率半径一般在 50 nm 以上，由于分辨率的限制，不能对更小尺度的纳米结构进行测试；纳米压痕的扫描功能不强，扫描速度相对较慢，无法捕捉材料在外场作用下动态性能的变化。

基于 AFM 的纳米力学测试方法是另一类被广泛应用的测试方法。1986 年，Binnig 等[6] 发明了第一台原子力显微镜 (AFM)。AFM 克服了之前扫描隧道显微镜 (STM) 只能对导电样品或半导体样品进行成像的限制，可以实现对绝缘体材料表面原子尺度的成像，具有更广泛的应用范围。AFM 利用探针作为传感器对样品表面进行测试，不仅可以获得样品表面的形貌信息，还可以实现对材料微区物理、化学、力学等性质的定量化测试。目前，AFM 广泛应用于物理学、化学、材料学、生物医学、微电子等众多领域。

经过三十年的发展，目前科学家在 AFM 基础上实现了多种测量和表征材料不同性能的应用模式。利用原子力显微镜，人们实现了对化学反应前后化学键变化的成像[7,8]，研究了化学键的角对称性质[9]以及分子的侧向刚度[10]。Ternes 等[11] 测量了在材料表面移动单个原子所需要施加的作用力。各种不同的应用模式可以获得被测样品表面纳米尺度力、热、声、电、磁等各个方面的性能。基于 AFM 的定量化纳米力学测试方法主要有力–距离曲线测试、扫描探针声学显微术和基于轻敲模式的动态多频技术。

力–距离曲线测试分为准静态模式和动态模式，实际应用中采用最多的是准静态模式下的力–距离曲线测试。由力–距离曲线测试可以获得样品表面的力学性能及黏附的信息。利用接触力学模型对力–距离曲线进行拟合，可以获得样品表面的弹性模量。力–距离曲线测试与纳米压痕相比，可以施加更小的作用力 (nN量级)，较好地避免了对生物软材料的损害，极大地降低了基底对薄膜力学性能测试的影响。力–距离曲线测试广泛应用于聚合物材料和生物材料的纳米力学性能测试，很多研究者利用此方法获得了细胞的模量信息[12-14]。力–距离曲线阵列测试可以获得测试区域内力学性能的分布，但是分辨率较低，且测试时间较长。另外，力–距离曲线一般只对软材料才比较有效。图 1.3 是通过力–距离曲线阵列测试获得的细胞力学性能 (模量) 的分布[12]。

将近场声学和扫描探针显微术相结合的扫描探针声学显微术是近些年来发展的纳米力学测试方法[15]。扫描探针声学显微术有多种应用模式，如超声力显微术 (ultrasonic force microscopy, UFM)[16]、原子力声学显微术 (atomic force acoustic microscopy, AFAM)[17-19]、超声原子力显微术 (ultrasonic atomic force microscopy, UAFM)[20]，扫描声学力显微术 (scanning acoustic force microscopy, SAFM)[21] 等。在以上几种应用模式中，以基于接触共振检测的 AFAM 和 UAFM 这两种方法应用最为广泛，有时也将它们统称为接触共振力显微术 (contact resonance force microscopy, CRFM)。本书主要是关于 AFAM 方法的专著，采用 AFAM 缩写表示扫描探针声学显微术。AFAM 利用探针和样品之间的接触共振进行测试，基于对探针的动力学特性以及针尖样品之间的接触力学行为分析，可以通过对探针接触共振频率、品质因子、振幅、相位等响应信息的测量，实现被测样品力学性能的定量化表征。AFAM 不仅可以获得样品表面纳米尺度的形貌特征，还可以测量样品表面或亚表面的纳米力学特性。AFAM 属于近场声学成像技术，它克服了传统声学成像中声波半波长对成像分辨率的限制，其分辨率取决于探针针尖与测试样品之间的接触半径大小。AFM 探针的针尖半径很小 (5~50 nm)，且施加在样品上的作用力也很小 (一般为几纳牛到几微牛)，因此 AFAM 的空间分辨率极高，其横向分辨率与普通 AFM 一样可以达到纳米量级。与纳米压痕技术相比，AFAM 在分辨率方面具有明显的优势，通常认为其测试过程是无损的。此外，AFAM 在成像质量和速度方面均明显优于纳米压痕。目前，AFAM 已经广泛应用于纳米复合材料、智能材料、生物材料、纳米材料和薄膜系统等各种先进材料领域。

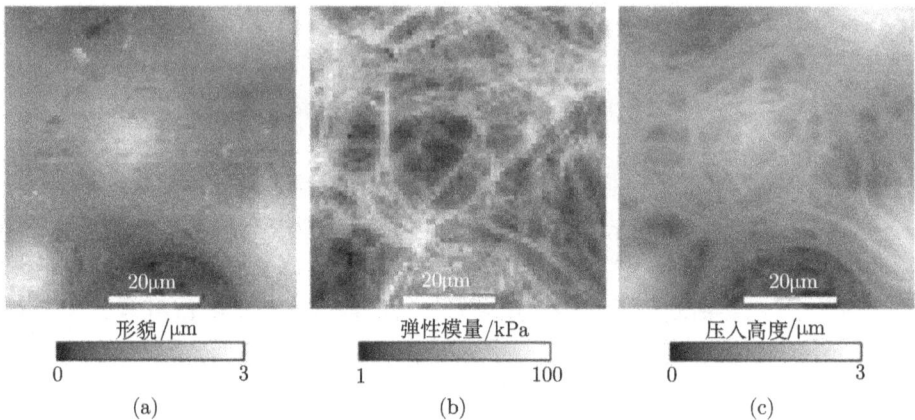

图 1.3　 利用力–距离曲线测量内皮细胞的弹性模量分布

(a) 形貌图；(b) 弹性模量图；(c) 压入高度图[12]

　　AFAM 方法最早是由德国佛罗恩霍夫无损检测研究所 Rabe 等[22] 在 1994 年提出的。1996 年 Rabe 等[23] 详细分析了探针自由状态以及针尖与样品表面接触情况下微悬臂的动力学特性，建立了针尖与样品接触时共振频率与接触刚度之间的定量化关系。之后，他们还给出了考虑针尖与样品侧向接触、针尖高度及微悬臂倾角影响的微悬臂振动特征方程[19]。他们在这方面的主要工作奠定了 AFAM 定量化测试的理论基础。Reinstaedtler 等[24] 利用光学干涉法对探针悬臂梁的振动模态进行了测量。Turner 等[25] 采用解析方法和数值方法对比了针尖样品之间分别存在线性和非线性相互作用时，点质量模型和 Euler-Bernoulli 梁模型描述悬臂梁动态特性的异同。

　　AFAM 方法提出之后，不少研究者对方法的准确度和灵敏度方面进行了研究。Hurley 等[26] 分析了空气湿度对 AFAM 定量化测量结果的影响。Rabe 等[27] 分析了探针基片对 AFAM 定量化测量的影响。Hurley 等详细对比了 AFAM 单点测试与纳米压痕以及声表面波谱方法的测试原理、空间分辨率、适用性及测试优缺点等。Stan 等[28] 提出一种双参考材料的方法，此方法不需要了解针尖的力学性能，可以在一定程度上提高测试的准确度。他们还提出了一种基于多峰接触的接触力学模型，在一定程度上可以提高测试的准确度[29]。Turner 等[30] 通过严格的理论推导研究了探针不同阶弯曲振动和扭转振动模态的灵敏度问题。Muraoka[31] 提出一种在探针微悬臂末端附加集中质量的方法，以提高测试灵敏度。Rupp 等[32] 对 AFAM 测试过程中针尖样品之间的非线性相互作用进行了研究。Kopycinska-Muller 等[33] 研究了 AFAM 测试过程中针尖样品微纳米尺度下的接触力学行为。Killgore 等[34] 提出了一种通过检测探针接触共振频率变化对针尖磨损进行连续测量的方法。关于准确度和灵敏度的具体相关内容将在第 5 章中进行详细介绍。

除了采用弯曲振动模式进行测量外，Reinstadtler 等[35] 给出了探针扭转振动模式测量侧向接触刚度的理论基础。通过同时测量探针微悬臂的弯曲振动和扭转振动，Hurley 和 Turner[36] 提出了一种同时测量各向同性材料杨氏模量、剪切模量和泊松比的方法。Killgore 等[37] 提出了利用软探针的高阶模态进行 AFAM 定量化测试的方法，可以使探针施加在样品上的力减小到 10 nN，极大地扩展了这一方法的应用范围。Killgore 和 Hurley[38] 提出了一种新的脉冲接触共振的方法，将接触共振与脉冲力模式相结合，不仅能测量探针的接触共振频率和品质因子，还可以测量针尖样品之间黏附力的大小。

在 AFAM 测试系统开发方面，Hurley 等[39,40] 开发了一套基于快速数字信号处理的扫频模式共振频率追踪系统。这一测试系统可以根据上一像素点的接触共振频率自动调整扫描频率的上下限。随后，他们又开发出一套称为 SPRITE(scanning probe resonance image tracking electronics) 的测试系统，可以同时对探针两阶模态的接触共振频率和品质因子进行成像，并大大提高成像速度[41]。Rodriguez 等[42] 开发了一种双频共振频率追踪 (dual frequency resonance tracking, DFRT) 的方法，此种方法应用于 AFAM 定量化成像中，可以同时获得探针的共振频率和品质因子[43]。日本的 Yamanaka 等[44] 利用 PLL(phase locked loop) 电路实现了 UAFM 接触共振频率追踪。

在黏弹性力学性能测试方面，Yuya 等[45,46] 发展了 AFAM 黏弹性力学性能测试的理论基础。随后，Killgore 等[47] 将单点测试拓展到成像测试，对二元聚合物的黏弹性力学性能进行了定量化成像，获得了存储模量和损耗模量的分布图。Hurley 等[48] 发展了一种不需要进行中间的校准测试过程而直接测量损耗因子的方法。Tung 等[49] 采用二维流体动力学函数，考虑探针接近样品表面时的阻尼和附加质量效应以及与频率相关的流体动力载荷，对黏弹性阻尼损耗测试进行了修正。周锡龙等[50] 研究了探针不同阶模态对黏弹性测量灵敏度的影响，提出了一种利用软悬臂梁的高阶模态进行黏弹性力学性能测试的方法。

有限元数值分析方面，Hurley 等[51] 分别基于解析模型和有限元模型两种数据分析方法测量了铌薄膜的压入模量，并进行了对比。Espinoza-Beltran 等[52] 考虑探针微悬臂的倾角、针尖高度、梯形横截面、材料各向异性等的影响，给出了一种将实验测试和有限元优化分析相结合，确定针尖样品面外和面内接触刚度的方法。有限元分析方法综合考虑了实际情况中的多种影响因素，精度相对较高。

研究液相环境下流体载荷对探针振动产生的影响可以将 AFAM 定量化测试应用范围扩展至液相环境。液相环境下增加的流体质量载荷和流体阻尼使探针振动的共振频率和品质因子都大大减小。Parlak 等[53] 采用简单的解析模型考虑流体质量载荷和流体阻尼效应，可以在液相环境下从探针的接触共振频率导出针尖样品的接触刚度值。Tung 等[54] 通过严格的理论推导，提出通过重构流体动力学函数的方法，将流体惯性载荷效应进行分离。此方法不需要预先知道探针的几何尺寸及材料特性，也不需要了解周围流体的力学性能。

扫描探针声学显微术一般适用于模量范围在 1~300 GPa 的材料。对于更软的材料，在测试过程中接触力有可能会对样品造成损害。基于轻敲模式的原子力显微镜多频成像技术是近年来发展的一项纳米力学测试方法。通过同时激励和检测探针多个频率的响应或探针振动的两阶 (或多阶) 模态或探针振动的基频和高次谐波成分等，可以实现对被测样品形貌、弹性等性质的快速测量。只要是涉及探针两个及两个以上频率成分的激励和检测，均可以归为多频成像技术。由于轻敲模式下针尖施加的作用力远小于接触状态下的作用力，因此基于轻敲模式的多频成像技术适合于软物质力学性能的测量。

目前微纳米力学性能测试方法的发展趋势主要向快速定量化以及动态模式发展，测试对象也越来越多地涉及软物质、生物材料等之前较难测试的样品。另外，纳米力学测试方法的标准化也在逐步推进。建立标准化的纳米力学测试方法标志着相关测试方法的逐渐成熟，对纳米科学和技术的发展也具有重要的推动作用。

1.3　本书的主要内容和安排

本书的主要内容安排如下：第 2 章主要介绍接触力学的基本理论以及纳米压痕测试技术的基本原理和相关应用。接触力学的基本知识不论是对于纳米压痕还是基于原子力显微镜的纳米力学测试方法都是必需的。第 3 章首先介绍原子力显微镜的基本成像原理和组成、各种成像模式以及常见问题，随后介绍力-距离曲线测试方法以及在低维纳米材料力学和细胞力学领域的应用。第 4 章详细介绍扫描探针声学显微术的定量化测试基础、实验实现以及基本成像模式。第 5 章介绍扫描探针声学显微术测试过程中的准确度和灵敏度，是对相关测试方法研究的深入。

第 6 章介绍基于扫描探针声学显微术的材料黏弹性力学性能测试方法及相关应用。第 7 章介绍扫描探针声学显微术在先进材料领域的应用，主要包括纤维增强复合材料、智能材料、生物材料、纳米材料和薄膜。第 8 章介绍近年来兴起的定量化纳米力学测试方法——原子力显微镜多频成像技术。

参 考 文 献

[1] 沈海军. 纳米科技概论. 北京: 国防工业出版社, 2007.

[2] 沈海军, 史友进. 纳米实验力学中的相关测试技术. 现代仪器, 2006, 5: 1–4.

[3] Mohanty B. Doctor of Philosophy. North Dakota State University of Agriculture and Applied Science, Fargo, North Dakota, 2008.

[4] Fischer-Cripps A C. Nanoindentation. New York: Springer-Verlag, 2002.

[5] 张泰华. 微/纳米力学测试技术及其应用. 北京: 机械工业出版社, 2005.

[6] Binnig G, Quate C F, Gerber C. Atomic force microscope. Physical Review Letters, 1986, 56(9): 930–933.

[7] de Oteyza D G, Gorman P, Chen Y C, Wickenburg S, Riss A, Mowbray D J, Etkin G, Pedramrazi Z, Tsai H Z, Rubio A, Crommie M F, Fischer F R. Direct imaging of covalent bond structure in single-molecule chemical reactions. Science, 2013, 340(6139): 1434–1437.

[8] Zhang J, Chen P C, Yuan B K, Ji W, Cheng Z H, Qiu X H. Real-space identification of intermolecular bonding with atomic force microscopy. Science, 2013, 342(6158): 611–614.

[9] Welker J, Giessibl F J. Revealing the angular symmetry of chemical bonds by atomic force microscopy. Science, 2012, 336(6080): 444–449.

[10] Weymouth A J, Hofmann T, Giessibl F J. Quantifying molecular stiffness and interaction with lateral force microscopy. Science, 2014, 343(6175): 1120–1122.

[11] Ternes M, Lutz C P, Hirjibehedin C F, Giessibl F J, Heinrich A J. The force needed to move an atom on a surface. Science, 2008, 319(5866): 1066–1069.

[12] Braga P C, Ricci D. Atomic Force Microscopy-Biomedical Methods and Applications. Totowa, New Jersey: Human Press, 2004.

[13] Darling E M. Force scanning: a rapid, high-resolution approach for spatial mechanical property mapping. Nanotechnology, 2011, 22(17): 175707.

[14] Engler A J, Sen S, Sweeney H L, Discher D E. Matrix elasticity directs stem cell lineage specification. Cell, 2006, 126(4): 677–689.

[15] Huey B D. AFM and acoustics: Fast, quantitative nanomechanical mapping. Annual Review of Materials Research, 2007, 37: 351–385.

[16] Yamanaka K, Ogiso H, Kolosov O. Ultrasonic force microscopy for nanometer resolution subsurface imaging. Applied Physics Letters, 1994, 64(2): 178–180.

[17] Hurley D C. Applied Scanning Probe Methods XI. Berlin: Springer, 2009: 97–138.

[18] Hurley D C. Scanning Probe Microscopy of Functional Materials: Nanoscale Imaging and Spectroscopy. New York: Springer Science+Business Media, LLC, 2010: 95–124.

[19] Rabe U. Applied Scanning Probe Methods II. Berlin: Springer-Verlag, 2006: 37–90.

[20] Yamanaka K, Nakano S. Ultrasonic atomic force microscope with overtone excitation of cantilever. Japanese Journal of Applied Physics Part 1——Regular Papers Short Notes & Review Papers, 1996, 35(6B): 3787–3792.

[21] Chilla E, Hesjedal T, Fröhlich H J. Nanoscale determination of phase velocity by scanning acoustic force microscopy. Physical Review B, 1997, 55: 15852.

[22] Rabe U, Arnold W. Acoustic microscopy by atomic-force microscopy. Applied Physics Letters, 1994, 64(12): 1493–1495.

[23] Rabe U, Janser K, Arnold W. Vibrations of free and surface-coupled atomic force microscope cantilevers: Theory and experiment. Review of Scientific Instruments, 1996, 67(9): 3281–3293.

[24] Reinstaedtler M, Rabe U, Scherer V, Turner J A, Arnold W. Imaging of flexural and torsional resonance modes of atomic force microscopy cantilevers using optical interferometry. Surface Science, 2003, 532: 1152–1158.

[25] Turner J A, Hirsekorn S, Rabe U, Arnold W. High-frequency response of atomic-force microscope cantilevers. Journal of Applied Physics, 1997, 82(3): 966–979.

[26] Hurley D C, Turner J A. Humidity effects on the determination of elastic properties by atomic force acoustic microscopy. Journal of Applied Physics, 2004, 95(5): 2403–2407.

[27] Rabe U, Hirsekorn S, Reinstadtler M, Sulzbach T, Lehrer C, Arnold W. Influence of the cantilever holder on the vibrations of AFM cantilevers. Nanotechnology, 2007, 18(4): 044008.

[28] Stan G, Price W. Quantitative measurements of indentation moduli by atomic force acoustic microscopy using a dual reference method. Review of Scientific Instruments, 2006, 77(10): 103707.

[29] Stan G, Cook R F. Mapping the elastic properties of granular Au films by contact resonance atomic force microscopy. Nanotechnology, 2008, 19(23): 235701.

[30] Turner J A, Wiehn J S. Sensitivity of flexural and torsional vibration modes of atomic force microscope cantilevers to surface stiffness variations. Nanotechnology, 2001, 12(3): 322–330.

[31] Muraoka M. Sensitivity-enhanced atomic force acoustic microscopy with concentrated-mass cantilevers. Nanotechnology, 2005, 16(4): 542–550.

[32] Rupp D, Rabe U, Hirsekorn S, Arnold W. Nonlinear contact resonance spectroscopy in atomic force microscopy. Journal of Physics D——Applied Physics, 2007, 40(22): 7136–7145.

[33] Kopycinska-Muller M, Geiss R H, Hurley D C. Contact mechanics and tip shape in AFM-based nanomechanical measurements. Ultramicroscopy, 2006, 106(6): 466–474.

[34] Killgore J P, Geiss R H, Hurley D C. Continuous measurement of atomic force microscope tip wear by contact resonance force microscopy. Small, 2011, 7(8): 1018–1022.

[35] Reinstadtler M, Kasai T, Rabe U, Bhushan B, Arnold W. Imaging and measurement of elasticity and friction using the TR mode. Journal of Physics D——Applied Physics, 2005, 38(18): R269–R282.

[36] Hurley D C, Turner J A. Measurement of Poisson's ratio with contact-resonance atomic force microscopy. Journal of Applied Physics, 2007, 102(3): 033509.

[37] Killgore J P, Hurley D C. Low-force AFM nanomechanics with higher-eigenmode contact resonance spectroscopy. Nanotechnology, 2012, 23(5): 055702.

[38] Killgore J P, Hurley D C. Pulsed contact resonance for atomic force microscopy nanomechanical measurements. Applied Physics Letters, 2012, 100(5): 053104.

[39] Hurley D C, Kopycinska-Muller M, Kos A B, Geiss R H. Nanoscale elastic-property measurements and mapping using atomic force acoustic microscopy methods. Measurement Science & Technology, 2005, 16(11): 2167–2172.

[40] Kos A B, Hurley D C. Nanomechanical mapping with resonance tracking scanned probe microscope. Measurement Science & Technology, 2008, 19(1): 015504.

[41] Kos A B, Killgore J P, Hurley D C. SPRITE: a modern approach to scanning probe contact resonance imaging. Measurement Science & Technology, 2014, 25(2): 025405.

[42] Rodriguez B J, Callahan C, Kalinin S V, Proksch R. Dual-frequency resonance-tracking atomic force microscopy. Nanotechnology, 2007, 18(47): 475504.

[43] Gannepalli A, Yablon D G, Tsou A H, Proksch R. Mapping nanoscale elasticity and dissipation using dual frequency contact resonance AFM. Nanotechnology, 2011, 22(35): 355705.

[44] Yamanaka K, Maruyama Y, Tsuji T, Nakamoto K. Resonance frequency and Q factor mapping by ultrasonic atomic force microscopy. Applied Physics Letters, 2001, 78(13): 1939–1941.

[45] Yuya P A, Hurley D C, Turner J A. Contact-resonance atomic force microscopy for viscoelasticity. Journal of Applied Physics, 2008, 104(7): 074916.

[46] Yuya P A, Hurley D C, Turner J A. Relationship between Q-factor and sample damping for contact resonance atomic force microscope measurement of viscoelastic properties. Journal of Applied Physics, 2011, 109(11): 113528.

[47] Killgore J P, Yablon D G, Tsou A H, Gannepalli A, Yuya P A, Turner J A, Proksch R, Hurley D C. Viscoelastic property mapping with contact resonance force microscopy. Langmuir, 2011, 27(23): 13983–13987.

[48] Hurley D C, Campbell S E, Killgore J P, Cox L M, Ding Y F. Measurement of viscoelastic loss tangent with contact resonance modes of atomic force microscopy. Macro-

molecules, 2013, 46(23): 9396–9402.

[49] Tung R C, Killgore J P, Hurley D C. Hydrodynamic corrections to contact resonance atomic force microscopy measurements of viscoelastic loss tangent. Review of Scientific Instruments, 2013, 84(7): 073703.

[50] Zhou X L, Fu J, Miao H C, Li F X. Contact resonance force microscopy with higher-eigenmode for nanoscale viscoelasticity measurements. Journal of Applied Physics, 2014, 116(3): 034310.

[51] Hurley D C, Shen K, Jennett N M, Turner J A. Atomic force acoustic microscopy methods to determine thin-film elastic properties. Journal of Applied Physics, 2003, 94(4): 2347–2354.

[52] Espinoza-Beltran F J, Geng K, Saldana J M, Rabe U, Hirsekorn S, Arnold W. Simulation of vibrational resonances of stiff AFM cantilevers by finite element methods. New Journal of Physics, 2009, 11: 083034.

[53] Parlak Z, Tu Q, Zauscher S. Liquid contact resonance AFM: analytical models, experiments, and limitations. Nanotechnology, 2014, 25(44): 445703.

[54] Tung R C, Killgore J P, Hurley D C. Liquid contact resonance atomic force microscopy via experimental reconstruction of the hydrodynamic function. Journal of Applied Physics, 2014, 115(22): 224904.

第 2 章 接触力学与纳米压痕方法

2.1 引 言

纳米压痕 (NI)，或称纳米压入，是研究微纳米尺度材料力学性能的重要方法，在科研和工业领域有着广泛的应用[1-3]。纳米压痕与传统压痕方法的区别主要有两点：一是纳米压痕的压入尺度一般在纳米量级，远小于传统压痕的微米或毫米尺度；二是传统压痕技术通过直接测量卸载后的压痕尺寸来计算接触面积，而纳米压痕的尺度在纳米量级，由于分辨率的限制，光学显微镜无法直接对压痕的尺寸进行有效测量。纳米压痕方法通过测量压针的压入深度，根据特定形状压针压入深度与接触面积的关系推算出压针与被测样品之间的接触面积。纳米压痕测试获得的材料信息非常丰富，既可以通过准静态力学性能测试获得材料的硬度、弹性模量、断裂韧性、塑性硬化指数、黏弹性等，也可以通过动态力学性能测试获得被测样品的存储模量、损耗模量或损耗因子等信息。结合压电陶瓷驱动器的扫描功能，动态纳米压痕还可以实现材料在位形貌、接触刚度、存储模量、损耗模量等信息的成像功能。

一般在压头的加载过程中被测样品会同时发生弹性和塑性变形，而在卸载过程中只发生弹性恢复。1975 年，Bulychev 等[4] 提出了利用载荷位移曲线的卸载部分确定接触面积的方法。这一思路在一定程度上奠定了现代纳米压痕技术的基础。Doerner 和 Nix[5] 假设压痕卸载曲线初始阶段的接触面积不变，提出一种利用卸载曲线的初始线性部分计算硬度和弹性模量的方法。目前，纳米压痕最常用的数据分析方法是 Oliver 和 Pharr[6] 在 1992 年提出的采用幂函数形式对卸载曲线初始阶段进行拟合的方法，这一方法被称为 Oliver-Pharr(O-P) 方法。该方法在提出以后便得到了广泛应用。目前，与纳米压痕相关的测试技术已经相当成熟，相应的测试标准也已经形成，许多企业和公司也纷纷推出自己的商业纳米压痕仪器。同时，纳米压痕作为一种微纳米力学测试方法，仍然有不少研究者致力于对其测试方法本身的改进和发展。国内详细介绍这方面内容的书籍主要是张泰华的《微/纳米力学测试技术——仪器化压入的测量、分析、应用及其标准化》和《微/纳米力学测试技术及应用》。英文书籍主要是 Fischer-Cripps 所著的 *Nanoindentation*。这些专著中均比较详细地介绍了纳米压痕方法的测试原理、测试过程、测试结果分析及在各种领域的广泛应用。

纳米压痕作为一种微纳米力学测试方法,其测试结果的可靠性依赖于对测试系统力学模型描述的精确程度。目前,大多数的微纳米力学测试方法都是基于压针针尖与被测样品之间的接触相互作用而进行的测试,对测试系统的接触力学分析是获得被测样品各种力学性能的基础。因此,在涉及具体的微纳米力学测试方法之前,对接触力学的基本理论和知识进行介绍和了解是非常有必要的。

本章首先介绍接触力学的基本理论和知识,这部分内容不论是对基于纳米压痕还是原子力显微镜的微纳米力学测试方法都是必需的。这里主要介绍最常用的赫兹接触和一些常用的公式及结论。随后,对纳米压痕的准静态压入和动态力学性能测试这两种最常见测试方法的基本原理进行介绍。最后,简要介绍纳米压痕方法在纳米力学测试领域的一些应用。

2.2　接触力学

接触力学最早可以追溯到赫兹在 1882 年发表的一篇论文[7],它奠定了经典接触力学的基础,目前仍有广泛的应用。压针在压入被测样品过程中一般涉及被测样品的弹塑性变形,需要对接触过程中的应力场分布、位移场分布等进行分析。对压针与样品之间的接触行为研究是分析压入测试数据、获得被测样品微区硬度和弹性模量的基础。另外,也可以基于接触力学分析对原始数据进行修正,提高测试精度。本书不涉及接触力学完整的体系和详细的推导过程,直接给出相应的力学公式,对接触力学理论感兴趣的读者可以参阅 Johnson 的 *Contact Mechanics* 以及 Fischer-Cripps 的 *Introduction to Contact Mechanics*。这两本书中都比较详尽地介绍了接触力学的相关内容。

2.2.1　赫兹接触

赫兹接触是弹性接触力学中应用最广泛的模型。赫兹接触描述的是球形压头与半空间无限大弹性体之间的弹性接触相互作用,且不考虑两者之间的摩擦。在纳米压痕测试过程中,球形压针也是常用的压针形状之一。图 2.1 是赫兹接触力学模型示意图。

基于一些基本假设,经过弹性力学理论分析可以得到赫兹接触的应力场和位移场。设施加在压针上的压力大小为 F_N。针尖与样品之间接触面的投影为一圆形区域,其半径大小为 a。令 p_m 为压针与样品接触面投影下的平均压力大小,即 $p_m = F_N/\pi a^2$。赫兹接触在柱坐标系下比较容易描述。令 z 方向指向半空间无限大弹性体内部时为正,r 方向远离对称轴时为正。负应力值代表压应力,正应力值代表拉应力。对赫兹接触的应力场和位移场进行分析,还可以获得基于赫兹接触的测试技术的横向分辨率和纵向探测深度。下面给出柱坐标系下弹性半空间内部以及压针针尖与半空间接触面内和面外的应力场分布[8]。

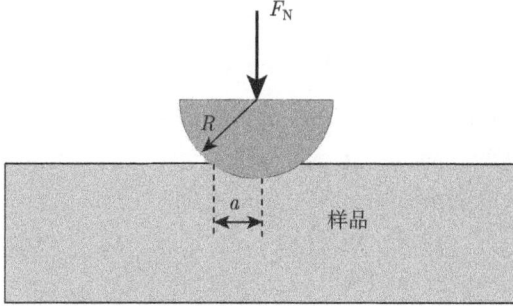

图 2.1　赫兹接触力学模型示意图

(1) 弹性半空间内部的应力场分布:

弹性半空间内部的径向应力分布 σ_r 为

$$\frac{\sigma_r}{p_{\mathrm{m}}} = \frac{3}{2} \left\{ \frac{1-2\nu}{3} \frac{a^2}{r^2} \left[1 - \left(\frac{z}{\sqrt{u}} \right)^3 \right] + \left(\frac{z}{\sqrt{u}} \right)^3 \frac{a^2 u}{u^2 + a^2 z^2} \right. \\ \left. + \frac{z}{\sqrt{u}} \left[u \frac{1-\nu}{a^2+u} + (1+\nu) \frac{\sqrt{u}}{a} \arctan \left(\frac{a}{\sqrt{u}} \right) - 2 \right] \right\} \tag{2-1}$$

环向应力分布 σ_θ 为

$$\frac{\sigma_\theta}{p_{\mathrm{m}}} = -\frac{3}{2} \left\{ \frac{1-2\nu}{3} \frac{a^2}{r^2} \left[1 - \left(\frac{z}{\sqrt{u}} \right)^3 \right] \right. \\ \left. + \frac{z}{\sqrt{u}} \left[2\nu + u \frac{1-\nu}{a^2+u} - (1+\nu) \frac{\sqrt{u}}{a} \arctan \left(\frac{a}{\sqrt{u}} \right) \right] \right\} \tag{2-2}$$

z 方向的应力分布 σ_z 为

$$\frac{\sigma_z}{p_{\mathrm{m}}} = -\frac{3}{2} \left(\frac{z}{\sqrt{u}} \right)^3 \frac{a^2 u}{a^2 z^2 + u^2} \tag{2-3}$$

rz 平面内的剪切应力分布 τ_{rz} 为

$$\frac{\tau_{rz}}{p_{\mathrm{m}}} = -\frac{3}{2} \left(\frac{rz^2}{a^2 z^2 + u^2} \right)^3 \frac{a^2 \sqrt{u}}{a^2 + u} \tag{2-4}$$

式中, $u = \dfrac{1}{2} \left\{ (r^2 + z^2 - a^2) + \left[(r^2 + z^2 - a^2)^2 + 4a^2 z^2 \right]^{1/2} \right\}$。

(2) 压针与弹性半空间接触面内及面外的应力场分布:

在压针与弹性半空间的接触面上 $(r \leqslant a)$, z 方向的应力分布 σ_z 为

$$\frac{\sigma_z}{p_{\mathrm{m}}} = -\frac{3}{2}\left(1 - \frac{r^2}{a^2}\right)^{1/2} \quad (r \leqslant a) \tag{2-5}$$

由式 (2-5) 可得, σ_z 的最大值位于 $r=0$ 处, 大小为 $1.5p_{\mathrm{m}}$。在接触面的边界处以及接触面外的弹性半空间表面, σ_z 的大小为零。

接触面上的径向应力分布 σ_r 为

$$\frac{\sigma_r}{p_{\mathrm{m}}} = \frac{1-2\nu}{2}\frac{a^2}{r^2}\left[1 - \left(1 - \frac{r^2}{a^2}\right)^{3/2}\right] - \frac{3}{2}\left(1 - \frac{r^2}{a^2}\right)^{1/2} \quad (r \leqslant a) \tag{2-6}$$

在压针与弹性半空间的接触面外 $(r > a)$, 弹性半空间表面径向应力 σ_r 和环向应力 σ_θ 的分布为

$$\frac{\sigma_r}{p_{\mathrm{m}}} = \frac{1-2\nu}{2}\frac{a^2}{r^2} \quad (r > a) \tag{2-7}$$

$$\sigma_\theta = -\sigma_r \quad (r > a) \tag{2-8}$$

由式 (2-7) 和式 (2-8) 可得, 径向拉应力 σ_r 的最大值位于 $r = a$ 处, 大小为 $\sigma_r = (1 - 2\nu)p_{\mathrm{m}}/2$。材料在此处容易发生拉伸断裂破坏。有了弹性半空间的应力场分布, 可以用来估算测试技术的空间分辨率和纵向探测深度。

下面给出压针与弹性半空间接触面上 z 方向的位移分布:

$$u_z = \frac{3\pi}{8a}\frac{1-\nu^2}{E}p_{\mathrm{m}}\left(2a^2 - r^2\right) \quad (r \leqslant a) \tag{2-9}$$

接触面上径向的位移分布为

$$u_r = -\frac{(1-2\nu)(1+\nu)}{2E}\frac{a^2}{r}p_{\mathrm{m}}\left[1 - \left(1 - \frac{r^2}{a^2}\right)^{3/2}\right] \quad (r \leqslant a) \tag{2-10}$$

压针与样品的接触面之外, 样品表面的位移分布为

$$u_z = \frac{3}{4a}\frac{1-\nu^2}{E}p_{\mathrm{m}}\left[\left(2a^2 - r^2\right)\arcsin\frac{a}{r} + ra\left(1 - \frac{a^2}{r^2}\right)^{1/2}\right] \quad (r > a) \tag{2-11}$$

$$u_r = -\frac{(1-2\nu)(1+\nu)}{2E}\frac{a^2}{r}p_{\mathrm{m}} \quad (r > a) \tag{2-12}$$

2.2.2　赫兹接触的基本公式

通过对赫兹接触的应力场及位移场分布分析, 可以得到赫兹接触的基本公式。赫兹接触模型涉及的物理量主要是针尖与样品之间的接触半径 a、中心处针尖与样品之间的相对位移 δ、针尖与样品之间的接触刚度 k^* 等。下面直接给出赫兹接触

所涉及的力学公式。赫兹接触针尖与样品之间的接触半径可以由接触力大小、接触半径及模量信息得到

$$a = \sqrt[3]{\frac{3F_N R}{4E^*}} \qquad (2\text{-}13)$$

式中，R 为球形压针的针尖曲率半径; E^* 为折合弹性模量，它包含了压针与被测样品两方面的弹性信息，表示为

$$\frac{1}{E^*} = \frac{1-\nu_t^2}{E_t} + \frac{1-\nu_s^2}{E_s} \qquad (2\text{-}14)$$

式中，E_t, ν_t 和 E_s, ν_s 分别是压针针尖和被测样品的弹性模量和泊松比。

压针针尖与被测样品接触面的中心处，压针针尖与被测样品之间相互靠近的距离为

$$\delta = \frac{a^2}{R} = \sqrt[3]{\frac{9F_N^2}{16RE^{*2}}} \qquad (2\text{-}15)$$

压针针尖与样品之间的接触刚度为载荷对针尖与样品之间距离改变的导数，即

$$k^* = \frac{\mathrm{d}F_N}{\mathrm{d}\delta} = 2aE^* \qquad (2\text{-}16)$$

平均接触压力 p_m 与 a/R 之间存在如下关系:

$$p_m = \left(\frac{4E^*}{3\pi}\right)\frac{a}{R} \qquad (2\text{-}17)$$

式中，将 p_m 看成压痕应力，将 a/R 看成压痕应变，便可以获得类似于单轴拉压情况下的应力–应变关系，且两者之间为线性关系。

2.2.3 圆锥形压针与弹性半空间的接触力学分析

在压痕测试中棱锥等其他非轴对称压针与弹性半空间接触时，通常将其等效为半锥角为 φ 的轴对称圆锥形压针来处理。等效半锥角 φ 的大小由不同类型压针接触面积相等的条件来确定。半锥角为 φ 的圆锥形压针与弹性半空间相互接触时，施加载荷 F_N 与接触半径 a 之间的关系为[3]

$$F_N = \frac{\pi a^2}{2} E^* \cot\varphi \qquad (2\text{-}18)$$

由几何关系可得，$a = h_c \tan\varphi$。其中，h_c 为从接触面边缘处到压入最低点的压入深度。半空间弹性体接触面上各点的位移分布为

$$h = \left(\frac{\pi}{2} - \frac{r}{a}\right) a \cot\varphi \quad (r \leqslant a) \qquad (2\text{-}19)$$

由式 (2-18) 和式 (2-19) 可得

$$F_{\mathrm{N}} = \frac{2E^*}{\pi} \left(h_{r=0}\right)^2 \tan\varphi \tag{2-20}$$

表 2.1 给出了不同类型压针轴线与锥面夹角、投影面积、等效圆锥角及几何修正因子的信息。在处理棱锥形压针时，可以将其与圆锥形压针等效，从而方便对问题的处理。

表 2.1　不同类型压针轴线与锥面夹角、投影面积、等效锥角和几何修正因子[3]

	球形	玻氏	维氏	圆锥形	立方角
轴线与锥面夹角 θ		65.3°	68°	φ	35.26°
投影面积	$2\pi R h_{\mathrm{c}}$	$3\sqrt{3}h_{\mathrm{c}}^2\tan^2\theta$	$4h_{\mathrm{c}}^2\tan^2\theta$	$\pi h_{\mathrm{c}}^2\tan^2\varphi$	$3\sqrt{3}h_{\mathrm{c}}^2\tan^2\theta$
等效锥角		70.2996°	70.32°	φ	42.28°
几何修正因子	1.0	1.034	1.012	1.0	1.034

2.2.4　弹塑性接触

纳米压痕对材料局部微区进行压入测试过程中，大部分材料都会发生局部的弹性变形和塑性变形。塑形区的出现改变了材料局部微区应力场的分布，使应力分布趋于均匀。对弹塑性接触，目前还没有一般的解析理论描述弹塑性应力场的分布，一般都采用有限元分析的方法分析塑性区的演化和发展。Johnson[9,10] 提出的"扩展腔"半经验模型是弹塑性理论分析中最常用的模型。

硬度 H 的定义为接触投影面积内的平均压力大小。实验表明，单位面积平均压力大小正比于单轴压缩状态下被测样品的屈服应力，即

$$H = CY \tag{2-21}$$

其中，Y 为被测样品材料的屈服应力，C 为约束因子。约束因子取决于被测样品、压针形状及其他实验参数。将压针压入被测样品发生弹塑性变形的过程分为三个阶段[2]。第一阶段的平均压力满足 $p_{\mathrm{m}} < 1.1Y$。由应力场分析可知，最大剪应力发生在 $z=0.5a$ 处，大小为 $\tau_{\max}=0.47p_{\mathrm{m}}$。根据 Tresca 屈服条件，材料在 $\tau=0.5Y$ 时开始发生塑性屈服。当 $p_{\mathrm{m}} < 1.1Y$ 时，在球形压针压入过程中材料发生纯弹性响应，卸载后变形完全恢复，无残余变形。第二阶段的平均压力满足 $1.1Y < p_{\mathrm{m}} < CY$，此时压针下方的样品内部发生塑性变形，但塑性变形被周围的弹性区域包围，C 为表征约束情况的参数。第三阶段满足条件 $p_{\mathrm{m}}=CY$。随着载荷的继续增加，样品塑性区扩展至样品表面，且随着载荷的增加继续增大，使得平均接触压力大小基本保持不变，此时 p_{m} 即为硬度值大小。通常情况下，对于 E/Y 较大的材料，如金属，约束因子 $C \approx 3$，而对于 E/Y 较小的材料，如玻璃，$C \approx 1.5$。

2.3 纳米压痕测试原理及实验方法

2.3.1 准静态纳米压痕测试

纳米压痕静态测试通过记录压针压入样品和卸载过程中的载荷位移曲线, 并对载荷位移曲线进行分析获得被测样品的模量、硬度等力学信息。不同几何形状的压针有球形压针、圆柱压针、圆锥压针、棱锥压针等。棱锥压针又包括三棱锥压针 (如玻氏压针)、四棱锥压针 (如维氏压针和努氏压针) 等。实验中较常用的是玻氏压针和球形压针, 其针尖曲率半径可以做得比较小。各种不同形状的压针均有其测试优缺点, 实际测量时需要根据具体测试内容选择合适类型的压针。

一般认为, 在压针压入样品的过程中同时存在弹性变形和塑性变形, 而卸载过程中一般只发生弹性变形的恢复, 塑性变形为永久变形。因此, 通常将载荷位移卸载曲线的初始部分作为计算弹性性能的依据。载荷位移曲线的卸载部分通常并不是线性的, 一般采用如下的幂函数形式拟合载荷位移曲线的初始卸载部分:

$$F = \alpha \left(h - h_{\mathrm{f}}\right)^m \tag{2-22}$$

式中, α 和 m 为相应的拟合参数。

由接触力学分析可知, 压针与样品之间的接触刚度为卸载曲线载荷最大值时卸载曲线的斜率, 即最大载荷处载荷大小对压入深度的偏导数:

$$k^* = \left.\frac{\partial F}{\partial h}\right|_{h=h_{\max}} = \alpha m \left(h_{\max} - h_{\mathrm{f}}\right)^{m-1} \tag{2-23}$$

基于 Sneddon 的关于刚性轴对称压针与弹性半空间的接触力学理论[11], Pharr 等[12] 给出了接触刚度、接触投影面积与折合弹性模量之间不依赖于压针具体形状的统一关系式:

$$E^* = \frac{\sqrt{\pi}}{2\beta} \frac{k^*}{\sqrt{A_{\mathrm{c}}}} \tag{2-24}$$

其中, β 是与压针形状有关的参数。对玻氏压针, β=1.034; 对维氏压针, β=1.012; 对圆柱压针, β=1.0。对于金刚石压针, 其弹性模量和泊松比分别为 E_{t}=1141GPa 和 ν_{t}=0.07。如果在实际测量过程中无法测定被测样品的泊松比, 可近似取为 ν_{s}=0.3, 对大多数材料而言, 产生的误差一般不会超过 10%。A_{c} 为压针的面积函数, 是压针与样品之间的接触投影面积与压入深度之间的函数关系。以理想的玻氏压针为例 (其他形状压针的面积函数见表 2.1), 其面积函数 A_{c} 可表示为

$$A_{\mathrm{c}} = 24.56 h_{\mathrm{c}}^2 \tag{2-25}$$

式中，h_c 为接触圆边缘到压入最低点的压入接触深度，如图 2.2 所示。h_c 可以由获得的载荷位移曲线采用下式估计：

$$h_c = h_{max} - \varepsilon \frac{F_{max}}{k^*} \tag{2-26}$$

式中，ε 是与压针形状相关的参数。对圆柱形压针，$\varepsilon=1.0$；对圆锥形压针，$\varepsilon=0.72$；对玻氏压针，$\varepsilon=0.75$。

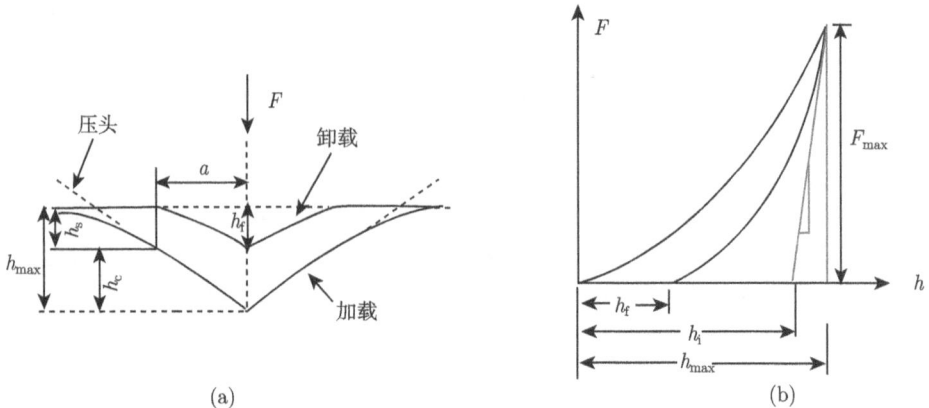

图 2.2　纳米压痕压入测试过程中典型的：(a) 压痕剖面图；(b) 加载卸载过程中记录的载荷位移曲线

(a) 中 F 为施加的载荷大小，a 为接触半径大小，h_c 为压入接触深度，h_f 为卸载后的残余深度；

(b) 中 F_{max} 为压痕加载过程中载荷的最大值，h_{max} 为压入深度的最大值

实际测试过程中，由于各种原因，测试使用的玻氏压针通常都不是理想的形状，需要在测试之前对压针的面积函数进行校准。面积函数校准时需要采用标准样品，在标准样品上进行一系列不同压入深度的面积函数标定。实际测试中，通过在理想压头面积函数基础上添加额外的附加项进行拟合，确定待定系数的值，从而获得面积函数 A_c 与压入接触深度 h_c 之间的关系。拟合时通常采用如下形式：

$$A_c = D_0 h_c^2 + D_1 h_c^1 + D_2 h_c^{1/2} + D_3 h_c^{1/4} + \cdots + D_8 h_c^{1/8} \tag{2-27}$$

通过以上分析可知，若已知压针的力学性能参数，并将面积函数在标准材料上进行校准，便可以通过卸载曲线初始部分计算接触刚度，进一步可以确定出被测样品的弹性模量值。

压针在样品压入和卸载过程中的载荷位移曲线包含了被测样品丰富的力学信息。载荷位移曲线不仅可以提供被测样品的硬度和模量等力学信息，还可以给出被测材料在加卸载过程中发生的相变、断裂、微结构变化、黏弹性等其他的非线性行为特性。图 2.3 是压针在不同类型材料测试过程中获得的不同形状的载荷位移

曲线。对载荷位移曲线的特点进行分析，可以研究材料在外力作用下不同的力学响应。

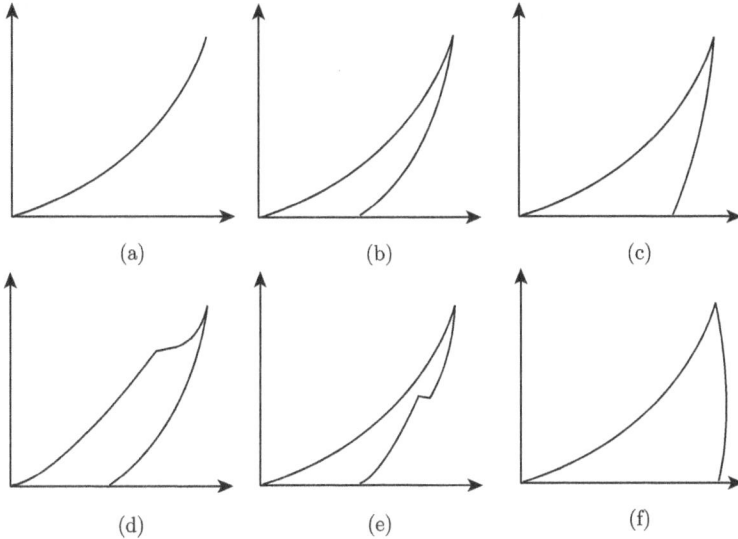

图 2.3 加载和卸载过程中载荷位移曲线反映出的不同类型材料的力学响应[3]

(a) 弹性固体完全弹性变形；(b) 脆性固体发生小部分塑性变形；(c) 韧性材料发生大部分塑性变形；(d) 和

(e) 表示在加载或卸载过程中可能发生相变或材料微结构的变化；(f) 聚合物材料蠕变行为

已知针尖面积函数，可以定义纳米压痕硬度为

$$H = \frac{F_{\max}}{A_c} \tag{2-28}$$

纳米压痕硬度的含义为材料在单位投影面积内可以承受压力的大小，反映的是样品可以抵抗的平均压力的能力。需要注意传统硬度与纳米压痕中定义的硬度之间的区别。纳米压痕通过压入深度间接计算接触面积，而传统硬度通过测量压痕尺寸直接计算接触面积。在以塑性变形为主的压痕测试中，两者数值近似；但在以弹性变形为主的压痕测试中，由于卸载后残余变形很小，传统纳米压痕得到的硬度要远大于纳米压痕得到的硬度值。

另外，纳米压痕实验还可以测量被测样品的断裂韧性。断裂韧性的计算公式为

$$K_C = \chi \left(\frac{E}{H} \right)^{1/2} \frac{F_{\max}}{c^{3/2}} \tag{2-29}$$

式中，χ 为与压针几何形状有关的经验参数；c 为裂纹的径向长度；E 和 H 可以由上述分析过程确定。材料断裂韧性的测试常采用立方角压针或维氏压针，便于产生径向裂纹。对立方角压针，$\chi=0.036$；对维氏压针 $\chi=0.016$。对于裂纹尺寸的测量，可以在压入实验完成后采用原位扫描成像，获得裂纹长度的具体尺寸。

2.3.2　动态纳米压痕测试

纳米压痕动态力学性能测试是通过在压针上施加一个交变载荷，测量压针位移响应幅值和相位的大小通过建立合适的力学模型，可以获得被测样品的存储模量、损耗模量或损耗因子等力学性能信息。纳米压痕动态力学性能测试的单自由度力学系统模型如图 2.4 所示。设施加在压针上的动态正弦交变载荷为

$$F = F_0 \sin \omega t \tag{2-30}$$

式中，F_0 为交变载荷的幅值大小；ω 为交变载荷的圆频率。

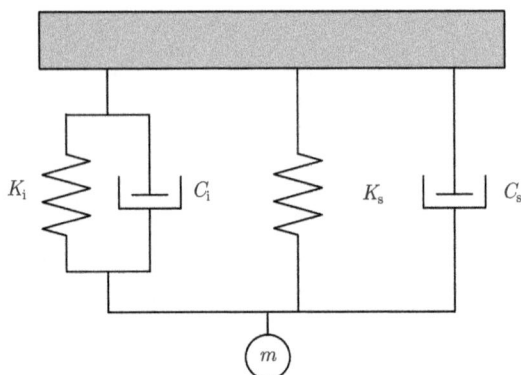

图 2.4　压针与样品接触的系统动力学模型

m 为压针质量，C_i 为仪器阻尼，C_s 为样品阻尼，K_s 为针尖样品接触刚度，K_i 为固定压针弹簧的弹性常数

由建立的等效力学模型可得压针运动的控制方程为

$$m\ddot{x} + C\dot{x} + Kx = F_0 \sin \omega t \tag{2-31}$$

式 (2-31) 为二阶常微分方程。由常微分方程知识可知，压针运动的位移响应也为三角函数形式，其形式为

$$x = X_0 \sin (\omega t - \theta) \tag{2-32}$$

式中，X_0 为位移响应幅值；θ 为激励交变载荷与位移响应之间的相位差。

将以上位移响应的表达式代入运动控制方程求解，可求解得压针位移响应的幅值和相位分别为

$$X_0 = \frac{F_0}{\sqrt{\left(K - m\omega^2\right)^2 + \left(C\omega\right)^2}} \tag{2-33}$$

$$\theta = \arctan \frac{C\omega}{K - m\omega^2} \tag{2-34}$$

式中，$K = K_s + K_i$，$C = C_s + C_i$。在测试中，位移响应的幅值和相位通过测量得到，仪器的刚度 K_i 和阻尼 C_i 需要在测试之前分别进行校准。接触刚度和接触面积之间存在如下关系：

$$K_s = 2E^* \sqrt{A/\pi} \tag{2-35}$$

由测试得到的针尖样品之间的接触刚度和阻尼就可以求得存储模量 E' 和损耗模量 E'' 分别为

$$E' = \frac{K_s \sqrt{\pi}}{2\sqrt{A_c}} \tag{2-36}$$

$$E'' = \frac{\omega C_s \sqrt{\pi}}{2\sqrt{A_c}} \tag{2-37}$$

损耗因子为损耗模量与存储模量之间的比值，表示为

$$\tan\delta = \frac{E''}{E'} = \frac{\omega C_s}{K_s} \tag{2-38}$$

动态纳米压痕结合压电陶瓷扫描器的扫描功能，可以实现被测样品的存储模量和损耗模量的成像[13]，获得微区范围内材料微纳米尺度力学性能分布，比单点测试信息量更加丰富，目前广泛应用于微纳尺度界面表征、材料微结构纳米力学性能测试等。

除了以上介绍的两类最常用、最基本的测试方法外，纳米压痕技术还可以对材料进行划痕测试、黏弹性材料的蠕变测试、高温环境下的纳米压痕测试及声发射测试，对此感兴趣的读者可以参阅相关文献。

2.3.3 影响纳米压痕测试的常见因素

鉴于测试环境的复杂性，实际纳米压痕测试过程中会不可避免地受到各种因素的影响。比如，压针针尖磨损或破坏导致的几何形状的改变，会导致接触力学模型与实际情况偏差较大，进而造成测试数据和测试结果误差较大。因此，在压痕实验之前必须对压针面积函数进行校准，以减小测试误差。由温度梯度变化造成的热漂移会对位移测量产生影响，为了减小热漂移的影响，要保证仪器与周围环境以及测试样品与压针之间等处于热平衡状态。使用纳米压痕设备测试之前要将仪器预热。为了更好地消除热漂移的影响，可以对压针压入样品过程中产生的热胀冷缩进行热漂移修正，以减小热漂移对测试位移的影响。初始零点的确定也是一个比较重要的问题。通常是先将压针靠近样品表面 $20\mu m$ 以内的工作距离，再慢慢靠近样品表面，以一个尽可能小的接触力与样品表面发生接触。此时，不论此接触力如何小，都会造成样品表面微小的变形，之后的位移测试数据就会受开始的微小变形位移的影响，将零点确定后测量得到的位移量叠加上确定零点时施加的微小压力产生的变形位移，就能得到实际的位移量。纳米压痕测试的尺度通常在纳米量级，样

品表面粗糙度会对压痕测试产生较大影响。在测试进行前，粗糙的样品要进行细致地研磨和抛光处理，使其达到测试的要求，保证测试结果的可靠性。如果需要进行多点测试，压痕间距一般至少要大于压痕压入直径的 5 倍以上，以避免相邻压痕之间的相互影响。从压痕间距设置来看，静态压入纳米压痕测试的分辨率并不是很高。此外，外界振动、表面湿度、残余应力、压痕凹陷和突起等也会对纳米压痕测试产生影响，实际测试时也需要予以考虑。

2.4 纳米压痕应用简介

纳米压痕测试技术的应用非常广泛，可以测量的力学信息量也十分丰富。这里只对纳米压痕在薄膜系统力学性能测试方面的应用和动态纳米压痕模量成像方面的应用进行介绍。

2.4.1 薄膜系统力学性能的测试

近年来薄膜系统的应用越来越广泛，对薄膜系统力学性能的研究越来越受到人们的关注。薄膜系统的表面形貌、残余应力、晶面择优趋向等多种因素都可能会导致薄膜系统力学性能与宏观尺度的块体材料的力学性能大不相同。传统压痕技术由于所施加的载荷较大，测试过程中不可避免地会受到薄膜基底的影响，使之不能准确地对薄膜的力学性能进行测试。纳米压痕施加的压力大小远小于传统压痕，通过对施加载荷的控制较好地解决了这一问题。根据通常的测试经验，进行薄膜纳米压痕测试时一般要求压针压入深度不能超过薄膜厚度的 10%，以避免或减小基底对薄膜系统测试结果的影响。

薄膜材料一般可以分为两大类：软薄膜硬基底和硬薄膜软基底。当薄膜与基底力学性能相近时可作为这两类的特殊情况。下面分别对这两类薄膜力学性能随压入深度的变化进行说明。

图 2.5(a) 是采用 Oliver 和 Pharr 方法 (O-P 方法) 确定的 0.5µm 厚的铝膜在不同基底上的硬度变化曲线[14]。当压入深度很小时 ($h/t < 0.05$)，硬度随压入深度的增加而减小。软膜的这一尺寸效应与应变梯度塑性相关。当 $0.05 < h/t < 0.2$ 时，硬度值为 0.6GPa，基本保持不变，且与文献中铝的硬度接近；当 $0.2 < h/t < 1.0$ 时，基底开始对薄膜硬度测量产生影响，导致硬度逐渐增加；当 $h/t > 1.0$ 时，硬度值开始显著增加。不同类型基底上的薄膜硬度变化速度不同。与铝薄膜相比，基底材料的模量越大，硬度值随压入深度的增加变化越快。图 2.5(b) 是弹性模量随无量纲化压入深度的变化曲线。当压入深度很小时，模量值约为 65GPa。压入深度继续增加，基底开始影响薄膜弹性模量的测量值。之后，弹性模量随压入深度的增加而增大，增大的速度与基底材料的弹性模量成正相关。

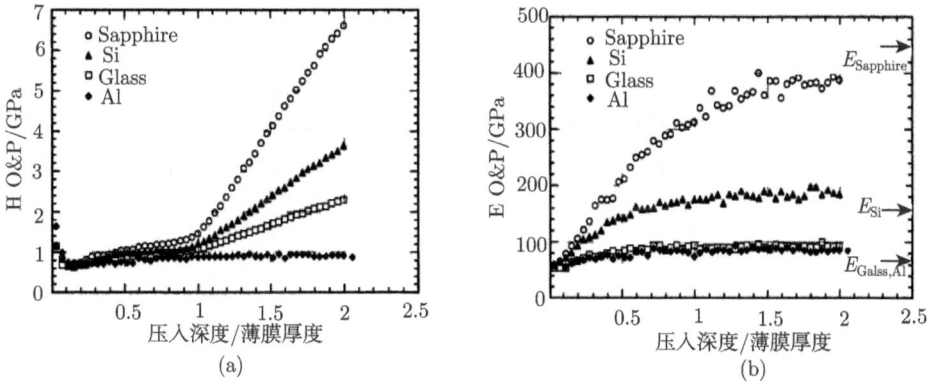

图 2.5 厚度为 0.5μm 的铝膜在几种不同基底上测试获得的: (a) 硬度; (b) 弹性模量随无量纲化的压入深度的变化[14]

对硬薄膜软基底的钨薄膜来说 (图 2.6), 初始阶段压入深度很小时, 除在玻璃基底上以外, 在其他基底上钨薄膜的硬度值为 13~14 GPa。随着压入深度的继续增加, 铝基底和玻璃基底上的钨薄膜硬度值逐渐减小, 蓝宝石基底上的钨薄膜硬度逐渐增加, 而硅基底上的钨薄膜硬度变化不大。随压入深度增加, 四种基底上钨薄膜的硬度变化趋势与薄膜和基底之间的相对硬度值相符合。相比于硬度而言, 弹性模量值在压入深度很小时不同基底之间就出现较大的分散性, 基底对测试的影响贯穿始终。

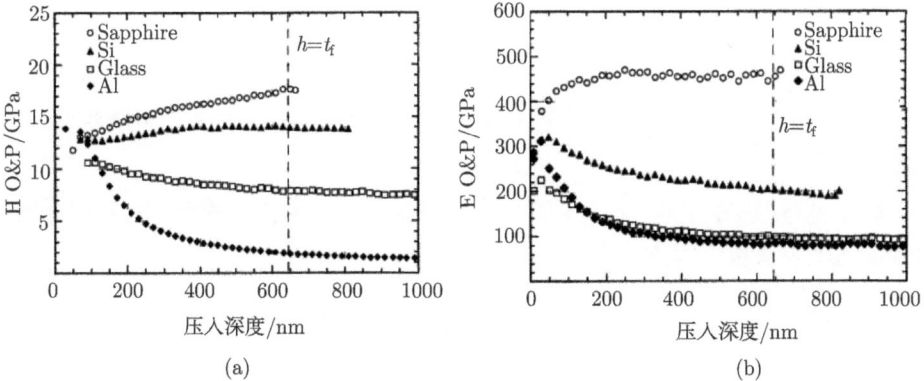

图 2.6 纳米压痕 O-P 方法测试厚度为 640 nm 的钨膜在几种不同基底上测试获得的:
(a) 硬度; (b) 弹性模量随无量纲化的压入深度的变化

薄膜硬度和模量的测量值与材料常见值之间的差异, 一个原因是由于采用 O-P 方法确定接触面积时存在偏差。对软薄膜硬基底, 压针压入过程中薄膜会出现突起，O-P 方法不考虑额外的突起面积，因而低估了接触面积，从而高估了硬度和模量；对硬薄膜软基底则正好相反。为了消除薄膜力学性能测试中基底的影响，研究者提出了一些解决方法。最简单的办法是尽量多地测试不同压入深度下的模量或硬度值，尤其是压入深度较小的区域，得到模量或硬度随不同压入深度的变化曲线。将数据进行向外插值，可以得到零压入深度时的弹性模量和硬度，如图 2.7 所示。

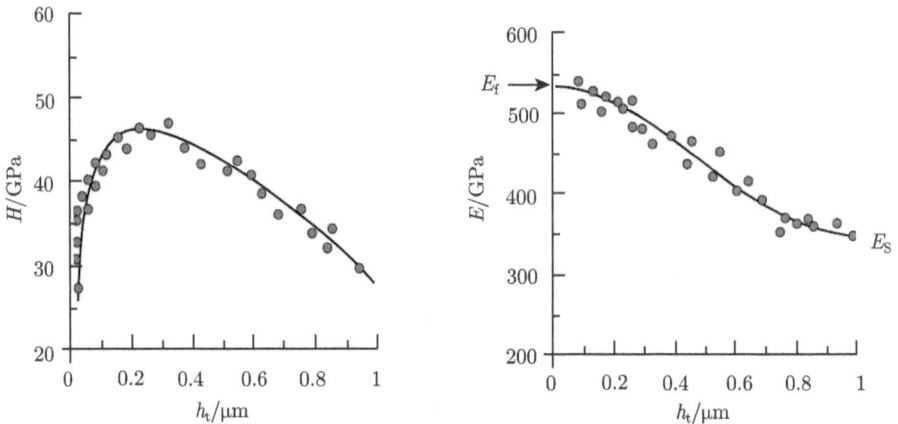

图 2.7　利用向外插值的方法确定薄膜的硬度和弹性模量[15]

此外，Jung 等[16] 给出了一个简单的经验公式，将基底和薄膜系统的有效弹性模量 E_{eff} 表示为

$$E_{\text{eff}} = E_{\text{s}} + (F_{\text{f}}/E_{\text{s}})^L \tag{2-39}$$

式中，$L = \left(1 + A\left(h/t\right)^C\right)^{-1}$，$A$ 和 C 为相应的拟合参数。下标 f 代表薄膜，s 代表基底。

高华健等[17] 在 1992 年提出了一个考虑基底影响的接触模型，将基底和薄膜组合的有效弹模量表示为

$$E_{\text{eff}} = E_{\text{s}} + (E_{\text{f}} - E_{\text{s}}) I_0 \tag{2-40}$$

$$I_0 = \frac{2}{\pi} \arctan \frac{t}{a} + \frac{1}{2\pi\left(1-\nu\right)} \left[\left(1-2\nu\right) \frac{t}{a} \ln\left(\frac{1+(t/a)^2}{(t/a)^2}\right) - \frac{t/a}{1+(t/a)^2} \right] \tag{2-41}$$

式中，I_0 为关于 t/a 的权函数。当膜的厚度接近 0 时，$I_0=0$；当膜厚度很大时，$I_0 \to 1$。

2.4.2 纳米压痕对材料界面的表征

动态纳米压痕的一个重要应用就是对材料和结构微区力学性能的成像，得到存储模量、损耗模量或损耗因子的分布。Asif 等[13] 对碳纤维增强复合材料进行了存储模量和损耗模量的成像，获得了碳纤维的皮芯结构，如图 2.8 和图 2.9 所示。成像结果显示，碳纤维中间区域部分的存储模量和损耗模量均比周围部分的存储模量和损耗模量低。

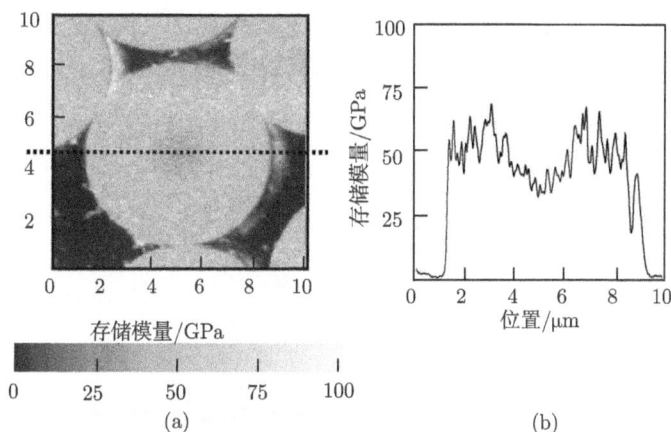

图 2.8　采用纳米压痕模量成像对碳纤维增强复合材料成像获得的：(a) 存储模量分布图；(b) 虚线处的存储模量分布曲线[13]

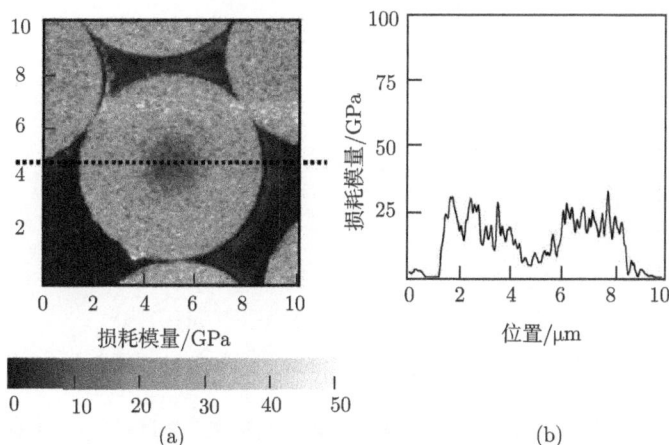

图 2.9　采用纳米压痕模量成像对碳纤维增强复合材料成像获得的：(a) 碳纤维的损耗模量图；(b) 虚线处的损耗模量分布曲线[13]

Shilo 等利用动态纳米压痕模量成像研究了钛酸铅 (PbTiO₃) 单晶的畴界区域纳米力学性能分布，如图 2.10 所示[18]。所采用的压针针尖曲率半径为 260 nm，动态力和准静态力分别为 0.25μN 和 2.0μN，动态力的频率为 510Hz。图 2.10(b) 是沿垂直于界面方向的模量分布曲线，左边区域模量的平均值为 295GPa，为面内畴结构；右边区域的平均值为 234GPa，为面外畴结构。可以看到，界面区域的模量值要明显低于左右两边区域畴结构的模量值，其模量变化的宽度范围为 180 nm。他们认为局部的畴壁运动可能是造成畴壁模量低的原因。为了验证这一假设，他们通过施加不同的动态力，得到了不同动态力作用下的存储模量图和损耗模量图。他们发现存储模量并没有增加，畴壁附近区域的损耗模量值也没有改变。因此，畴壁区域力学性能的变化是材料本身的性质，与测试方法无关。Ganor 等[19] 提出了一种利用最优方法确定实验参数以获得最大测试灵敏度的方法，并用此方法对不同取向钛酸钡单晶的畴结构进行了模量成像。

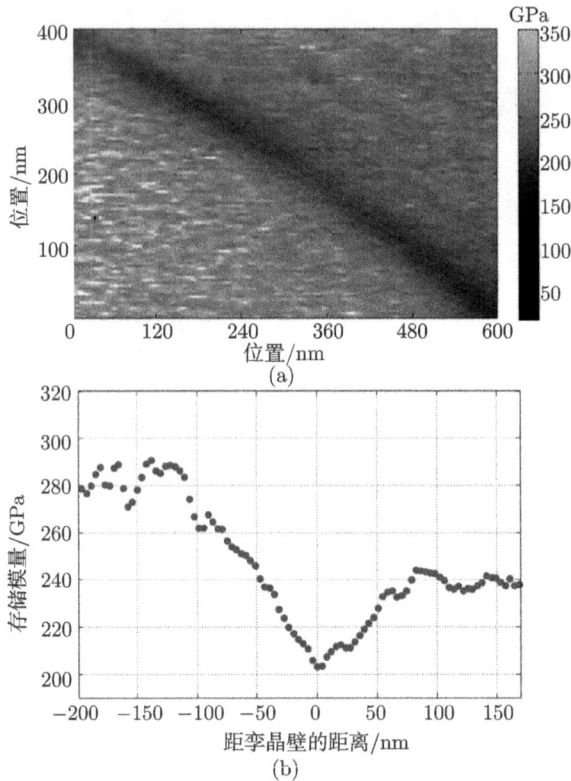

图 2.10　纳米压痕模量成像获得的钛酸铅单晶包含畴壁在内区域的: (a) 存储模量图;
(b) 沿垂直畴界方向的存储模量变化曲线[18]

　　纤维增强复合材料是一类重要的结构材料，纤维和基底之间的界面区域力学性能对材料的宏观性能起着决定性作用。Gu 等[20] 利用动态纳米压痕模量成像研究了碳纤维增强复合材料的界面力学性能，成像结果如图 2.11 所示。从图中可以看到, 基体的存储模量数值要远小于碳纤维的存储模量值。图 2.11(c) 是典型的界面存储模量变化曲线, 给出了存储模量在基底和碳纤维之间的变化。Gu 等将两种组分之间的过渡区域划分出来, 将其视为界面区域, 得到界面区的平均宽度为118 nm。

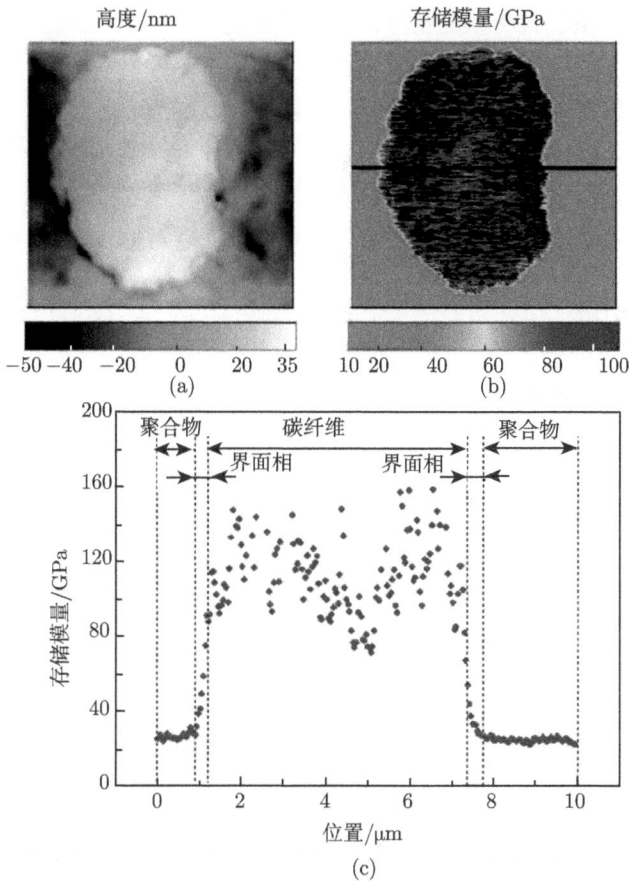

图 2.11 T300 碳纤维增强复合材料的: (a) 形貌图; (b) 存储模量图; (c) 沿图 (b) 横线处截面存储模量的分布曲线[19]

除了上面介绍的薄膜材料和复合材料外, 纳米压痕模量成像技术还广泛应用于生物材料的力学性能表征, 如牙齿[21]、蜜蜂丝[22]、骨头[23] 等生物材料。尽管纳米压痕模量成像可以给出碳纤维增强复合材料的力学性能分布, 但是受其横向分辨率的限制, 对界面宽度值的测量并不十分准确。想要获得比较准确的界面力学性能, 需要在小范围区域内采用分辨率更高的模量成像技术。

2.5   本 章 小 结

本章对接触力学的基本理论、纳米压痕准静态压入和动态力学性能测试的基本原理进行了介绍,并简要介绍了纳米压痕方法在纳米力学测试领域的一些应用。目前,纳米压痕方法在科学和工业界都得到了广泛的应用,但是仍然存在一些难以克服的缺点:

(1) 纳米压痕施加在样品上的压力相对较大,通常在微牛量级以上,很多情况下会对样品造成损害。静态载荷位移曲线测试过程中会在样品表面留下压坑,是一种有损的测试。对于软材料,如生物软组织细胞等,纳米压痕常常无法进行测试。另外,对于超薄薄膜,即使考虑基底影响的修正,纳米压痕也不能很好地对其纳米力学性能进行准确测量。

(2) 纳米压痕测试所使用的压针,其半径一般在 50 nm 以上。由于分辨率的限制,不能对很小尺度的纳米结构 (如纳米点、纳米线等) 进行测试。

(3) 纳米压痕的扫描功能不强,扫描速度相对较慢,无法捕捉材料在外场作用下一些动态性能的变化。

参 考 文 献

[1] 张泰华. 微/纳米力学测试技术——仪器化压入的测量、分析、应用及其标准化. 北京: 科学出版社, 2013.

[2] 张泰华. 微/纳米力学测试技术及其应用. 北京: 机械工业出版社, 2004.

[3] Fischer-Cripps A C. Nanoindentation. New York: Springer-Verlag, 2002.

[4] Bulychev S I, Alekhin V P, Shorshorov M K, Ternovskii A P, Shnyrev G D. Determination of youngs modulus according to indentation diagram. Zavodskaya Laboratoriya, 1975, 41(9): 1137–1140.

[5] Doerner M F, Nix W D. A method for interpreting the data from depth-sensing indentation instruments. Journal of Materials Research, 1986, 1: 601–609.

[6] Oliver W C, Pharr G M. An improved technique for determining hardness and elastic-modulus using load and displacement sensing indentation experiments. Journal of Materials Research, 1992, 7(6): 1564–1583.

[7] Hertz H. On the contact of elastic solids. Journal fur die Reine und Angewandte Mathematik, 1882, 92: 1881.

[8] Fischer-Cripps A C. Introduction to contatc mechanics. New York: Springer-Verlag, 2000.

[9] Johnson K L. Correlation of indentation experiments. Journal of the Mechanics and Physics of Solids, 1970, 18(2): 115–126.

[10] Johnson K L. Contact Mechanics. Cambridge: Cambridge University Press, 1985.

[11] Sneddon I N. The relation between load and penetration in the axisymmetric boussinesq problem for a punch of arbitrary profile. International Journal of Engineering Science, 1965, 3(1): 47–57.

[12] Pharr G M, Oliver W C, Brotzen F R. On the generality of the relationship among contact stiffness, contact area, and elastic-modulus during Indentation. Journal of Materials Research, 1992, 7(3): 613–617.

[13] Asif S A S, Wahl K J, Colton R J, Warren O L. Quantitative imaging of nanoscale mechanical properties using hybrid nanoindentation and force modulation. Journal of Applied Physics, 2001, 90(3): 1192–1200.

[14] Saha R, Nix W D. Effects of the substrate on the determination of thin film mechanical properties by nanoindentation. Acta Materialia, 2002, 50(1): 23–38.

[15] Fischer-Cripps A C. Critical review of analysis and interpretation of nanoindentation test data. Surface & Coatings Technology, 2006, 200(14-15): 4153–4165.

[16] Jung Y G, Lawn B R, Martyniuk M, Huang H, Hu X Z. Evaluation of elastic modulus and hardness of thin films by nanoindentation. Journal of Materials Research, 2004, 19(10): 3076–3080.

[17] Gao H J, Chiu C H, Lee J. Elastic contact versus indentation modeling of multilayered materials. International Journal of Solids and Structures, 1992, 29(20): 2471–2492.

[18] Shilo D, Drezner H, Dorogoy A. Investigation of interface properties by nanoscale elastic modulus mapping. Physical Review Letters, 2008, 100(3): 035505.

[19] Ganor Y, Shilo D. High sensitivity nanoscale mapping of elastic moduli. Applied Physics Letters, 2006, 88(23): 233122.

[20] Gu Y Z, Li M, Wang J, Zhang Z G. Characterization of the interphase in carbon fiber/polymer composites using a nanoscale dynamic mechanical imaging technique. Carbon, 2010, 48(11): 3229–3235.

[21] Balooch G, Marshall G W, Marshall S J, Warren O L, Asif S A S, Balooch M. Evaluation of a new modulus mapping technique to investigate microstructural features of human teeth. Journal of Biomechanics, 2004, 37(8): 1223–1232.

[22] Zhang K, Si F W, Duan H L, Wang J. Microstructures and mechanical properties of silks of silkworm and honeybee. Acta Biomaterialia, 2010, 6(6): 2165–2171.

[23] Campbell S E, Ferguson V L, Hurley D C. Nanomechanical mapping of the osteochondral interface with contact resonance force microscopy and nanoindentation. Acta Biomaterialia, 2012, 8(12): 4389–4396.

第3章 原子力显微镜及力-距离曲线测试方法

3.1 引 言

显微镜 (microscopy) 泛指可以将微小物体的像放大使之能为人的肉眼所分辨的仪器总称，目前主要有光学显微镜、电子显微镜和扫描探针显微镜三大类[1]。最常用的光学显微镜 (optical microscopy，OM)，使用简单方便，价格相对便宜，可以用来观察一些肉眼难以分辨的微米级细微结构，提供亚微米尺度下物体的一些结构信息，但是很难观察更小尺度下的结构。这是因为光学显微镜的成像分辨率受可见光波长的限制 (400~760 nm)，其放大倍数最高一般为 1000 倍左右，分辨率最高约为 200nm。电子显微镜 (electron microscopy，EM) 利用波长很短的高速电子束代替可见光波，利用电子透镜来代替一般的光学透镜，分辨率可以达到纳米量级，远远超过光学显微镜的分辨率，但一般情况下仍不能达到原子级的分辨率。此外，电子显微镜需要在真空下工作，且价格昂贵。扫描隧道显微镜 (scanning tunneling microscopy，STM) 是扫描探针显微镜 (scanning probe microscopy, SPM) 家族的第一个成员，1981 年由 Binning 及 Rohrer 在 IBM 位于瑞士的苏黎世实验室发明。这一发明被誉为 20 世纪 80 年代十大科技成就之一，两位发明者也因这一伟大发明而获得 1986 年的诺贝尔物理学奖。STM 基于量子力学的隧道效应，将一根尖端非常尖锐的金属探针作为一个电极，而将被研究的导电样品看成另一个电极。当样品和探针的距离非常接近时 (通常 <1 nm)，在外加电场的作用下电子就会穿过两个电极间的势垒从一个电极流向另一个电极。隧道电流的大小对探针和样品之间的距离十分敏感，将两个电极之间的隧道电流大小的变化作为反馈就可以实现对样品表面形貌信息的表征。STM 使人类第一次获得金属及半导体材料表面单个原子的清晰图像，在表面科学、材料科学等领域获得了广泛的应用。但是，STM 成像依靠的是导体之间的量子隧道效应，因此只能针对导体和半导体样品进行成像，不能用来研究绝缘体及有较厚氧化层的样品，大大限制了其应用范围。为了克服这一缺点，Binnig，Quate 和 Gerber 于 1986 年发明了第一台原子力显微镜 (atomic force microscope，AFM)[2]。AFM 是扫描探针显微镜家族中应用最为广泛的一种。AFM 克服了扫描隧道显微镜只能针对导电或半导体样品进行成像测试的限制，实现了对绝缘体材料表面原子尺度的成像，具有更广泛的应用范围。目前 AFM 在 x, y 方向的侧向分辨率可以达到纳米以下，z 方向的垂直分辨率最高可达 0.01 nm。由于针尖样品之间的相互作用一般在几十纳米范围内，通常将 STM 和 AFM 称为近

场方法,而将光学显微镜和电子显微镜成像称为远场方法[3]。AFM 主要特点为:① AFM 具有超高的空间分辨率。AFM 的分辨率可达原子级别的 0.1nm,可以实现对材料原子级别的微结构成像。② AFM 针尖施加在样品上的力非常小,一般为几纳牛到几微牛,多数情况下都可以认为是对材料的无损测试。③ AFM 不需要对样品做特殊处理,样品制备相对简单,能在真空、大气和液相环境下成像,适合生物活体组织和细胞测试。④ 与远场方法相比,AFM 利用探针作为探测器直接对样品表面进行测试,不仅可以获得样品表面三维的形貌信息,而且可以实现对材料局部微区物理、化学、力学等性质的定量化表征。此外,AFM 还可以实现原子和分子搬迁、微机械加工、高密度存储等诸多功能。AFM 的显著优势和诸多功能,使其广泛应用于物理、化学、材料学、生物医学、信息科学、微电子、机械、环境科学等学科领域,涉及从基础科学到工业生产、国防等诸多领域,是进行纳米科学技术研究的有力工具,吸引了大批科研工作者和企业技术人员从事开发和应用研究工作。

本章首先介绍 AFM 的基本原理和构成;然后介绍 AFM 的主要应用模式,包括接触模式、轻敲模式、非接触模式和轻敲抬起模式以及轻敲模式下的相位成像技术和液相环境下 AFM 的使用;随后介绍 AFM 成像过程中的一些常见问题和解决方案;最后介绍基于原子力显微镜的纳米力学测试方法——力–距离曲线方法的原理及其应用。

3.2   AFM 基本原理

3.2.1   AFM 基本原理及组成

AFM 最初发明的目的是测量样品表面的纳米尺度的形貌信息。经过二十多年的发展,人们在 AFM 的基础上发展了许多可以测量材料不同性能的应用模式。AFM 成像的基本原理如图 3.1 所示。AFM 是通过检测一个对微弱力极端敏感的微悬臂和样品表面之间的极微弱的原子间相互作用力来实现样品的表面形貌成像。微悬臂的一端固定,另一端的微小针尖接近样品时,针尖与样品表面之间产生相互作用力,使微悬臂发生形变或使其运动状态发生变化。在样品扫描过程中,通过光敏检测器检测这些变化并作为反馈信息,通过保持针尖与样品之间作用力的恒定 (恒力模式) 或保持探针的高度恒定 (恒高模式),就可获得样品表面的形貌信息。恒力模式在扫描过程中通过反馈电路来控制针尖与样品之间相互作用力的大小,可以适应表面起伏较大的样品形貌扫描,但是扫描过程中需要随时进行反馈,因此扫描速度相对较慢。恒高模式通常不需要反馈,可以实现对样品表面的快速扫描,能捕捉到样品在外场作用下的一些动态信息。缺点是被测样品表面起伏不能太大,否则容易造成探针或样品的损坏。

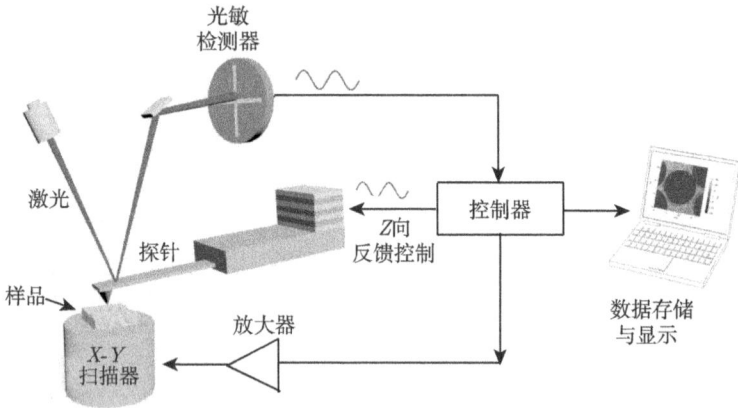

图 3.1　原子力显微镜成像原理示意图

AFM 主要由力探测与反馈系统、压电扫描系统、数据处理与显示系统、振动隔离系统等部分组成。各部分的主要作用如下：

力探测与反馈系统的主要作用是探测探针针尖与样品之间相互作用力的大小，并利用反馈系统在扫描过程中始终保持作用力恒定，从而实现对样品表面形貌的成像。针尖与样品之间相互作用力探测主要靠探针微悬臂完成。探针施加在样品上的作用力大小为

$$F = k_c \Delta d$$

式中，k_c 为探针微悬臂的弹性常数，Δd 为微悬臂的形变量。对某一确定探针而言，控制微悬臂的形变量恒定就是保持探针施加作用力的恒定。目前检测探针微悬臂的形变最常用的方法是激光反射法。

压电扫描系统是 AFM 的关键技术之一，它可以实现探针位置的精确定位。压电扫描系统主要基于压电陶瓷的压电效应，即在外加电压下压电陶瓷会产生伸长或缩短变形。常见的 PZT 压电陶瓷的压电系数为几百 pm/V，即施加 1V 大小的电压，PZT 压电陶瓷可以伸长或缩短几百 pm。若要实现较大范围的位置控制，通常将许多压电陶瓷薄片叠加在一起。常见的压电陶瓷管可以实现对样品三维运动的控制，但是三个方向的运动一般是互相耦合的，即某一方向产生的位移可能导致其他方向的形变，从而影响定位和测量精度。目前比较精确的压电扫描系统通常是将 x、y、z 三个方向的位移进行独立控制，三者之间互不影响。AFM 一般为格栅式扫描，并且可以控制扫描角度。压电扫描系统实现了 AFM 高分辨的定位，但是其水平面内最大扫描范围一般在 $100\mu m \times 100\mu m$ 左右，竖直方向的行程范围一般不超过 $15\mu m$。实际测试中，竖直方向的测试范围在很多情况下会受到针尖高度的限制，尤其是在测量孔洞深度的时候。如果孔洞深度超过了探针针尖的高度，则探针

就不能很好地对孔洞底部进行成像。

数据处理与显示系统一般是各个公司针对自己的仪器专门开发的控制 AFM 运行并且实时显示数据的软件，也包括对图像的后处理软件等。有很多软件还是开源的，用户可以自己编写程序来实现各种操作。

振动隔离系统的主要作用是隔离外界振动可能对成像造成的干扰，包括地铁、建筑物振动、人走动等，其振动频率一般小于 100Hz。一般可以采用隔震平台、弹簧悬挂以及测试系统外部安装隔音罩等方式来实现隔振或隔声。

3.2.2 AFM 探针

AFM 探针是 AFM 测量的核心部件，主要由探针基片、微悬臂和探针针尖构成，常用制造材料主要是硅或氮化硅。微悬臂的形状主要有矩形和三角形 (或 V 形) 两种形状。三角形悬臂的探针主要用于接触模式成像，弹性常数较低，通常为 0.01~0.1 N/m，一般用于细胞等软材料的测试。图 3.2 是矩形悬臂梁探针的示意图。矩形微悬臂的弹性常数相对较大，一般为 0.1~100 N/m。微悬臂的长度尺寸一般为 100~500 μm，宽度一般为几十个 μm，厚度一般为几个 μm。为了增加微悬臂对激光的反射强度，通常会在微悬臂的背面镀上一层反射层，镀层大大提高了微悬臂对激光的反射强度，增加了 AFM 测量的灵敏度。表征探针微悬臂的力学参数主要是探针微悬臂的弹性常数 (k_c) 和一阶自由共振频率。准确地测量微悬臂的弹性常数和共振频率对于 AFM 的定量化测量非常关键，将在后面部分对其进行详细介绍。

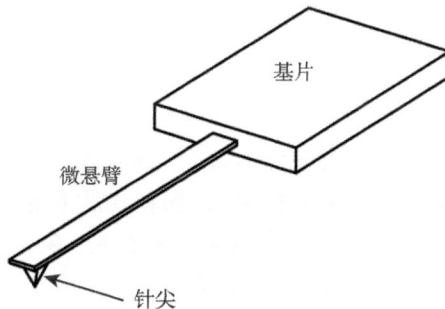

图 3.2 AFM 探针的基本结构示意图

AFM 探针针尖形状最常见的为圆锥形和金字塔形，针尖高度一般为十几 μm，针尖曲率半径通常为 5~50 nm。常用的金字塔形针尖，其针尖的张角一般为 20°~ 30°。图 3.3 是 AFM 探针的扫描电镜图。从图中可以看到，悬臂梁末端一般为三角形，即悬臂梁沿长度方向横截面并不是完全相同。表征探针针尖形状的另一个参数是针尖的高宽比。高宽比较大的针尖一般用于比较粗糙的样品表面扫描，而高宽比较小的针尖一般用于比较平坦的样品表面扫描。当探针针尖的曲率半径与样品表面微结构尺寸相近时，会出现所谓的"加宽效应"，使测量得到的尺寸大于真实值。要想得到高精度的表面形貌，通常需要使用高宽比较大的针尖。一般探针针尖的高宽比越大，且曲率半径越小，即针尖越细长，扫描得到的结果就越接近样品表面的真实形貌。为了获得高宽比较大的针尖，还可以在原有 AFM 针尖上黏附碳纳米管做成新的探针针尖，此时针尖的曲率半径可达 0.5~2 nm。对软生物样品进行测量时，为了不破坏样品，通常在微悬臂末端黏附一个微球，可以较准确地测量针尖与样品之间的相互作用。

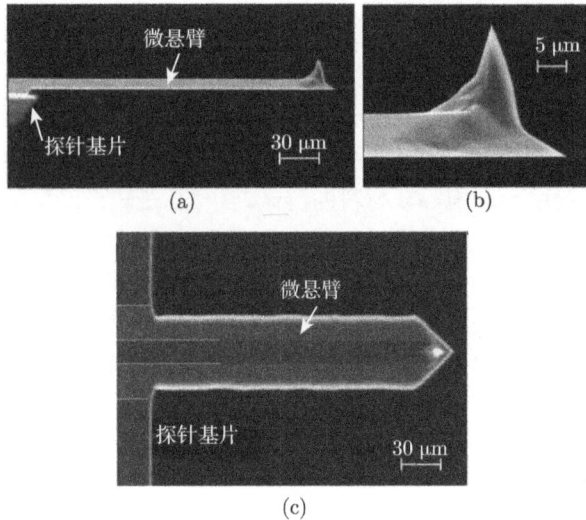

图 3.3　AFM 探针微悬臂和针尖的扫描电镜图

(a) 探针微悬臂侧面照片；(b) 探针端部包含针尖部分的扫描电镜图；(c) 探针悬臂梁底部的扫描电镜图[4]

从探针制造的过程来看，主要分为两大类：分体式和整体式[1]。顾名思义，分体式制造过程主要是在微悬臂上黏附针尖，而整体式是采用微机械加工的方法，使用硅或氮化硅材料等一次性生产集成的微悬臂和针尖。随着近些年来微机械加工技术水平的提高，目前制造探针的主要方式为整体式制造。整体式探针还可以避免由于温度变化而引起的热应力适配等问题。探针和针尖的集成制造工艺主要有腐蚀法、氧化法、聚焦电子束沉积等。

为了实现快速扫描和减小外界干扰从而提高成像质量，目前 AFM 的探针朝着小型化方向发展。探针质量越小，共振频率就越高，可以大大减小外界振动和声波的干扰。轻敲模式下探针的激励频率一般选在共振频率附近。探针的共振频率越高，相应的激励频率就越高。高的共振频率可以使探针快速响应样品表面信息的变化，极大地提高了原子力显微镜成像的速度。目前发展的高速原子力显微镜 (high speed AFM)，可以在每秒钟内获取十几到几十幅扫描图，从而可以捕捉到样品的一些动态信息, 极大地扩展了原子力显微镜的应用范围。

为了满足对材料不同性能的测量要求, 还可以对探针进行修饰或制造不同材料或形式的探针。比如, 为了进行电学性能方面的测量, 如静电力显微镜、压电力显微镜, 通常可以在制造探针的材料中掺杂导电粒子或在探针的表面镀一层导电层。为了进行磁学性能方面的测量, 如磁力显微镜, 采用磁性材料来制作探针或在探针表面覆盖一层磁性薄膜。用于扫描热显微镜的探针通常是由表面覆盖有镍层的钨丝制作而成的。另外, 为了研究不同化学分子或生物分子间的相互作用行为, 还可以对针尖进行各种修饰。例如, 可以在针尖上修饰某种抗体, 当针尖靠近抗原时, 可以通过探针微悬臂的静态或动态响应参数的变化来研究抗原与抗体的相互作用。

3.2.3 位敏检测器

原子力显微镜目前应用最广泛的微悬臂变形检测方法是激光检测法。将激光打在探针微悬臂末端附近, 激光通过微悬臂的反射到达一个对激光位置变化非常敏感的四象限位敏检测器 (position sensitive detector, PSD)。通过光路反射可以将微悬臂的变形放大。当针尖和样品之间存在相互作用力使探针微悬臂发生弯曲变形时, 微悬臂上的激光通过反射到达位敏检测器上的位置将发生变化。位敏检测器对激光的位置变化非常敏感, 可以分辨激光点纳米级的位置变化。结合激光反射光路的放大倍数, 光敏检测器对微悬臂的弯曲变形的探测分辨率可以超过 0.01 nm。一般情况下, 当探针微悬臂没有变形时, 激光点位置设定在四象限位敏检测器的中心; 当探针向上弯曲变形时, 激光点向上移动; 当探针向下弯曲变形时, 激光点向下移动, 如图 3.4 所示。通过计算 $(A + B) - (C + D)$ 的光强差来表征探针的弯曲变形。同理, 探针发生扭转变形时, 可以通过计算 $(A + C) - (B + D)$ 的光强差来表征探针的扭转变形。

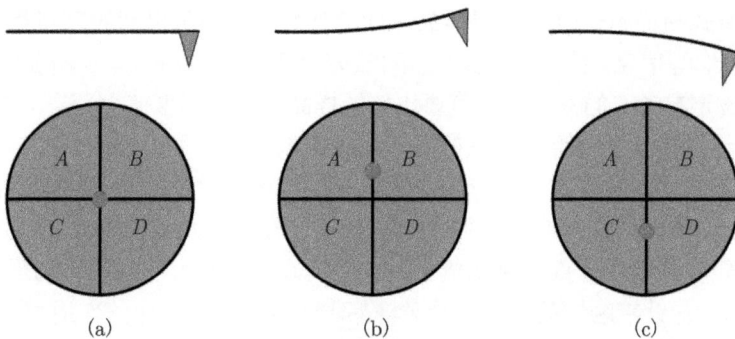

图 3.4 四象限位敏检测器监测探针微悬臂变形示意图

(a) 探针微悬臂无变形; (b) 探针微悬臂向上变形; (c) 探针微悬臂向下变形

3.3   AFM 工作模式

根据扫描时探针针尖与样品之间的相互作用力，可以将 AFM 的工作模式分为三种，分别是接触模式、轻敲模式和非接触模式，如图 3.5 所示。不同工作模式针尖与样品的作用力区域存在一定的区域重叠。另外，还有一种常用的成像模式是将轻敲模式和非接触模式进行组合，称为轻敲抬起模式。下面分别对这四种工作模式的成像原理和特点进行介绍。

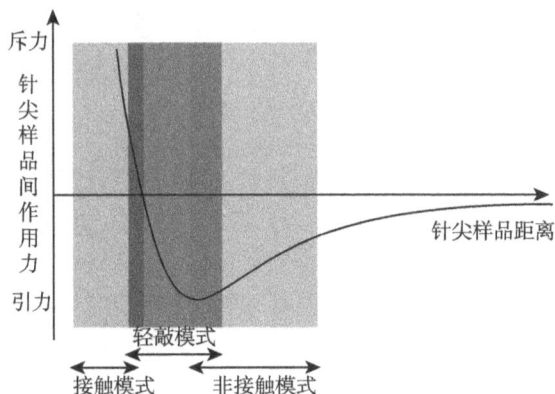

图 3.5   针尖与样品之间距离与相互作用力示意图

3.3.1   接触模式

接触模式是指探针针尖在扫描过程中始终保持与样品表面接触。接触模式下进行样品扫描时，原子力显微镜的控制器通过反馈回路进行调节，始终保持探针变形挠度的恒定，即针尖与样品之间相互作用力的恒定，从而获得样品表面的形貌像。接触模式扫描不仅可以获得样品表面的形貌像，还可以同时获得相应的偏差像、摩擦力像等信息。接触模式是以探针变形挠度作为作用力大小的参考，因此扫描过程中设定参考点的变形挠度值要比接触样品之前的挠度值大。图 3.6 是接触模式成像时针尖样品之间距离与探针变形挠度关系的示意图。设定变形挠度参考点或作用力大小对接触模式下的形貌成像有一定影响。对比较硬的样品表面形貌成像时，设定作用力的大小对获得的形貌信息一般影响不大。但是，在对易变形软材料或多组分软材料进行接触模式成像时，设定作用力的大小对测得的形貌信息影响较大。由于探针接触样品表面时会对样品表面微区施加一定的作用力，使样品发生形变。实际测得的变形是探针和样品表面微区变形的综合。如果探针引起的样品表面微区变形比较大，获得的形貌信息与样品的实际形貌就会有偏差。对多组分的软材料 (如多组分聚合物等)，随着探针施加压力的增大，多种组分之间的形貌高度差会变大。因此,采用接触模式进行形貌成像时,选取的探针弹性常数一般都比较小 (通常情况下不大于 1N/m)。这样可以有效地减小由于施加压力导致不同组分材料变形的不同所引起的形貌信息的偏差。此外,采用弹性常数较小的探针可以检测很小的相互作用力,提高了成像灵敏度。接触模式原理和操作简单易学,分辨率较高,缺点是探针侧向移动时容易对软样品造成不可逆的损伤,且容易受黏附力的影响。接触模式下的偏差像,是探针与样品表面的实际挠度与设定挠度之间的偏差,有时可以获得比形貌像更丰富的一些细节信息,也可以作为反馈质量的一种参考。

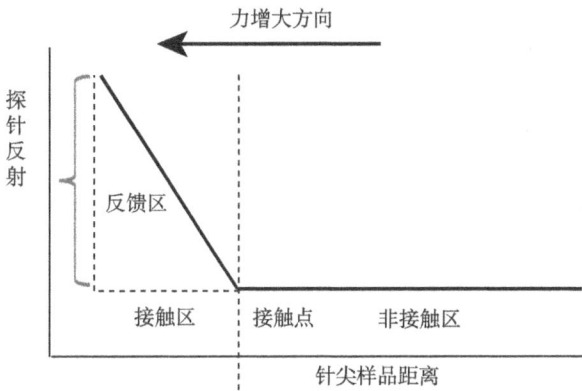

图 3.6　接触模式成像时针尖样品之间距离与探针反射电压之间关系的示意图

接触模式下,当扫描方向垂直于探针微悬臂长度方向时,可以获得针尖样品之间的摩擦力像,称为摩擦力显微镜。摩擦力显微镜可以获得样品表面不同微区纳米尺度的摩擦或黏附等性质,实现对不同微区摩擦力的定量化测量。接触模式既可以在大气环境中使用,也可以应用于液相环境下的成像。

3.3.2　轻敲模式

AFM 发展过程中的一个重要突破就是动态轻敲模式的发明。轻敲模式成像时,一般通过压电换能器激励探针微悬臂,使探针微悬臂产生周期振动,扫描过程中与样品表面发生断断续续地接触,在每个振荡周期的部分时间与样品发生接触。探针激励的方式除了通过压电换能器进行激励外,还可以采用磁性探针通过外加交变磁场进行激励。轻敲模式下探针的激励频率一般设定在探针的自由共振频率或自由共振频率附近,在扫描之前需要在探针远离样品表面时确定探针振动的固有频率。图 3.7 是探针远离样品表面时通过扫频测试获得的探针振幅和相位随频率变化的示意图。通过扫频测试可以较容易地确定探针的自由共振频率。轻敲模式成像可以获得被测样品的形貌像、振幅像和相位像。当探针远离样品表面时,微悬臂以某一设定的振幅振动。当探针逐渐靠近样品表面时,针尖与样品间的相互作用力使

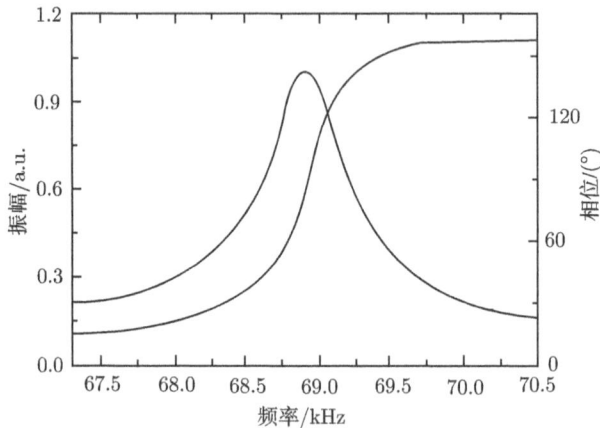

图 3.7　探针远离样品表面进行激励时微悬臂的振幅和相位随频率的响应曲线

从图中可以确定出探针的 (一阶) 自由共振频率约为 68.9 kHz

探针微悬臂的振幅逐渐减小。轻敲模式一般以探针振幅值作为作用力大小的参考，扫描过程中设定的振幅参考点值要比远离样品表面时探针自由振动的振幅值小。图 3.8 是轻敲模式成像时探针振幅与针尖样品之间距离关系的示意图。由图可知，设定的参考振幅值越小，针尖样品之间的作用力越大。在样品的扫描过程中，通过控制器反馈始终保持微悬臂振动的振幅 (即针尖与样品之间的相互作用力) 恒定，就可以获得样品表面的形貌信息。轻敲模式下针尖与样品之间的相互作用力要远小于接触模式下的相互作用力，一般不会损伤样品表面，不仅可以获得较高的空间分辨率，而且可以较好地消除扫描过程中针尖对样品的横向作用力，以及较好地克服扫描过程中黏附力对探针针尖的黏附，适合观测较软的、易损坏以及黏性较大的样品。轻敲模式的物理参量主要有振幅、相位及共振频率等。这里需要说明，一般情况下轻敲模式是指振幅调制模式，而通过对探针共振频率变化的测量来确定针尖样品间作用力的方式称为频率调制模式，关于两种调制模式的相关内容将在第 8 章中具体进行介绍。轻敲模式成像时，设定的参考振幅值与自由振动时振幅的比值对形貌成像也有一定影响。如果设定的比值太小，即探针施加的作用力较大时，会引起不同组分材料微区变形差异较大，使测得的形貌与实际形貌出现偏差。轻敲模式下的偏差像与接触模式下的情况类似，是实测振幅值与参考振幅值之间的偏差。探针轻敲模式下的相位成像是目前研究材料纳米力学性能的重要方法之一。轻敲模式下的相位是指探针微悬臂的驱动电压信号与探针的实际响应信号之间的相位差。相位差的变化是样品表面弹性、黏弹性、摩擦及表面形貌等的综合效应，很多情况下可以给出比形貌像更丰富的其他性质的信息。与摩擦力显微镜相比，相位成像适用于黏附较大,柔软易损坏的样品表面纳米力学性能的表征,适用范围更广。真空状态下,轻敲模式同样可以获得原子级分辨率的样品表面原子图像。目前,在定量化纳米力学表征方面,动态轻敲模式也表现出了很有潜力的发展势头。与接触模式类似,轻敲模式既可以在大气环境中使用,也可以应用于液相环境下的成像。

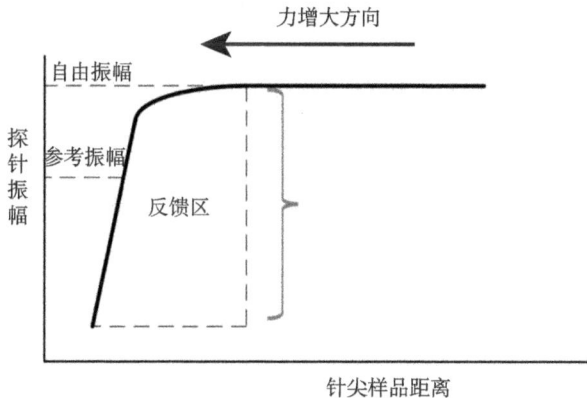

图 3.8 轻敲模式成像时针尖样品之间距离与探针微悬臂振幅之间的关系曲线

3.3.3 非接触模式

非接触模式是指探针扫描时针尖始终不与样品表面发生接触,一般在样品表面上方 5~20 nm 距离处进行扫描。在压电换能器的激励下,探针微悬臂在共振频率附近振动。扫描过程中针尖与样品之间的相互作用力会使探针振动的振幅或共振频率发生变化。通过保持探针微悬臂振幅 (或频率偏移) 的恒定 (恒力模式) 或者探测振幅 (或频率) 的变化 (恒高模式) 就可以得到样品表面的形貌信息。非接触模式成像所采用的探针,其弹性常数一般较大,自由共振频率一般较高。此种成像模式的优点是对样品没有任何破坏,针尖也不会受到污染,适合非常容易受损伤的样品表面形貌成像 (如单层石墨烯或生物样品等)。然而,在室温大气环境下,多数样品表面都会凝聚水蒸气积聚成薄薄的一层水膜。当探针针尖接触到这个吸附层时,由于毛细作用,探针针尖会被吸附,引起反馈及图像的不稳定。水膜也会增加探针对样品的作用力,对样品造成损伤。非接触模式的操作相对其他模式比较繁琐,在室温大气环境下实现非接触模式的成像相对比较困难,在实际测量中单独应用非接触模式测量形貌的应用较少。针尖与样品之间的相互作用力一般为长程作用力,如范德瓦耳斯力、静电力、磁力等,如果有磁力或静电力影响,一般就不采用非接触模式进行形貌测量。非接触模式可以配合轻敲模式使用,发展出其他新的应用模式,如静电力显微镜、磁力显微镜等。非接触模式由于针尖与样品之间的距离较大,其横向分辨率相对较低。扫描过程中为了避免吸附层的影响,其扫描速度低于接触模式和轻敲模式。非接触模式一般不适合在液相模式下成像。

3.3.4　轻敲抬起模式

轻敲抬起模式主要用于静电力显微镜、磁力显微镜、开尔文显微镜等的成像。这些成像模式的共同特点是在每条扫描线上都要进行两次往返扫描。第一次往返扫描是轻敲模式下对样品表面的形貌成像,针尖与样品之间的作用力主要是近程相互作用。第二次往返扫描是将探针抬起一定高度,并沿着第一次形貌扫描的路径(保持与样品表面恒定的高度),探测作用在针尖上的长程作用力,如磁力、静电力等。以磁力显微镜为例,可以得到样品表面的形貌和磁力梯度 (或磁畴结构) 图像。与其他磁结构表征方法相比,磁力显微镜具有分辨率高、操作简单、样品无需特殊制备等优点。静电力显微镜可以获得样品表面电荷密度的空间分布,用来分辨样品表面的导电区域或绝缘区域。开尔文显微镜成像时,同时在导电探针上施加一个交流电压和一个直流电压,通过改变施加在探针上的直流电压大小,使施加的交流电压产生的交变作用力为零,此时直流电压的大小等于样品表面的电势。开尔文显微镜可以同时获得样品形貌像和表面的电势分布。

AFM 最初主要是用来测量样品表面的形貌信息的。自 AFM 发明以来,科学家又在此基础上发明了各种应用模式的显微镜,如压电力显微镜 (piezoresponse force microscopy,PFM)、导电原子力显微镜 (conductive AFM)、扫描探针声学显微镜等。AFM 发展的各种应用模式一般都是在以上几种基本成像模式的基础上发展而来的。各种不同的应用模式可以获得被测样品表面的力、热、声、电、磁等不同性质。

3.3.5　轻敲模式下的相位成像技术

AFM 轻敲模式下的相位成像可以研究材料的力学性能。很多情况下,相位成像可以给出形貌像不能显示的一些信息。图 3.9 是对被胶囊覆盖的细菌进行轻敲模式下相位成像获得的结果。从形貌像中看不出细菌的具体形态,而从相位像中可以观察到胶囊表面以下细菌的微小结构。

3.3.6　AFM 在液相环境下的使用

在大气环境下,针尖和样品表面通常都会形成一层薄薄的水化膜。此时针尖和样品之间会形成毛细力,对针尖和样品之间的相互作用产生影响。消除针尖与样品之间毛细力的一个有效方法就是将探针及样品全部浸没在液体环境中进行成像。液相环境下,AFM 有接触模式和轻敲模式两种成像模式。与大气环境中 AFM 成像相比,液相模式除了可以消除大气环境中形成的水化膜的影响,还具有以下几点优势:

(1) 可以保持某些特殊样品需要的液体环境。对于某些生物样品，如细胞等，扫描成像时细胞的周围环境最好为接近其自然生理状态的液相环境；

(2) 可以通过改变溶液的一些性质，如酸碱度和离子浓度等，对细胞或某些材料进行实时地响应分析，研究样品的相应变化；

(3) 消除静电力的影响。若样品表面带有部分静电荷，静电荷会产生静电力，从而影响探针与样品之间的相互作用。液相环境下，样品表面带有静电荷时，溶液中的离子会在界面产生极性相反的离子层，对静电荷进行屏蔽，有效消除静电荷产生的影响。

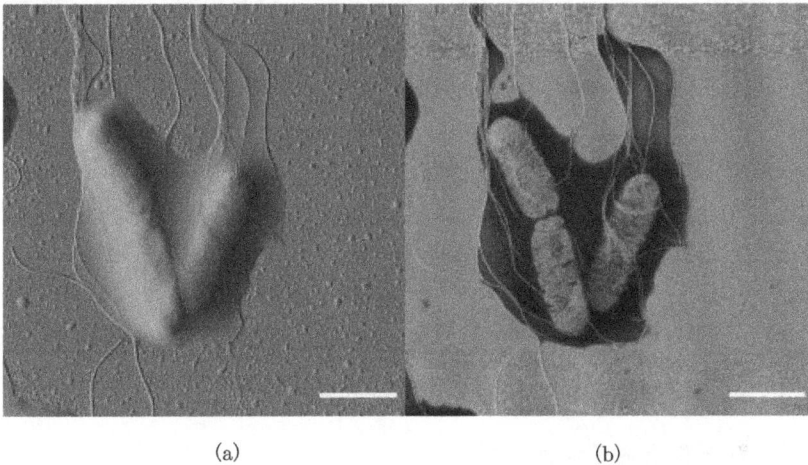

(a) (b)

图 3.9 轻敲模式下的相位成像技术对被胶囊覆盖的细菌成像

(a) 形貌相；(b) 相位像。图中的标尺长度为 2μm[5]

液相环境下操作需要注意，在探针进入液体过程中一定要缓慢地进行，速度不能太快，以免对探针造成损坏。当探针浸入液体之后，由于液体的折射作用，开始设置好的激光反射光路将发生一定的偏转，需要重新调整。液相环境下扫描时速度也不能太快，以减少探针的运动对周围流体介质的扰动，提高成像的质量。实验结束后要及时清洗探针及探针夹，以避免液体对探针夹的污染。轻敲模式一般会引起周围流体介质的微振荡，因此液相环境下尽量采用接触模式进行成像，以获得稳定清晰的图像。

3.3.7 环境控制 AFM 成像

AFM 可以在大气环境、液相环境及真空环境下实现对样品的成像测试。此外，AFM 成像系统还可以放置在一个环境条件可控的封闭空间中，实现对不同设定温度、湿度、气氛环境下的成像，研究不同温度、湿度等条件对样品形态以及性能的影响，极大地扩展 AFM 的应用范围。

3.4   AFM 样品制备以及成像过程中的一些
常见问题和解决方案

3.4.1   AFM 测试样品制备

AFM 样品制备简单, 总体要求是样品表面尽量平整, 粗糙度小。通过旋涂方法制备的薄膜材料, 表面粗糙度较小, 无需再进行表面处理, 一般可以直接进行测试; 使用超薄切片机制成的样品, 表面也较平整, 可以直接进行测试。对于一般的块体材料, 通常需要先对样品进行切割, 获得尺寸合适的样品切片后, 再对切片样品进行研磨和抛光处理, 直至达到测试要求。需要对很薄样品横截面进行测试时, 通常先将样品进行包埋, 再对包埋后的样品沿垂直横截面方向进行切割, 获得包含样品横截面的切片, 进一步进行研磨抛光处理。对于研磨和抛光后的样品, 一般会有松散的颗粒或杂质附着在样品表面上, 需要对样品进行超声清洗等处理, 避免对成像造成影响以及造成对针尖的污染。测试前, 需要将样品固定在样品台上, 以免扫描过程中样品发生移动影响成像。对于某些生物样品的准备, 如细胞、细菌、生物大分子等, 需要具备部分专业方面的知识, 有兴趣的读者可以参考相关的文献。

3.4.2   AFM 成像常见问题及解决方案

1. 针尖的宽化效应及细化效应

一般情况下, 针尖的高宽比越小, 成像的分辨率越高, 图像就越不容易失真。当针尖尺寸比样品表面形貌的特征尺寸大时, 对表面突起的成像结果都要比实际尺寸偏大, 称为针尖的宽化效应, 如图 3.10(a) 所示。对凹陷结构成像时, 相对于凹陷尺寸较大的针尖不能完全探测到凹陷的底部, 扫描获得的凹陷尺寸往往比实际尺寸要浅, 称为针尖的细化效应, 如图 3.10(b) 所示。不过, 凹陷结构的宽度尺寸仍然可以准确地获得, 只是深度信息并不一定准确。因此, 在对超精细结构进行成像时, 需要采用超高高宽比的探针针尖。

2. 针尖损坏或污染

探针在使用过程中, 针尖会发生损坏或被污染。针尖受到污染物的污染后, 其自由共振频率会降低; 相反, 若探针针尖部分损坏或掉落, 则其自由共振频率会有所增加。在扫描过程中针尖损坏或沾上污染物等, 可能会形成双针尖 (double tips), 成像结果中会出现重影的现象, 如图 3.11 所示。当扫描图像出现模糊、对比度较差等问题时, 一般都是由于针尖受到污染所致。探针针尖沾上污染物后, 在扫描的过程中污染物可能会脱落, 或者抬起探针, 激励探针产生较大振幅的振动, 有可能使黏附的污染物脱落。此外,也可以对探针进行清洗等处理。对于已经严重损坏的探针,应立即进行更换,不要再继续使用。

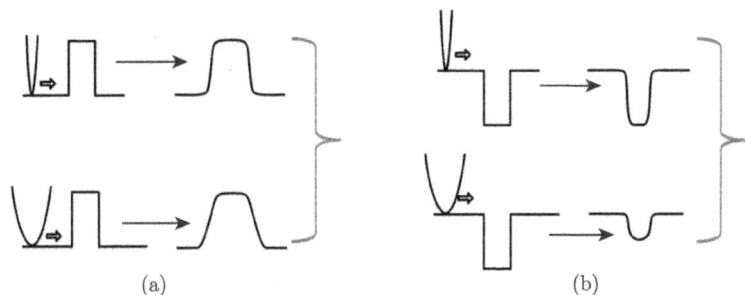

(a)　　　　　　　　　　　　　　　(b)

图 3.10　AFM 扫描过程中存在的: (a) 针尖宽化效应; (b) 针尖细化效应示意图[6]

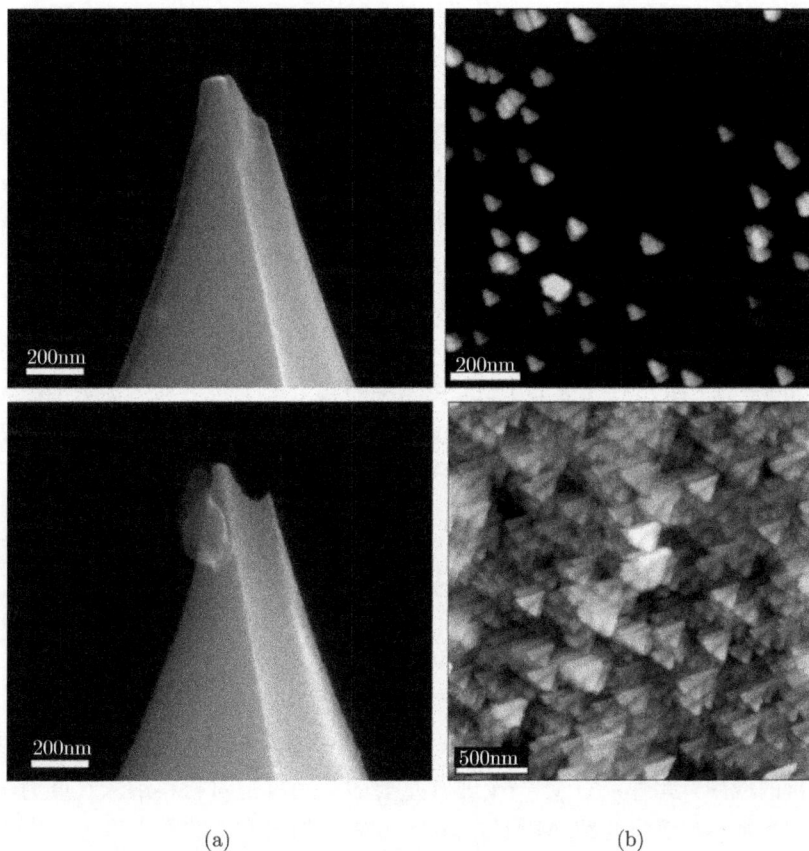

(a)　　　　　　　　　　　　　　　(b)

图 3.11　(a) 损坏或受到污染的针尖; (b) 使用损坏或受污染的针尖进行扫描获得的样品表面形貌图[6]

3. 压电扫描器的非线性效应

一般的压电扫描器都是由压电陶瓷制成的，使用一段时间以后压电陶瓷驱动器有可能产生退极化的情况。一般在低电压小范围扫描时，压电扫描器的非线性滞回效应较小。当在压电扫描器上施加较高电压进行大范围扫描时，压电扫描器的线性度就会下降。Z 方向的压电驱动器变化范围要远小于面内压电陶瓷的驱动范围，因此，Z 方向受压电陶瓷非线性效应的影响相对较小。受扫描器非线性效应影响，标准栅格结构的成像结果会随着扫描尺寸增大发生一定的畸变，栅格的成像尺寸变得不均匀，表现为沿着某一方向尺寸变大或变小。可以利用标准的周期性栅格结构对压电陶瓷驱动器进行校准和修正。另外，压电扫描器还存在响应滞后的行为，表现为往返扫描的扫描线并不完全重合。但这对成像并没有显著影响，只要往返扫描的扫描线趋势一致，只发生一定的平移，就不会对扫描结果产生显著影响。

4. 热漂移

热漂移问题在 AFM 扫描成像的过程中始终存在。通常在间隔一段时间后再对之前设定的同一区域进行扫描，获得的图像与之前的扫描图像区域并不完全一致，而是有所漂移。保持仪器和周围环境的温度稳定对减小热漂移至关重要。热漂移的影响通常对大范围的扫描情况影响较小，而对小的成像区域影响较为显著。为消除热漂移的影响，通常在实验开始之前先开机预热一段时间，等系统达到稳定状态之后再进行实验。

除了以上几种常见问题外，探针相对样品表面的倾斜角度、放置仪器的地基振动、外界的声音、激光对成像的干扰、电子电路噪音的干扰等均可能会对成像造成干扰。对于这些问题，能避免的要尽量避免，不能避免的，也可以进行一定的修正，以减小这些因素的影响。

3.5   基于 AFM 的力-距离曲线测试方法

3.5.1   概述

AFM 在表面科学研究方面的应用非常广泛。基于 AFM 的形貌测试，可以获得样品表面纳米微结构的尺寸、高度差、粗糙度、晶粒尺寸分布等信息，这是最基本和直接的应用。此外，AFM 一个非常重要的应用就是对材料纳米尺度力学性能的测试和表征。本节将介绍 AFM 的力-距离曲线测试方法的基本原理和应用。

采用纳米压痕进行力学性能测量时，施加在样品上的压力一般为 μN 量级以上。对于非常软的材料，如细胞等，纳米压痕通常无能为力。另外，对于超薄薄膜，受薄膜基底的影响，纳米压痕技术也不能很好地对薄膜样品进行纳米力学测试。对于这些样品的纳米力学测试，需要施加更小的作用力。AFM 力–距离曲线测试时，针尖施加的作用力很小，可以较好地解决这一问题。另外，还可以对针尖进行不同的修饰，分析不同材料或分子之间的相互作用力。基于 AFM 的力–距离曲线测试方法广泛应用于聚合物材料和生物材料。缺点是测量前一般需要先进行形貌扫描，获得样品表面形貌信息，之后再对感兴趣的位置进行力–距离曲线测试。力–距离曲线的阵列测试分辨率较低，且阵列测试的测试时间长。

　　当探针的刚度与针尖样品之间的接触刚度大小相近时，力–距离曲线的测试灵敏度相对较高。因此，力–距离曲线测试方法一般只对软材料 (如聚合物及生物材料) 比较有效。AFM 力–距离曲线测试方法有准静态模式和动态模式之分。这里介绍的是准静态模式下的力–距离曲线测试。关于动态模式下的力–距离曲线测试将在第 8 章中详细介绍。准静态模式下针尖与样品之间的力–距离曲线是在 AFM 接触模式下进行的。图 3.12 给出了力–距离曲线测试过程中探针与样品相互作用的一般过程。探针微悬臂从远离样品表面的某个位置慢慢接近样品，与样品表面发生接触相互作用，再离开样品的整个过程。当探针微悬臂从远离样品表面的某个位置慢慢接近样品达到某一距离时，如果探针微悬臂受到的长程吸引力的力梯度超过了微悬臂的弹性常数或者样品表面有水膜存在时，微悬臂就可能与样品表面发生跳跃接触。随后，随着探针的继续下降，探针微悬臂受到的排斥力慢慢地增大，逐渐与吸引力抵消，总的相互作用力由吸引力向排斥力转变。之后，探针微悬臂继续向下移动，微悬臂的变形量继续增加。若探针的刚度比较大，且样品表面硬度不是太高，针尖就会压入样品表面。当微悬臂的变形量达到预设参考值后，探针开始慢慢抬起并离开样品表面。探针针尖与样品表面接触时一般会有黏附力存在。在探针慢慢抬起的过程中，黏附力会产生一个向下的拉力阻止探针离开样品表面。当探针微悬臂弯曲变形产生向上的作用力大于此黏附力时，探针会突然被拔出，离开样品表面，重新达到自由状态。可以从力–距离曲线上的探针拔出时力的突变测出针尖与样品之间黏附力的大小。由于一般需要压入才能获得样品表面的力学信息，因此力–距离曲线一般只对硬度不是太高的样品比较适用，而对硬度很高的样品一般很难压入，所以并不适用。从力–距离曲线既可以得到黏附力的大小，也可以获得样品表面的力学性能等信息。

　　在力–距离曲线测试过程中，压电驱动器产生的位移与探针微悬臂变形及样品变形三者之间存在如下关系:

$$z_p = z_c + \delta \tag{3-1}$$

式中，z_p、z_c 和 δ 分别表示压电驱动器的位移、探针微悬臂的变形量和样品的变形量。将探针压在一个硬度非常高的样品上，此时样品的变形可以忽略不计，压电驱动器产生的位移与微悬臂的变形量近似相等。将探针压在一个表面硬度不高的样品上，获得的力–距离曲线与探针压在硬度很高的样品上的力–距离曲线有所不同，如图 3.13 所示。

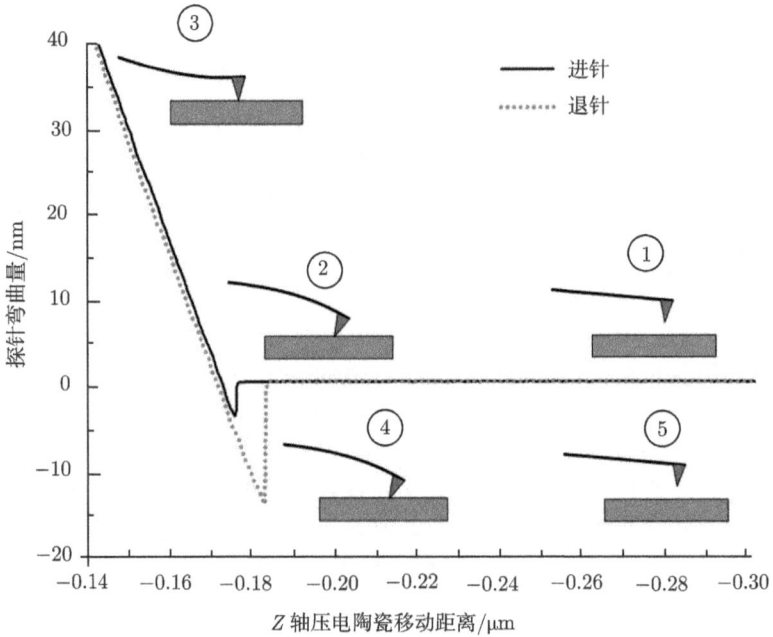

图 3.12 针尖与样品接触过程中的力–距离曲线

此处纵坐标为探针挠度的大小，若已知探针的弹性常数，则可以换算为探针施加作用力的大小

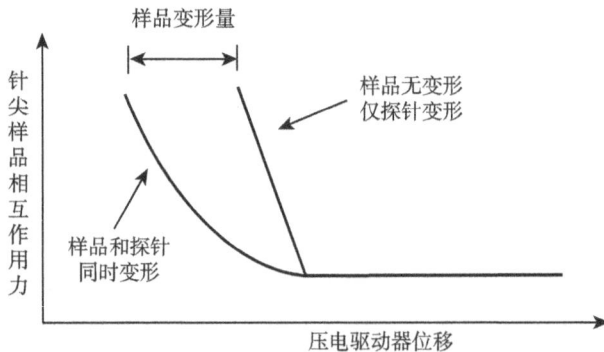

图 3.13 通过力–距离曲线测量样品的弹性性质

压电驱动器的位移和探针微悬臂的变形量一般可以通过仪器测量获得。知道这两者后就可以获得被测样品表面微区的变形量，进一步得到类似纳米压痕的力曲线。选取合适的接触力学模型进行拟合，就可以获得样品表面微区的力学性能。

由探针的受力平衡条件可得

$$k_c z_c = k_s \delta = k_s (z_p - z_c) \tag{3-2}$$

将式 (3-1) 代入式 (3-2) 可得

$$k_c z_c = \frac{k_c k_s}{k_c + k_s} z_p = k_{eff} z_p \tag{3-3}$$

式 (3-2) 的左右两端分别为力–距离曲线的横坐标和纵坐标。其中, k_{eff} 为等效刚度, 同时包含了探针和样品这两者的力学性能。由上式的中间项可知, 当样品弹性常数远小于探针的弹性常数时, 等效刚度反映的主要是样品的力学性能; 当探针的弹性常数远小于样品的弹性常数时, 等效刚度反映的主要是探针的力学性能, 此时样品的变形很小。在测量中等弹性常数的样品时, 力–距离曲线通常反映的是两者的综合效应。鉴于悬臂梁的弹性常数与模量数值较高的样品 (> 10GPa) 的弹性常数相比要小得多, 因此力–距离曲线测试一般不适合于测量模量较大的样品。

力–距离曲线测试需要了解探针微悬臂的弹性常数。知道了探针的弹性常数和微悬臂的变形量, 就可以获得针尖施加在样品上的压力大小。施加在样品上的作用力与探针微悬臂弯曲变形之间的关系遵循胡克定律, 可以通过下式计算:

$$F = k_c \times \Delta d = k_c \times \Delta V \times \text{InvOLS} \tag{3-4}$$

式中, InvOLS (inverse optical lever sensitivity) 为单位电压所表示的变形量 (nm/V)。光敏检测器测量微悬臂的变形是通过电压信号变化获得的, 在探针变形量较小时两者近似为线性关系。对InvOLS 进行标定, 可以将探针压在硬度很高的样品上测得, 其原理如图 3.14 所示。将探针压在硬度很高的样品上, 此时样品变形可以忽略。压电驱动器的位移量与探针微悬臂的变形量近似相同。通过测量压电驱动器位移变化量与探针反射电压的变化量, 就能得到 InvOLS 的大小。知道了InvOLS 的大小, 就

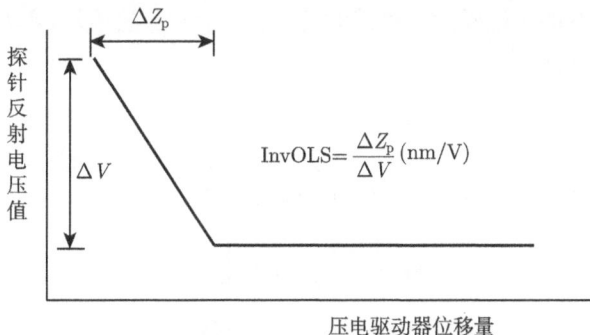

图 3.14 InvOLS 的测量原理示意图

可以通过设定不同的参考电压来设定不同的压力。例如，若已知探针的弹性常数为 2.0 N/m，经过标定后 InvOLS 的大小为 100 nm/V，则 1.0 V 的电压变化量所代表的接触力大小为

$$F = 2.0\text{N/m} \times 100 \text{ nm/V} \times 1.0\text{V} = 200\text{nN}$$

3.5.2　微悬臂的弹性常数和共振频率的校准

1. 探针微悬臂弹性常数的校准

一般的 AFM 形貌成像并不需要精确地知道微悬臂的弹性常数。对于 AFM 定量测试时，想要知道探针施加在样品表面的压力大小，就需要确定探针的弹性常数。知道了探针的弹性常数后，通过微悬臂的变形就可以获得施加在样品上的作用力大小。一般探针制造商在探针出厂时都会给定一个弹性常数，但是往往不是很准确。为了获得较准确的探针弹性常数，需要在实验之前对探针的弹性常数进行校准。理论上，具有均匀材料和均匀横截面的矩形悬臂梁，其弹性常数可以表示为

$$k_c = Ebh^3/(4L^3) = 3EI/L^3 \tag{3-5}$$

式中，E 为悬臂梁的弹性模量；b 为横截面的宽度；h 为悬臂梁横截面的高度；L 为悬臂梁的长度。对微悬臂弹性常数进行校准是 AFM 定量化测试的重要内容。学者们提出了多种微悬臂弹性常数校准的有效方法。以下对几种常用方法进行介绍。

1) 微球黏附法

微球黏附法是在探针微悬臂的末端黏附一微球颗粒。通过测量增加黏附质量前后的自由共振频率的变化来计算微悬臂的弹性常数[1]。微球黏附法将探针微悬臂的自由振动等效为单自由度弹簧质量模型，其自由共振频率可以表示为

$$(2\pi f_0)^2 = k_c/m_e \tag{3-6}$$

式中，m_e 为微悬臂的等效质量。

在探针微悬臂的末端黏附一微球颗粒后，由于质量的增加，整体结构的一阶自由共振频率将会变小为

$$(2\pi f_1)^2 = k_c/(m_e + m_{add}) \tag{3-7}$$

通过式 (3-6) 和式 (3-7) 可知，通过测量黏附微球颗粒前后探针微悬臂的一阶自由共振频率，就可以获得微悬臂的弹性常数和等效质量。

$$k_c = 4\pi^2 \frac{m_{add}}{1/f_1^2 - 1/f_0^2} \tag{3-8}$$

$$m_e = \frac{m_{add}f_1^2}{f_0^2 - f_1^2} \tag{3-9}$$

为了减小测量误差, 还可以测量多组数据后进行数据拟合, 获得 k_c 和 m_e 的值。若黏附微球为标准球形, 则黏附微球的质量可以通过球的质量公式计算:

$$m_{\text{add}} = 4\pi\rho r^3 / 3 \tag{3-10}$$

微球的半径可以在光学或扫描电镜下测量得到。另外, 由于微球颗粒黏附在微悬臂上的位置不同会对测量结果产生影响, 通常需要进行进一步修正。在测量值基础上进行修正后的弹性常数为

$$k_c' = k_c \left(\frac{L - \Delta L}{L} \right)^3 \tag{3-11}$$

式中, L 为微悬臂的总长度, ΔL 为微球颗粒距离悬臂梁自由端的距离。

微球黏附法需要在光学显微镜或电子显微镜的帮助下进行操作, 操作过程相对困难和繁琐。微球黏附的过程中很容易对探针造成污染或损坏, 测试过程中也容易发生微球移动或脱落的情况, 且受黏附位置的影响较大, 因此在实际测量中并不十分常用。

2) Sader 方法

Sader 等通过测量微悬臂共振频率的方法来确定微悬臂的弹性常数。对矩形悬臂梁来说, 弹性常数可以由下式得到[7]:

$$k_c = 4\pi^2 M_e \rho bh L f_{\text{vac}}^2 \tag{3-12}$$

式中, M_e 为 Sader 常数, 在 $L/b > 5$ 时, 其值为 0.2427; b, h, L 分别为微悬臂的宽度, 厚度和长度; ρ 为微悬臂的密度。

以上计算弹性常数的公式非常方便, 但是在应用中由于某些实际原因也受到了限制。首先, 微悬臂长度和宽度的确定相对容易, 但是要准确测定微悬臂的厚度则比较困难, 通常需要在扫描电镜下进行。若每根探针都进行扫描电镜成像, 则很耗时, 也不太实际。其次, 要准确确定微悬臂的密度也较困难。为了增加激光的反射强度, 通常会在微悬臂的背面镀一层金属膜。金属膜的厚度一般是不知道的, 在确定微悬臂的密度或质量时就存在误差。另外, 测量微悬臂自由共振频率通常是在大气环境下进行。由于空气介质的阻尼特性, 实际测得的频率要比在真空中测得的频率低, 因此, 采用以上弹性常数测量方法可能会存在较大误差。为了消除以上测量中存在的各种影响, 提高测量准确性, Sader 等考虑微悬臂在流体中振动对共振频率的影响, 得到微悬臂在真空中的共振频率与在流体中的共振频率的关系为[8]

$$\omega_{\text{vac}} = \omega_{\text{gas}} \left(1 + \frac{\pi \rho_f b}{4\rho_c h} \Gamma_r (\omega_f) \right)^{1/2} \tag{3-13}$$

式中，ω_{vac} 和 ω_{gas} 分别为微悬臂在真空中和在流体中的圆共振频率；ρ_{f} 为流体密度；$\rho_{\text{c}}h$ 为比表面质量密度，可以通过下式计算得到

$$\rho_{\text{c}}h = \frac{\pi \rho_{\text{f}} b}{4} \left[Q_{\text{f}} \varGamma_{\text{i}} \left(\omega_{\text{f}} \right) - \varGamma_{\text{r}} \left(\omega_{\text{f}} \right) \right] \tag{3-14}$$

式中，$\varGamma_{\text{i}}$，$\varGamma_{\text{r}}$ 分别为流体动力学函数的虚部和实部；Q_{f} 为微悬臂在流体介质中一阶振动模态的品质因子；$\varGamma(\omega)$ 只与雷诺数有关，与微悬臂的厚度及密度无关。

综合以上各式，可得考虑周围流体介质黏性计算探针弹性常数的表达式为

$$k_{\text{c}} = 0.1906 \rho_{\text{f}} b^2 L Q_{\text{f}} \varGamma_{\text{i}} \left(\omega_{\text{f}} \right) \omega_{\text{f}}^2 \tag{3-15}$$

Sader 等将采用此方法获得的弹性常数与厂家提供的数据及黏附法测得的结果进行比较，均能较好地吻合。由于 Sader 方法考虑了测量过程中流体介质对测量结果的影响，且测量过程中不需要测量微悬臂的厚度和密度，测量结果比较准确，应用也很广泛。

3) 参考探针方法[9]

参考探针方法是基于已知弹性常数的探针进行的弹性常数校准。实验测量时，将被测探针压在一个已知弹性常数的探针微悬臂末端，通过驱动平台的移动使参考探针压向被测探针，并测量被测探针和参考探针的变形量及驱动平台总的位移量，如图 3.15 所示。平台移动总的位移量为被测探针和参考探针的变形量之和。由两个探针的作用力相等可得

$$\delta_{\text{ref}} k_{\text{ref}} = \delta_{\text{c}} k_{\text{c}} \tag{3-16}$$

进行变换，有

$$k_{\text{c}} = k_{\text{ref}} \left(\frac{\delta_{\text{stg}}}{\delta_{\text{c}}} - 1 \right) \tag{3-17}$$

式中，k_{ref} 是已知的参考探针的弹性常数；δ_{stg} 是平台移动的总位移；δ_{c} 是被测探针的变形量。

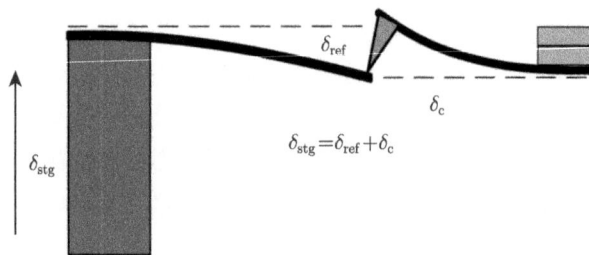

图 3.15　利用参考探针对未知探针的弹性常数进行校准的示意图

基于以上原理,首先将被测探针在一个硬度很大的材料上做力曲线,此时探针变形与驱动器位移相同,测量InvOLS 的大小。再将探针压在一个已知弹性常数的参考探针上做力曲线,测量InvOLS$_{ref}$,则被测探针的弹性常数可以表示为

$$k_c = k_{ref} \left(\frac{InvOLS_{ref}}{InvOLS} - 1 \right) \tag{3-18}$$

这种方法测试原理相对简单,但是操作时要准确地将一个探针压在另一个探针上并不容易,并且在测量过程中容易发生黏滑,应用也受到限制。

4) 热噪声方法[10]

当探针远离样品表面时,引起探针微悬臂运动的主要是热振荡。通过测量微悬臂在共振频率处的热振荡运动,可以确定出探针的弹性常数。热标定方法将探针微悬臂等效为弹簧振子系统。与时间无关的哈密顿量为

$$H = \frac{p^2}{2m} + \frac{1}{2}m\omega_0^2 q^2 \tag{3-19}$$

式中,p 为弹簧振子模型的动量; m 为等效质量; q 为弹簧振子模型振动的位移; ω_0 为系统的共振圆频率。根据能量均分定理,每个二次项的平均值为 $k_B T /2$,即

$$\left\langle \frac{1}{2}m\omega_0^2 q^2 \right\rangle = \frac{1}{2}k_B T \tag{3-20}$$

式中,T 为绝对温度; k_B 为玻尔兹曼常量。对弹簧振子模型有

$$k_c = k_B T \left\langle q^2 \right\rangle^{-1} \tag{3-21}$$

室温下,探针微悬臂热振荡的幅值为埃量级,幅值很小。单自由度的简谐振荡可以很好地对探针微悬臂热振荡进行近似。以高于共振频率的采样频率测量微悬臂热振荡运动的有效值 (方均根),就可以确定出微悬臂的弹性常数。在无外界噪声源和小阻尼的情况下,微悬臂振荡的功率谱密度形状为洛伦兹函数曲线,其他形式的噪声源在共振频率处则不会出现共振峰。功率谱密度曲线下围成的面积近似为悬臂梁振荡的功率 P,也等于热振荡时间序列的均方。则弹性常数可表示为

$$k_c = k_B T / P \tag{3-22}$$

热噪声方法由于测试简单、测量结果相对准确而被大家广泛采用。目前大部分的原子力显微镜软件都集成了这一弹性常数的测量方法。另外,还有基于有限元方法进行弹性系数校准的方法。但是这些方法要么不通用,要么没有经过实验验证,实际应用起来不方便。

2. 探针微悬臂共振频率的测定

探针微悬臂共振频率的测定 (一阶或高阶) 比较简单。将探针装入探针夹中，远离样品表面时从低频到高频 (包含共振频率在内) 进行扫频激振，测量探针随着频率变化的振幅响应就能获得。一般的原子力显微镜都具有这一基本功能。探针共振频率的校准可以用前面提到的热噪声方法，在共振频率附近探针的微悬臂也会有高的热振荡响应，可以很好地确定出共振频率的大小。此外，还可以采用磁激励或超声激励方式使探针产生振动。比如，在探针下方安装一个超声换能器，当探针接近 (但不接触) 样品表面时，将超声换能器从低频到高频进行激励，超声换能器会向空气中发射声波。声波在空气中传播到达探针，可以激励探针微悬臂产生振动。记录下微悬臂的振幅响应，就可以准确地确定出共振频率来。

3.5.3　针尖样品之间常见的作用力

针尖与样品之间的相互作用力主要包括: 范德瓦耳斯作用力、针尖样品之间相互接触的作用力、静电相互作用力、毛细力等。

1. 范德瓦耳斯作用力

范德瓦耳斯作用力主要是针尖和样品材料的偶极矩之间的相互作用。范德瓦耳斯力主要由三部分构成: 极性分子偶极矩之间的相互作用，外场诱导产生的偶极子之间的相互作用力以及由于电荷分布的波动引起的色散力。范德瓦耳斯作用力的整体效果是这部分相互作用的总和。在大气环境中，针尖与样品之间的范德瓦耳斯作用力一般为吸引力。球形针尖与样品平表面之间的范德瓦耳斯作用力可以表示为

$$F = -\frac{HR}{6d^2} \quad (d > a_0) \tag{3-23}$$

式中，R 为针尖曲率半径; a_0 为分子间距; d 为针尖样品之间的瞬时距离; H 为 Hamaker 常数，与材料的化学性质相关。材料 Hamaker 常数的确定可以参考 Butt 的文献[11]。

原子力显微镜利用针尖与样品之间的范德瓦耳斯作用力进行非接触模式成像。另外，由于范德瓦耳斯力与材料的 Hamaker 常数相关，故非接触模式可以对不同化学组分的非均匀材料进行成分成像分析，并且可以较好地保护针尖。

2. 针尖样品之间相互接触的作用力

1) Hertz 接触模型

第 2 章中已经介绍过描述针尖样品之间接触的 Hertz 接触模型。Hertz 接触适用于针尖样品之间弹性相互作用力与其他作用力相比占主导的情况。将 Hertz 接

触模型的作用力表达形式重写如下：

$$F = \begin{cases} 0 & (d > 0) \\ \dfrac{4}{3}E^*\sqrt{R}\,(-d)^{3/2} & (d \leqslant 0) \end{cases} \tag{3-24}$$

Hertz 接触模型通常不考虑表面黏附的影响，由针尖样品之间相互接触产生的作用力与表面黏附力相差不大时，Hertz 模型就不能很好地描述针尖样品之间的相互作用。考虑接触过程中黏附力作用最常用的两个模型是 DMT 模型和 JKR 模型，它们可以给出相应的解析解。

2) DMT 模型

DMT 模型一般用于针尖样品之间较小黏附力且黏附力主要作用在接触面之外的情况。它更适用于针尖半径较小，弹性模量较大的情况，在描述针尖与样品相互作用时应用最为广泛。若同时考虑范德瓦耳斯吸引力的作用，DMT 模型给出的针尖与样品之间的相互作用力为

$$F = \begin{cases} -\dfrac{HR}{6d^2} & (d > a_0) \\ \dfrac{4}{3}E^*\sqrt{R}\,(a_0 - d)^{3/2} - 4\pi R\gamma & (d \leqslant a_0) \end{cases} \tag{3-25}$$

式中，$-4\pi R\gamma$ 为针尖样品之间黏附力的大小；γ 为表面能。

3) JKR 模型

JKR 模型一般用于描述较大的黏附力，且黏附力主要作用在接触面以内，适用于针尖半径较大、低弹性模量的情况。JKR 模型描述的针尖样品之间相互作用为

$$\begin{cases} F = -\dfrac{HR}{6d^2} & (d > a_0) \\ F + 6\pi R\gamma + \left[12\pi R\gamma F + (6\pi R\gamma)^2\right]^{1/2} = \dfrac{4}{3}\dfrac{a^3 E^*}{R} & (d \leqslant a_0) \\ \dfrac{a^2}{R} - 2(\pi\gamma a/E^*)^{1/2} = a_0 - d & (d \leqslant a_0) \end{cases} \tag{3-26}$$

需要说明的是，研究者将通过分子动力学计算得到的结果与连续介质力学的理论得到的结果进行对比，发现通常情况下，当两个接触面之间涉及成千上万个原子时，用连续介质力学中的接触理论可以较好地对这一尺度的接触力学行为进行描述[12]。

通过引入如下的等效参数[13]，可以给出不同模型的使用范围，如图 3.16 所示。

$$\lambda_e = \Gamma_0 \left(\frac{9R}{2\pi W_{ad}E^*}\right)^{1/3} \tag{3-27}$$

其中，Γ_0 为平衡时的应力；W_{ad} 为将单位面积表面分开所做的功。

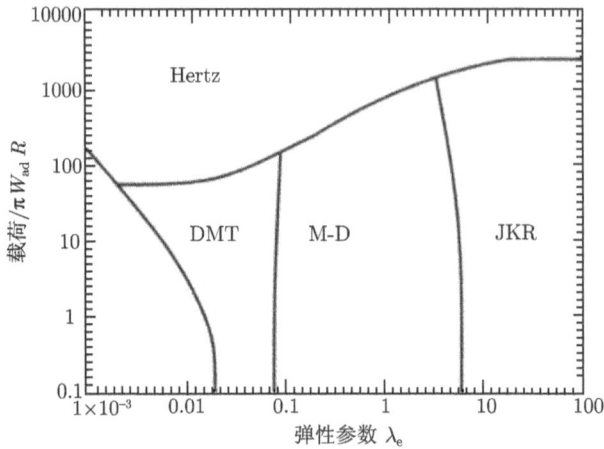

图 3.16　不同针尖样品之间作用力模型的参数不同[13]

Johnson 和 Greenwood 给出了不同接触模型各自的适用范围[14]。当 $\lambda_e=0$ 时，即为典型的 Hertz 接触；当 λ_e 较小时，DMT 模型比较适用；当 λ_e 较大时，JKR 模型比较适用。

另外，除了以上介绍的 DMT 模型和 JKR 模型之外，还有 M-D 模型以及同时考虑黏附力作用在针尖与样品接触面内外的 MYD 模型[15]。不过由于模型比较复杂，实际应用并不是很方便。关于黏附接触的详细内容，赵亚溥研究员的专著《纳米与介观力学》中有非常详细的论述，有兴趣的读者可以参考。

3. 静电相互作用力

静电相互作用力通常是长程相互作用力。当针尖或样品表面存在电荷时，针尖样品之间会产生静电相互作用力。静电力可以通过下式计算[13]：

$$F_e = -\frac{1}{2}\frac{\mathrm{d}C}{\mathrm{d}z}\left(V - V_C\right)^2 \tag{3-28}$$

式中，C 为体系的电容大小；V_C 为接触电势；V 为外部施加的电压。

当针尖半径远大于针尖样品之间的距离时，针尖与样品之间的静电相互作用力可以表示为

$$F_e = -\pi\varepsilon_0\frac{R\left(V - V_C\right)^2}{d} \tag{3-29}$$

式中，ε_0 为材料的真空介电常数。AFM 测试中经常采用上式计算针尖样品之间的静电相互作用力。

4. 毛细力

在大气环境中，样品表面通常都会形成一层薄薄的水膜。当探针针尖接近样品表面时，会在针尖与样品之间形成弯月面。弯月面的半径可以用开尔文方程描述[16]

$$r_{\mathrm{k}} = \frac{V_{\mathrm{M}} \gamma_{\mathrm{t}}}{R_{\mathrm{g}} T \lg (P/P_{\mathrm{s}})} \tag{3-30}$$

式中，r_{k} 为开尔文半径；R_{g} 为气体常数；γ_{t} 为液体表面张力；V_{M} 为液体的摩尔体积；P 为实际蒸汽压；P_{s} 为饱和蒸汽压。在大气环境中，P/P_{s} 是相对湿度。

针尖与平的样品表面之间的毛细力可以通过下式计算：

$$F_{\mathrm{c}} = \frac{4\pi R \gamma_{\mathrm{t}} \cos \varphi}{1 + d/[R(1 - \cos \psi)]} \tag{3-31}$$

式中，R 为针尖半径；φ 为接触角；ψ 为弯月面角。毛细力的最大值为 $4\pi R \gamma_{\mathrm{t}} \cos \varphi$。当针尖半径较大时，毛细力的大小相当可观，可达几十纳牛。因此，在相对湿度较大的环境中进行 AFM 测试时，需要注意毛细力的影响。

以上介绍了几种在大气环境中常见的针尖样品相互作用力。除了大气环境中，探针在液体环境中测量或扫描时还会存在其他形式的一些相互作用力，如静电双层力等，在此就不再作详细介绍，对此感兴趣的读者可以参阅相关文献。

3.6 力–距离曲线在低维纳米材料力学和细胞力学领域的应用

利用 AFM 力–距离曲线测试方法对样品力学性能进行较准确的测量，需要了解针尖的具体形状和大小等信息。目前，对针尖的形状和曲率半径大小进行精确表征还比较困难。常用的表征手段是扫描电子显微镜。力–距离曲线测试基本原理与纳米压痕类似，很多文献也称为基于 AFM 的压痕测试。力–距离曲线的横坐标一般是压电陶瓷驱动距离，纵坐标可以是探针的挠度、受力大小等。相同条件下，如果力–距离曲线的斜率越大 (越陡峭)，则测试样品的模量越大；反之，如果力–距离曲线的斜率越小 (越缓慢)，则样品的模量越小。基于 AFM 的力–距离曲线测试方法广泛应用于聚合物材料、低维纳米材料以及生物软材料。这里主要介绍力–距离曲线在二维纳米材料和生物软材料方面的应用。

3.6.1 力–距离曲线用于低维纳米材料力学性能测试

二维纳米材料在柔性电子材料和器件领域有着广泛的应用前景。力–距离曲线可以用于二维纳米材料力学性能的测试。测试方法是将二维纳米材料平铺在具有 μm 级小圆孔的基底上，利用原子力显微镜的探针对圆孔上的铺层施加压力，测试探针施加的压力与圆孔上铺层材料变形量之间的关系，通过对力学模型进行拟合，就可以获得二维铺层材料的力学性能。

二维纳米材料在圆孔中心处受集中力发生变形，其受力与变形之间的关系为[17]

$$F = \frac{4\pi E}{3\left(1 - \nu^2\right)} \left(\frac{t^3}{R^2}\right) \delta + \left(\pi T\right) \delta + \left(\frac{q^3 E t}{R^2}\right) \delta^3 \qquad (3\text{-}32)$$

其中，F 为探针施加压力大小; E 和 ν 分别为二维材料面内的模量值和泊松比; δ 为薄层的变形量; T 为薄层面内的张力; R 为圆孔的半径; t 为薄层的厚度。$q = (1.05 - 0.15\nu - 0.16\nu^2)^{-1}$ 为无量纲化的参数。式 (3-32) 中，第一项表示具有抗弯刚度的薄板的力学行为，第二项表示拉伸膜的力学行为，第三项表示加载过程中产生的硬化效应。在小变形情况下，最后一项可以忽略，施加载荷与铺层变形之间为线性关系。对于较厚的铺层，第一项板的力学行为占主导。对于很薄的薄膜，第二项占主导。施加压力处薄层的变形量 δ 可以通过将压电陶瓷驱动器的位移减去探针的形变量获得。

Poot 等测量了多层石墨烯铺层的柔度分布，成像阵列点为 64×64，成像结果如图 3.17 所示。由于针尖半径远小于圆孔的直径，因此可以将针尖施加的压力等效为集中力。从图中可以发现，圆孔中心区域石墨烯薄层的柔度远大于边缘区域的柔度。在圆孔区域以外，柔度仍存在，说明石墨烯受到针尖作用力时仍然有变形存在[18]。图 3.17(c) 中，圆孔边界处柔度分布变化比较平缓，是薄片的弯曲刚度起主要作用；而在图 3.17(d) 中圆孔边界处柔度变化比较急剧，此时面内的拉力相对比较大。此外，他们采用拟合的方法对不同厚度石墨烯铺层的抗弯刚度和张力进行了计算，并利用获得的抗弯刚度和张力值计算得到圆孔上铺层的本征频率。

Castellanos-Gomez 等用类似的方法对 MoS_2 薄层进行了力学性能研究，测量结果如图 3.18 所示[17]。他们发现，当薄层只有几层 MoS_2 构成时，在圆孔上薄层的中心位置施加载荷，其载荷和薄层变形曲线表现为非线性。随着 MoS_2 层数的增加，载荷位移曲线由非线性逐渐变为线性，即载荷位移曲线具有厚度相关性，如图 3.18(b) 所示。他们通过测量 5~10 层不同厚度的 MoS_2 力与压入变形的曲线，通过力学模型拟合获得了 MoS_2 的平均模量值为 (0.33 ± 0.07)TPa。对于单层石墨烯，可以将其等效为膜，即其抗弯刚度为零。Lee 等也通过类似方法测量了单层石墨烯的弹性刚度、预拉应力。他们还发现，由于针尖下方存在应力集中，原子力显微镜探针将单层石墨烯压破所需的力的大小与石墨烯膜所在圆孔的直径大小无关，只与针尖半径大小有关。最后测量得到单层石墨烯的本征强度为 (42 ± 4)N/m，杨氏模量为 (1.0 ± 0.1)TPa[19]。

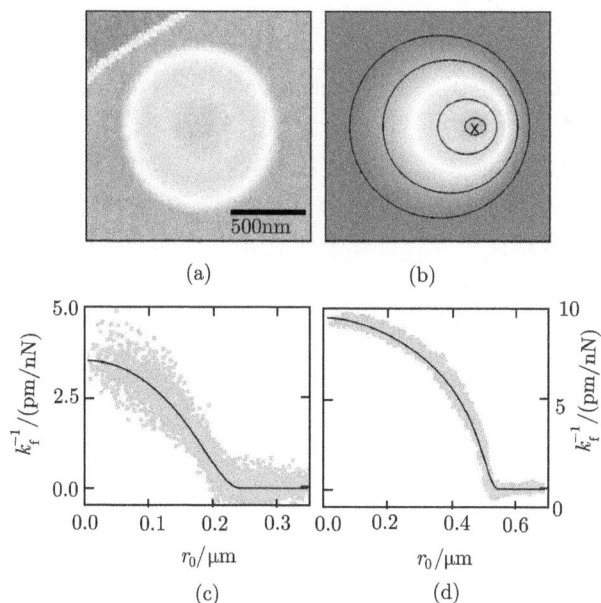

图 3.17 (a) 厚度为 23 nm 的石墨烯薄层的柔度分布图，蓝色代表柔度低的区域，橘黄色代表柔度分布高的区域，范围为 9.7×10^{-3} m/N；(b) 通过计算得到的在图中标记点施加压力时石墨烯薄层的挠度分布图；(c) 厚度为 15 nm 的石墨烯薄层的柔度分布图；(d) 图 (a) 中沿径向的柔度分布。其中，实线为拟合的结果[18] (详见书后彩图)

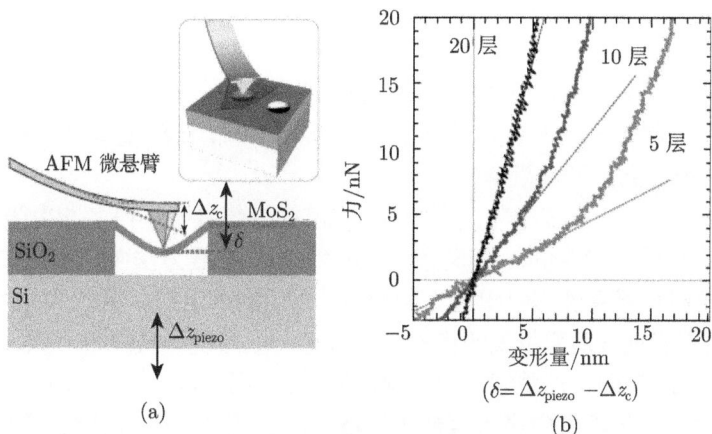

图 3.18 利用力–距离曲线方法对平铺的 MoS_2 纳米薄层进行纳米力学性能测试 (详见书后彩图)

(a) 测试过程示意图；(b) 5 层，10 层，20 层 MoS_2 在所覆盖的圆孔中心处测试得到的力变形曲线[17]

3.6.2　力–距离曲线用于细胞的纳米力学性能测试

　　原子力显微镜具有的高分辨率和无损的特性使其在细胞纳米力学性能测试方面具有显著优势。人类及动物许多疾病的产生和发展均能在细胞水平找到相关证据，而细胞发生病变通常会导致其力学性能发生相应的变化。利用原子力显微镜进行细胞水平纳米力学性能的定性或定量化测试，可以为疾病的诊断提供依据[20]。利用力–距离曲线研究细胞力学性能主要是将正常细胞的力学性能 (如模量、黏附等) 与病变细胞的力学性能进行对比，找出各自力学性能的特点，并将其特点作为细胞层面疾病诊断的重要依据。力–距离曲线用于细胞纳米力学性能测试的一个非常有前景的应用是对癌症的辅助诊断。癌症诊断的研究思路是对正常细胞、良性肿瘤细胞和癌细胞分布进行力–距离曲线测试，比较三者之间弹性模量及其分布的差异。

　　细胞弹性模量的定量化过程需要分析针尖与细胞之间的接触力学行为。目前，细胞模量定量化测试过程中使用最多的接触力学模型为赫兹接触力学模型。在此模型中，施加压力与针尖样品之间的关系式为

$$F = \frac{4}{3}\sqrt{R}E^*\delta^{3/2} \tag{3-33}$$

其中，δ 为细胞的弹性变形；R 为针尖半径；E^* 为折合弹性模量。

　　由于针尖的模量远大于被测细胞的模量，通常情况下可以忽略针尖的弹性变形。由第 2 章接触力学知识可得，当针尖弹性模量为无穷大时，有

$$E^* = \frac{E_\mathrm{s}}{1 - \nu_\mathrm{s}^2} \tag{3-34}$$

在进行细胞纳米力学性能测试时，一般情况下取细胞的泊松比为 0.5[21]。通过实验获得针尖与细胞相互作用的力–距离曲线之后，将理论接触模型与实验结果进行拟合，从而获得样品的弹性模量值。

　　研究结果表明，癌细胞与正常细胞相比，弹性模量要小得多，以便于癌细胞的转移和扩散[22-24]。Plodinec 等利用 AFM 力–距离曲线方法研究了正常乳腺组织、良性病变组织和恶性肿瘤组织的力学性能分布，测试结果如图 3.19 所示。他们发现，正常组织和良性病变组织的模量分布只有一个比较明显的峰，而恶性肿瘤组织则具有三个峰，表明恶性肿瘤组织力学性能分布的不均匀性。他们进一步发现恶性肿瘤组织模量分布结果中模量值最小的峰对应的是组织中癌细胞的测量结果，显示了癌细胞的弹性模量要小于正常组织和良性病变组织细胞[25]。

　　Cross 等基于原子力显微镜的力–距离曲线测试方法研究了不同年龄、性别和临床病史的癌症可疑病人胸腔积液中细胞的纳米力学性能。他们在细胞的中心位置进行力–距离曲线测试，测试结果发现癌细胞要比正常细胞模量低至少 70%[26]。

尽管癌细胞是从患不同类型癌症的病人身上获取的,但是其模量值却相差不大。从模量分布来看,癌细胞模量分布的宽度要远小于正常细胞模量分布的宽度,而且癌细胞模量分布基本属于正态分布,而正常细胞近似为对数正态分布。基于力–距离曲线纳米力学测试的检测结果与免疫组织化学的检测结果一致,表明了测试方法的有效性。

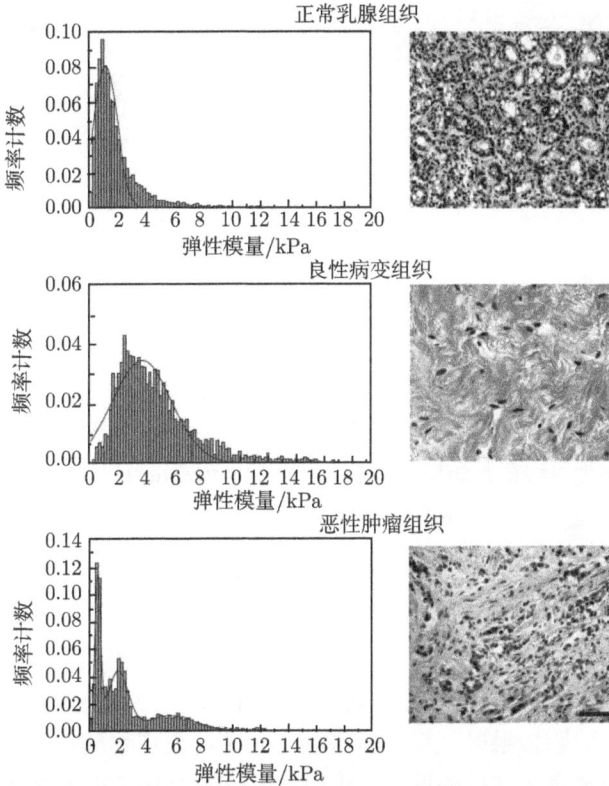

图 3.19 基于 AFM 的力–距离曲线对正常乳腺组织、良性病变和恶性肿瘤组织进行测试获得的弹性模量分布结果。其中,右列为相应的组织染色结果[25]

力–距离曲线阵列成像模式 (force mapping) 的主要缺点是成像时间很长,且分辨率较低。对于活的生物细胞而言,长时间的力–距离曲线阵列成像过程中细胞会发生移动,也会导致细胞死亡,造成相关测试失败。因此,发展快速的纳米力学成像测试技术对细胞测试而言就显得尤为关键。Darling 等开发了一种力扫描模式 (force scanning)。他们通过设定接触模式下不同大小的力的参考点对样品进行多次扫描 (一般 $n \geqslant 5$),获得接触扫描模式下样品扫描区域内每一像素点受到针尖不同大小压力时的变形量,再采用赫兹接触模型进行拟合,从而获得这一点的弹性模量值。将发展的力扫描模式与阵列成像模式进行对比，在不损失测量准确性的基础上，可以大大提高力学性能成像的速度[27]，如图 3.20 所示。从测试结果可以看到，两者获得的细胞弹性模量分布基本一致。但是，由于力扫描模式成像速度相对较快，在给出更高分辨率的同时，成像时间却大大少于力成像模式。

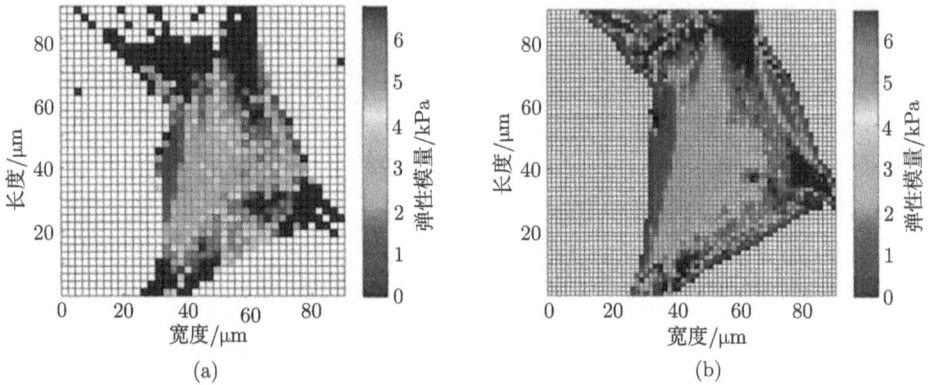

(a)   (b)

图 3.20   分别采用 (a) 力成像模式和 (b) 力扫描模式获得的细胞弹性模量分布图。两者测量得到的细胞模量分布基本一致。其中，力成像模式阵列为 40×40，力扫描模式的阵列为 60×60。虽然力扫描模式成像点远多于力成像模式，但成像时间仍然比力成像模式快 2.4 倍 (25.8min vs 10.8min)[27] (详见书后彩图)

关于力–距离曲线，尽管利用力–距离曲线进行细胞纳米力学性能测试所得到的结果在疾病诊断方面显示出了较好的前景，但是仍然存在一些争议或不足。比如，在细胞离体状态下进行力–距离曲线测试得到的模量结果可能与离体前的有所不同。在对细胞进行力–距离曲线测试时，很多时候需要考虑基底对测试结果造成的影响。针尖与细胞接触时，其实际接触行为可能与理想的接触模型之间存在差异，从而导致模量测试结果的偏差。比如，接触模型要求样品表面是理想的平面，而细胞表面的平整度无法保证是平面。此外，细胞与针尖之间存在一定的黏附力，要获得更准确的测量结果时，需要考虑针尖样品之间的黏附接触。因此，在实际测试过程中，压入位置尽量选取靠近中心的区域。另外，还要保证压入深度不能太大，以免增大基底的效应以及对细胞造成破坏。目前，基于原子力显微镜力–距离曲线测试对癌症进行诊断还处于研究阶段。

综上所述，力–距离曲线测试原理相对简单，操作方便易行。然而，力–距离曲线适合的主要测量对象是软材料，要求材料的变形量与探针的变形量处于同一量级。由于软材料往往存在较强的黏附性，会对测试结果的准确性造成影响。对于较硬材料，由于其施加的力很小，材料的变形量很小，远小于探针本身的变形，测试结果的可信度很低。基于力–距离曲线的阵列测量可以进行模量成像，但分辨率相对较低, 且一般测试时间较长。如果在样品形貌扫描完成后再选取感兴趣的位置进行力–距离曲线测试, 由于存在热漂移的影响, 可能导致测量位置与图像上形貌的位置并不一致。

3.7 本 章 小 结

本章首先对 AFM 的基本测试原理及结构组成进行了详细介绍; 随后对 AFM 几种常用成像模式的成像原理和成像特点进行了介绍, 并对 AFM 成像过程中的常见问题和解决方法进行了说明; 最后介绍了基于 AFM 的力–距离曲线测试方法及其应用, 详述了微悬臂弹性常数校准方法, 针尖样品间常见作用力, 以及力–距离曲线在低维纳米材料和细胞力学性能测试方面的应用。

参 考 文 献

[1] 彭昌盛, 宋少先, 谷庆宝. 扫描探针显微技术理论与应用. 北京: 化学工业出版社, 2007.

[2] Binnig G, Quate C F, Gerber C. Atomic force microscope. Physical Review Letters, 1986, 56(9): 930–933.

[3] 杨序纲, 杨潇. 原子力显微术及其应用. 北京: 化学工业出版社, 2012.

[4] Espinoza-Beltran F J, Geng K, Saldana J M, Rabe U, Hirsekorn S, Arnold W. Simulation of vibrational resonances of stiff AFM cantilevers by finite element methods. New Journal of Physics, 2009, 11: 083034.

[5] Garcia R, Magerle R, Perez R. Nanoscale compositional mapping with gentle forces. Nature Materials, 2007, 6(6): 405–411.

[6] Eaton P, West P. Atomic Force Microscopy. New York: Oxford University Press, 2010.

[7] Sader J E, Larson I, Mulvaney P, White L R. Method for the calibration of atomic force microscope cantilevers. Review of Scientific Instruments, 1995, 66: 3789–3798.

[8] Sader J E, Chon J W M, Mulvaney P. Calibration of rectangular atomic force microscope cantilevers. Review of Scientific Instruments, 1999, 70: 3967–3969.

[9] Gibson C T, Watson G S, Myhra S. Determination of the spring constants of probes for force microscopy/spectroscopy. Nanotechnology, 1996, 7: 259–262.

[10] Hutter J L, Bechhoefer J. Calibration of atomicforce microscope tips. Review of Scientific Instruments, 1993, 64: 1868–1873.

[11] Butt H J, Cappella B, Kappl M. Force measurements with the atomic force microscope: Technique, interpretation and applications. Surface Science Reports, 2005, 59(1–6): 1–152.

[12] 赵亚溥. 纳米与介观力学. 北京: 科学出版社, 2014.

[13] Garcia R. Amplitude Modulation Atomic Force Microscopy. Weinheim: WILEY-VCH Verlag GmbH & Co. KGaA, 2010.

[14] Johnson K L, Greenwood J A. An adhesion map for the contact of elastic spheres. Journal of Colloid and Interface Science, 1997, 192: 326–333.

[15] Muller V M, Yushchenko V S, Derjaguin B V. On the influence of molecular forces on the deformation of an elastic sphere and its sticking to a rigid plane. Journal of Colloid and Interface Science, 1980, 77(1): 91–101.

[16] 白春礼, 田芳, 罗克. 扫描力显微术. 北京: 科学出版社, 2000.

[17] Castellanos-Gomez A, Poot M, Steele G A, van der Zant H S J, Agrait N, Rubio-Bollinger G. Elastic properties of freely suspended MoS_2 nanosheets. Advanced Materials, 2012, 24(6): 772–775.

[18] Poot M, van der Zant H S J. Nanomechanical properties of few-layer graphene membranes. Applied Physics Letters, 2008, 92(6): 063111.

[19] Lee C, Wei X D, Kysar J W, Hone J. Measurement of the elastic properties and intrinsic strength of monolayer graphene. Science, 2008, 321(5887): 385–388.

[20] 王海燕, 陈岚, 邢晓波. 原子力显微镜技术在细胞力学和病理学研究中的应用. 激光生物学报, 2013, 22(2): 97–102.

[21] Touhami A, Nysten B, Dufrene Y F. Nanoscale mapping of the elasticity of microbial cells by atomic force microscopy. Langmuir, 2003, 19(11): 4539–4543.

[22] Guck J, Schinkinger S, Lincoln B, Wottawah F, Ebert S, Romeyke M, Lenz D, Erickson H M, Ananthakrishnan R, Mitchell D, Kas J, Ulvick S, Bilby C. Optical deformability as an inherent cell marker for testing malignant transformation and metastatic competence. Biophysical Journal, 2005, 88(5): 3689–3698.

[23] Lekka M, Gil D, Pogoda K, Dulinska-Litewka J, Jach R, Gostek J, Klymenko O, Prauzner-Bechcicki S, Stachura Z, Wiltowska-Zuber J, Okon K, Laidler P. Cancer cell detection in tissue sections using AFM. Archives of Biochemistry and Biophysics, 2012, 518(2): 151–156.

[24] Suresh S. Biomechanics and biophysics of cancer cells. Acta Biomaterialia, 2007, 3(4): 413–438.

[25] Plodinec M, Loparic M, Monnier C A, Obermann E C, Zanetti-Dallenbach R, Oertle P, Hyotyla J T, Aebi U, Bentires-Alj M, Lim R Y H, Schoenenberger C A. The nanomechanical signature of breast cancer. Nature Nanotechnology, 2012, 7(11): 757–765.

[26] Cross S E, Jin Y S, Rao J, Gimzewski J K. Nanomechanical analysis of cells from cancer patients. Nature Nanotechnology, 2007, 2(12): 780–783.

[27] Darling E M. Force scanning: A rapid, high-resolution approach for spatial mechanical property mapping. Nanotechnology, 2011, 22(17): 175707.

第4章 扫描探针声学显微术原理及实验实现

4.1 引　　言

纳米材料的各种性能中，力学性能往往是纳米材料服役时所依赖的最基本性能，直接决定纳米材料和结构应用的可靠性和稳定性。鉴于纳米材料力学性能的重要性，发展各种定量化纳米力学测试方法就显得尤为重要。将近场声学和扫描探针显微术相结合的扫描探针声学显微术，是扫描探针显微镜家族中一项针对纳米力学性能测试和表征的测试技术[1,2]。扫描探针声学显微术是一种近场成像技术，它可以克服传统声学成像技术中声波的半波长对成像分辨率的限制，其分辨率取决于探针针尖与被测样品之间的接触半径。扫描探针声学显微术不仅可以获得被测样品纳米尺度的表面形貌信息，还可以获得被测样品表面或亚表面的纳米力学性能，是纳米材料微区无损检测的有力工具，广泛应用于纳米复合材料、智能材料、生物材料、薄膜系统、微机电系统等各种领域。与纳米压痕技术相比，扫描探针声学显微术具有更高的分辨率，且施加压力很小，一般认为其测试过程对较硬样品是无损的。扫描探针声学显微术是在 AFM 基础上开发的一项新的应用模式，具有 AFM 扫描速度快的典型优势。

本章内容主要介绍扫描探针声学显微术的基本理论和扫描探针声学显微术测试系统的实验实现。扫描探针声学显微术涉及的基本理论有：探针悬臂梁的振动力学分析，包括弯曲振动和扭转振动分析；针尖与样品之间的接触力学分析；力学性能测试的定量化过程；针尖与样品之间的非线性相互作用等。扫描探针声学显微术基本理论分析涉及的力学模型是进行定量化测试的基础，也是扫描探针声学显微术准确度和灵敏度分析、成像分辨率分析的基础(包括横向分辨率和纵向探测深度)。

4.2　扫描探针声学显微术定量化纳米力学测试基础

扫描探针声学显微术定量化过程主要涉及两个力学模型，一个是描述悬臂梁振动的振动力学模型，另一个是描述探针针尖与样品之间接触作用的接触力学模型。通过对这两类力学模型进行分析，找出两类模型之间的联系，就可以建立被测样品与探针响应直接的关系，从而实现定量化测试。扫描探针声学显微术测试的基本思想是在样品与探针接触作用条件下，通过测量探针的响应参数反推出样品的力学性能。扫描探针声学显微术定量化测量过程既涉及微悬臂的法向振动和法向接触力学，也涉及扭转振动和侧向接触力学。

4.2.1　探针微悬臂的弯曲自由振动分析

扫描探针声学显微术测试中使用的探针微悬臂一般都是矩形或近似矩形的。其长度方向的尺寸远大于其宽度方向和厚度方向的尺寸。在对探针微悬臂进行振动力学分析时，一般将微悬臂假设为均匀的各向同性的弹性悬臂梁。假设坐标轴 x 的方向沿微悬臂的长度方向，坐标轴 y 的方向沿微悬臂的厚度方向，则微悬臂弯曲自由振动的控制方程为[3]

$$EI\frac{\partial^4 y}{\partial x^4} + \rho A\frac{\partial^2 y}{\partial t^2} = 0 \tag{4-1}$$

式中，E 为悬臂梁的弹性模量；I 为横截面惯性面积矩；ρ 为探针的密度；A 为矩形横截面的面积。可以采用分离变量法进行求解，将方程的解可写成如下形式[2]：

$$y(x,t) = y(x)\,y(t) = \left(a_1 e^{kx} + a_2 e^{-kx} + a_3 e^{ikx} + a_4 e^{-ikx}\right)e^{-i\omega t} \tag{4-2}$$

式中，a_1, a_2, a_3, a_4 均为常数。

利用欧拉公式，还可以将式 (4-2) 中的 $y(x)$ 表示为

$$y(x) = c_1 \cosh kx + c_2 \sinh kx + c_3 \cos kx + c_4 \sin kx \tag{4-3}$$

将位移解的表达式代入控制方程中，可得特征方程为

$$EIk^4 - \rho A\omega^2 = 0 \tag{4-4}$$

微悬臂弯曲自由振动的固有频率可以表示为[2]

$$\omega = \frac{(kL)^2}{L^2}\sqrt{\frac{EI}{\rho A}} \tag{4-5}$$

式中，ω 为圆频率；L 为悬臂梁的长度；$k=2\pi/\lambda$ 为波数；kL 为无量纲化的波数。

考虑悬臂梁的边界条件。悬臂梁一端固定，另一端自由的边界条件为

$$y = 0, \quad \frac{\partial y}{\partial x} = 0 \quad (x=0) \tag{4-6a}$$

$$\frac{\partial^2 y}{\partial x^2} = 0, \quad \frac{\partial^3 y}{\partial x^3} = 0 \quad (x=L) \tag{4-6b}$$

将 $y(x)$ 的表达式代入以上边界条件中，可得包含待定系数的线性方程组。线性方程组存在非零解的条件是其系数行列式为零，可得微悬臂弯曲自由振动的特征方程为

$$1 + \cos kL \cosh kL = 0 \tag{4-7}$$

相应的主振型函数为

$$y\left(x\right) = \left(\cos kx - \cosh kx\right) + \frac{\sin kL - \sinh kL}{\cos kL + \cosh kL}\left(\sin kx - \sinh kx\right)$$
$$= \left(\cos kx - \cosh kx\right) - \frac{\cos k_n L + \cosh k_n L}{\sin k_n L + \sinh k_n L}\left(\sin kx - \sinh kx\right) \tag{4-8}$$

对以上特征方程进行数值求解，可得悬臂梁弯曲自由振动特征方程的各阶根。特征方程的前五阶根分别为 $\{1.8751, 4.6941, 7.8548, 10.996, 14.137\}$。将特征方程的各阶根代入式 (4-5)，就可以得到悬臂梁弯曲自由振动的各阶固有频率。

需要说明，在定量化测试之前，通常需要对所使用的探针进行标定，看是否符合均匀各向同性矩形悬臂梁的假设。一般测量悬臂梁的前 3~4 阶固有频率，将高阶模态的固有频率与一阶模态相比，由式 (4-5) 可得

$$f_n^0 / f_1^0 = \left(k_n^0 L\right)^2 \Big/ \left(k_1^0 L\right)^2 \tag{4-9}$$

式中，f_1^0 和 f_n^0 分别是第一阶模态和第 n 阶模态的固有频率；$k_1^0 L$ 和 $k_n^0 L$ 分别是悬臂梁固有振动第一阶模态和第 n 阶模态无量纲化的波数。

由以上悬臂梁弯曲振动的分析可知，高阶模态的固有频率与一阶模态固有频率的比值满足 (前五阶模态)

$$\left\{\begin{array}{cccc} f_2^0/f_1^0 & f_3^0/f_1^0 & f_4^0/f_1^0 & f_5^0/f_1^0 \end{array}\right\} = \left\{\begin{array}{cccc} 6.27 & 17.55 & 34.39 & 56.84 \end{array}\right\} \tag{4-10}$$

在进行探针标定时，若探针的高阶模态固有频率与一阶模态固有频率的比值与理论值偏离较大，则说明此探针不符合均匀各向同性矩形悬臂梁的假设。若使用此探针进行力学性能的定量化测试，则测量结果的误差就会较大。此时应重新选取新探针并进行标定，直至满足要求。

4.2.2 悬臂梁模型与弹簧质量模型的等效

弹簧质量模型是最简单的振动力学模型，通常用来近似等效悬臂梁一阶模态振动时末端处的响应。弹簧质量模型的固有频率为

$$\omega = \sqrt{k_e/m_e} \tag{4-11}$$

其中，k_e 和 m_e 分别为弹簧质量模型的等效刚度和等效质量。将弹簧质量模型与悬臂梁的一阶弯曲固有振动进行等效。令弹簧质量模型的固有频率与悬臂梁弯曲固有振动一阶固有频率相等，可得[3]

$$\sqrt{k_e/m_e} = \left(k_1^0 L\right)^2 \frac{1}{L^2}\sqrt{\frac{EI}{\rho A}} \tag{4-12}$$

弹簧质量模型的等效刚度与在悬臂梁末端施加载荷时悬臂梁的弹性常数相同，即

$$k_{\mathrm{e}} = 3EI/L^3 \tag{4-13}$$

由式 (4-12) 和式 (4-13)，可得弹簧质量模型的等效质量为

$$m_{\mathrm{e}} = \frac{3\rho LA}{(1.8751)^4} \approx \frac{1}{4} m_{\mathrm{c}} \tag{4-14}$$

式中，m_{c} 为悬臂梁的质量。由上式可知，弹簧质量模型的等效质量为悬臂梁质量的 1/4。另外，若有一质点质量 m_{add} 黏附于悬臂梁的末端，则悬臂梁的一阶弯曲振动固有频率可以表示为

$$\omega_{\mathrm{add}} \approx \sqrt{\frac{k_{\mathrm{c}}}{m_{\mathrm{c}}/4 + m_{\mathrm{add}}}} \tag{4-15}$$

弹簧质量模型的使用简单方便，但是一般只用来等效悬臂梁的一阶模态振动，在悬臂梁低频振动时近似效果较好。Turner 等说明了弹簧质量模型在描述微悬臂高阶模态高频振动时其误差较大[4]。

4.2.3　针尖与样品表面接触时悬臂梁的弯曲振动分析

通常将悬臂梁针尖与样品表面接触用一线性弹簧 k^* 近似等效，如图 4.1 所示。首先考虑悬臂梁一端固支，另一端末端处作用一线性弹簧时的边界条件为

$$y = 0, \quad \frac{\partial y}{\partial x} = 0 \quad (x = 0) \tag{4-16a}$$

$$\frac{\partial^2 y}{\partial x^2} = 0, \quad EI\frac{\partial^3 y}{\partial x^3} = k^* y \quad (x = L) \tag{4-16b}$$

将通解形式代入以上边界条件，可得相应的特征方程为

$$3k^*/k_{\mathrm{c}} = (kL)^3 \left(1 + \cos kL \cosh kL\right) \left(\sinh kL \cos kL - \sin kL \cosh kL\right)^{-1} \tag{4-17}$$

式中，k^* 为针尖和样品之间的接触刚度；k_{c} 为微悬臂的弹性常数。特征方程一般无解析解，只能进行数值求解。当 $k^*=0$ 时，针尖样品之间无相互作用，此时特征方程退化为式 (4-7)。

若弹簧的刚度为无穷大，即 $k^* \to \infty$，此时边界条件为

$$y = 0, \quad \frac{\partial y}{\partial x} = 0 \quad (x = 0) \tag{4-18a}$$

$$y = 0, \quad \frac{\partial^2 y}{\partial x^2} = 0 \quad (x = L) \tag{4-18b}$$

按照 4.2.1 节中求特征方程的方法，或者直接令特征方程 (4-17) 中 $k^* \to \infty$，可得相应边界条件下的特征方程为

$$\sin kL \cos kL - \sin kL \cosh kL = 0 \tag{4-19}$$

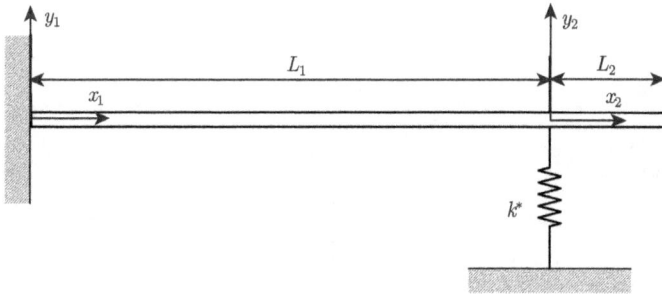

图 4.1 悬臂梁一端固支、另一端与样品表面接触时的力学模型示意图。针尖样品之间的相互作用采用线性弹簧近似等效

图 4.2 给出了悬臂梁末端自由以及针尖与样品接触时前三阶模态固有振动的振型图[3,5]。从图中可以看到，各阶不同模态在悬臂梁末端不同边界条件时的最大响应振幅位置不同，可以据此在实验中设置激光监测点的位置，以获得最大的信噪比。当悬臂梁末端自由或 k^*/k_c 较小时，末端处 $(x = L)$ 的振幅响应最大；当 k^*/k_c 较大时，最大响应振幅不再位于悬臂梁末端，且末端振幅随 k^*/k_c 的继续增大而逐渐减小，振型与铰支座的情况逐步接近。

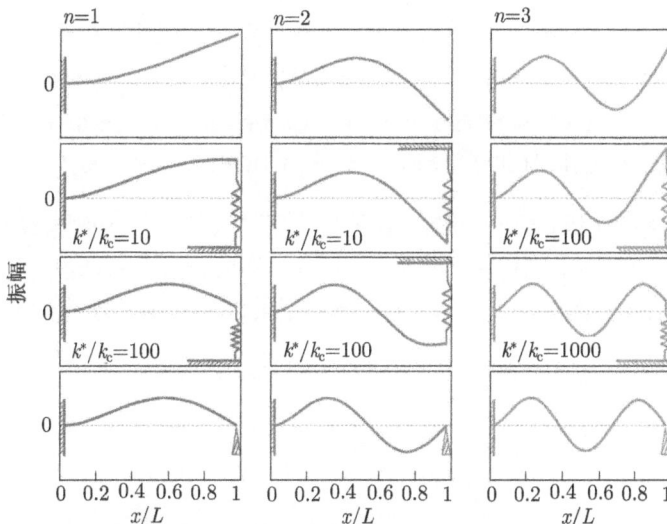

图 4.2 探针悬臂梁前三阶模态固有振动及针尖与样品接触情况下振动的振型图[3,5]

　　为了更好地进行定量化测试，需要对探针微悬臂各阶模态的实际振动情况进行实验测试，以验证实验结果与理论模型的吻合程度。图 4.3 是利用迈克耳孙干涉仪对探针微悬臂振幅进行测试的结果[2]。测试过程中探针直接黏在剪切波超声换能器上，采用函数发生器对超声换能器进行激励。采用计算机控制步进电机实现对探针悬臂梁表面的二维扫描。可以看到，实验测量获得的振型与理论模型预测基本一致。

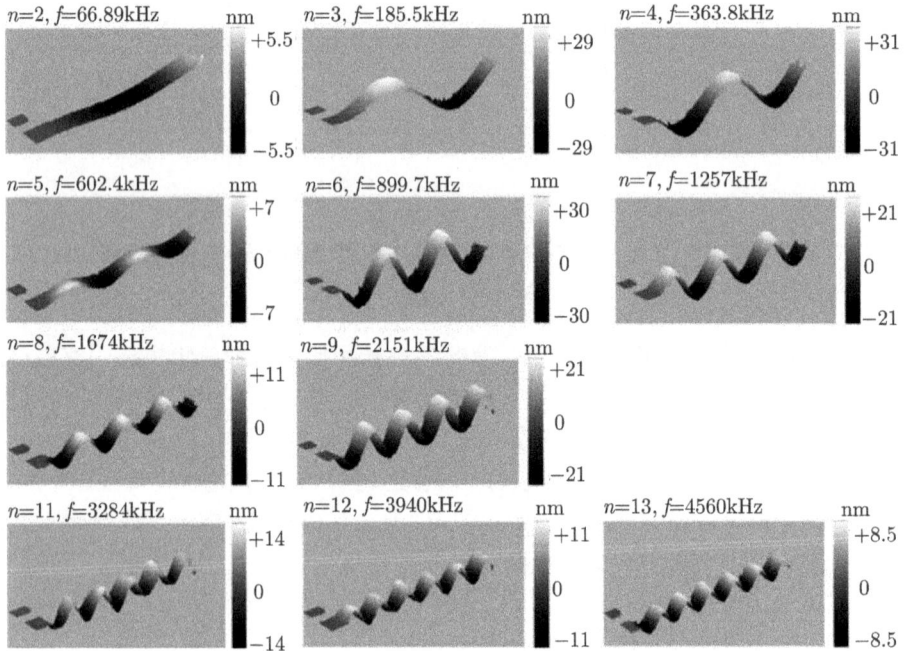

图 4.3　利用光学干涉仪对探针微悬臂弯曲振动的实验结果[2]

其中，一阶模态频率低于干涉仪的检测范围，没有被检测到。另外，第 10 阶模态也未被检测到，原因不明。

所用探针的尺寸为 440μm×45μm×1.61μm (长 × 宽 × 高)

　　实验过程中采用的 AFM 探针，其针尖位置一般不是位于微悬臂的末端，而是位于距离末端一定距离的位置，如图 4.1 所示。将梁分为左右两段，其中，L_1 段和 L_2 段的坐标轴方向如图 4.1 所示。此种情况下的边界条件和连续性条件为

$$y_1 = 0, \quad \frac{\partial y_1}{\partial x_1} = 0 \quad (x_1 = 0) \tag{4-20a}$$

$$\frac{\partial^2 y_2}{\partial x_2^2} = 0, \quad \frac{\partial^3 y_2}{\partial x_2^3} = 0 \quad (x_2 = L_2) \tag{4-20b}$$

$$y_1(x_1) = y_2(x_2), \quad \frac{\partial y_1}{\partial x_1} = \frac{\partial y_2}{\partial x_2} \quad (x_1 = L_1, x_2 = 0) \tag{4-20c}$$

$$EI\frac{\partial^2 y_1}{\partial x_1^2} = EI\frac{\partial^2 y_2}{\partial x_2^2} \quad (x_1 = L_1, x_2 = 0) \tag{4-20d}$$

$$EI\frac{\partial^3 y_1}{\partial x_1^3} - EI\frac{\partial^3 y_2}{\partial x_2^3} = k^* y_1 \quad (x_1 = L_1, x_2 = 0) \tag{4-20e}$$

将方程的通解代入以上边界条件，经过比较繁琐的推导，可得包含针尖位置常数时的特征方程为[3]

$$\begin{aligned}
\frac{k^*}{k_{\mathrm{c}}} &= \frac{2}{3}\left(kL_1\right)^3 \left(1 + \cos kL \cosh kL\right)\left[\left(\sin kL_2 \cosh kL_2 - \cos kL_2 \sinh kL_2\right)\right. \\
&\quad \times \left(1 - \cos kL_1 \cosh kL_1\right) + \left(\sinh kL_1 \cos kL_1 - \cosh kL_1 \sin kL_1\right) \\
&\quad \left. \times \left(1 + \cos kL_2 \cosh kL_2\right)\right]^{-1}
\end{aligned} \tag{4-21}$$

将式 (4-21) 进行简单变换，将无量纲化的接触刚度表示为

$$\frac{k^*}{k_{\mathrm{c}}} = \frac{2}{3}\left(\gamma\theta\right)\frac{1 + \cos\gamma\cosh\gamma}{B} \tag{4-22}$$

式中，$\theta = L_1/L$ 为针尖位置常数；$\gamma = k_n L = k_n^0 L\ (f_n^c/f_n^0)^{1/2}$ 为针尖与样品接触条件下悬臂梁振动无量纲化的波数，$k_n^0 L$ 为悬臂梁自由振动时无量纲化的波数，f_n^c 和 f_n^0 分别为悬臂梁的第 n 阶接触共振频率和第 n 阶自由共振频率。式 (4-22) 中分母的表达式为

$$\begin{aligned}
B &= \left[\sin(\gamma(1-\theta))\cosh(\gamma(1-\theta)) - \cos(\gamma(1-\theta))\sinh(\gamma(1-\theta))\right] \\
&\quad \times \left[1 - \cos(\gamma\theta)\cosh(\gamma\theta)\right] - \left[\sin(\gamma\theta)\cosh(\gamma\theta) - \cos(\gamma\theta)\sinh(\gamma\theta)\right] \\
&\quad \times \left[1 + \cos(\gamma(1-\theta))\cosh(\gamma(1-\theta))\right]
\end{aligned} \tag{4-23}$$

对于沿长度方向横截面均匀分布的矩形悬臂梁，其弹性常数可以表示为 $k_{\mathrm{c}} = Eh^3b/(4L_1^3)$。其中，$b$ 和 h 分别是悬臂梁的宽度和厚度。已知探针的针尖位置常数，通过测量针尖与样品接触时探针的接触共振频率及探针针尖自由状态下的自由共振频率，就可以计算出针尖样品之间的接触刚度。探针针尖位置常数的确定可以测量探针相邻两阶模态的自由共振频率和针尖与样品接触条件下的接触共振频率。令两阶模态的接触刚度相等，就可以确定出探针的针尖位置常数。图 4.4 是通过测量探针微悬臂前两阶模态的自由共振频率和接触共振频率确定针尖位置常数的示意图。另外，也可以看到，第二阶模态受针尖位置常数的影响较小。因此，在条件允许的情况下，尽可能采用第二阶模态进行测试，可以减小针尖位置常数测量误差对测量准确度的影响。

此外，研究者还考虑悬臂梁与样品表面倾角、探针针尖高度、针尖样品之间的接触阻尼，侧向接触刚度及接触阻尼等，给出了比较复杂的悬臂梁振动特征方程[2,6]。这些模型考虑了更多的影响因素，在一定程度上可以提高模型描述探针实

际振动情况的准确性。但是，这些模型相对比较复杂，在实际测量时使用并不多。关于针尖样品之间接触阻尼的分析，将在第 6 章中详细说明。

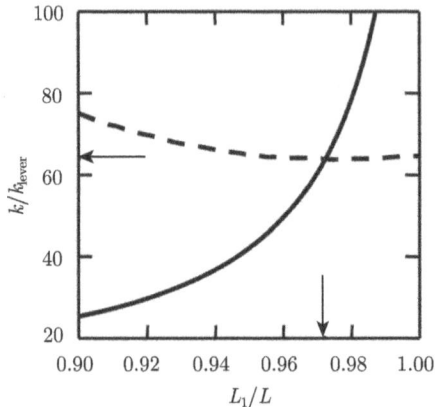

图 4.4　探针前两阶模态无量纲化的接触刚度与针尖位置相对参数的关系曲线

图中实线为一阶模态，虚线为二阶模态。两条曲线交点处箭头对应的横坐标即为针尖的位置常数[1]

4.2.4　针尖与样品之间的法向接触力学分析

描述针尖样品之间法向接触行为最常用的有两个模型，一个是经典的赫兹接触力学模型，另一个是圆柱形压头接触力学模型，两类接触力学模型的示意图如图 4.5 所示。

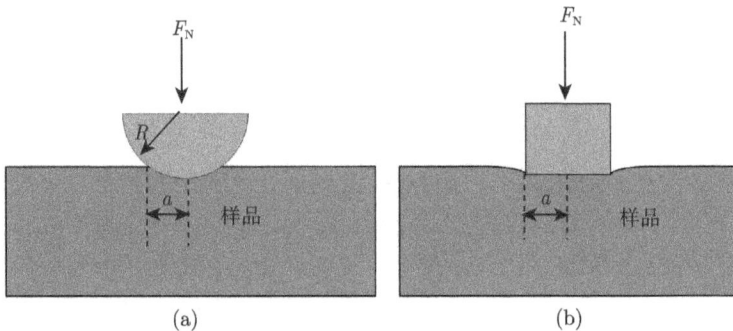

图 4.5　两类常用的弹性接触力学模型

(a) 赫兹接触力学模型; (b) 圆柱压头接触力学模型

第 2 章中对赫兹接触力学模型进行了详细的介绍。对于赫兹接触，压力 F_N 作用下球形压头中心处和样品之间互相接近的距离为

$$\delta = \sqrt[3]{\frac{9F_N^2}{16RE^{*2}}} \tag{4-24}$$

针尖样品系统之间的接触刚度为

$$k^* = \frac{\mathrm{d}F_\mathrm{N}}{\mathrm{d}\delta} = \sqrt[3]{6E^{*2}RF_\mathrm{N}} \tag{4-25}$$

式中, R 为半球形针尖的曲率半径; F_N 为针尖垂直施加于样品的接触力; E^* 为针尖样品接触体系的折合弹性模量。它同时包含了样品和针尖两方面的信息, 其表达式为

$$\frac{1}{E^*} = \frac{1 - \nu_\mathrm{t}^2}{E_\mathrm{t}} + \frac{1 - \nu_\mathrm{s}^2}{E_\mathrm{s}} \tag{4-26}$$

式中, E_t、ν_t 和 E_s、ν_s 分别为探针针尖和被测样品的弹性模量和泊松比。对各向同性材料或具有三重及四重旋转对称轴的晶体材料, 其压入弹性模量满足 $M = E/(1 - \nu^2)$。探针针尖通常是由 (001) 取向的单晶硅制成的, 满足以上条件[7], 则折合模量可以采用压入模量表达为

$$\frac{1}{E^*} = \frac{1}{M_\mathrm{t}} + \frac{1}{M_\mathrm{s}} \tag{4-27}$$

式中, M_t 和 M_s 分别为探针针尖和被测样品的压入弹性模量。

对赫兹接触力学模型, 针尖样品之间的接触半径为

$$a = \sqrt[3]{3F_\mathrm{N}R/4E^*} \tag{4-28}$$

针尖样品之间的接触刚度也可以用接触半径表示为

$$k^* = 2aE^* \tag{4-29}$$

式 (4-29) 对于赫兹接触和圆柱压头接触均适用。

探针针尖与被测样品表面的接触应力场分布决定了测试的横向分辨率以及探测深度。对于赫兹接触, 球形压头中心正下方的压应力 σ_z 为

$$\sigma_z = p_0 \left(1 + z^2/a^2\right)^{-1} \tag{4-30}$$

式中, $p_0 = 3F_\mathrm{N}/(2\pi a^2)$ 为样品表面的最大应力。将从最大应力位置到应力减小到最大应力 10% 的区域作为应力的有效作用区域, 可以得到深度为 $z = 3a$, 即探测深度大约为接触半径的 3 倍。沿着样品表面初始轮廓线, 以球形压头的旋转对称轴作为柱坐标的 z 方向, 距离对称轴为 r 处的径向应力分布为

$$\sigma_r = p_0(1 - 2\nu)\frac{a^2}{2r^2} \tag{4-31}$$

通过式 (4-31) 可以对测量的横向分辨率进行估计。假设材料的泊松比为 $\nu = 0.2$, 为大部分材料泊松比的下限, 此时横向分辨率最大。将沿样品表面水平方向的拉应力大小为最大应力 10% 时的范围作为有效作用区域, 可得 $r = 1.7321a$, 故横向分辨率为 $2r \approx 3.5a$。

4.2.5　弹性模量定量化测量的参考方法

通过对探针微悬臂的动力学以及针尖样品之间的接触力学分析可知，将两个力学模型联系在一起的是针尖样品系统的接触刚度。若已知探针针尖的压入模量和针尖曲率半径以及施加在样品上的接触力，则可以通过探针的接触共振频率反推出针尖样品之间的接触刚度。

在实际测量过程中，由于探针针尖的曲率半径及针尖施加在样品表面的法向接触力很难准确测定，通常采用参考材料的方法。参考材料的方法主要分为三类：单参考方法、双参考方法和自参考方法。单参考方法，顾名思义，就是只使用一种参考材料进行校准的方法。通常要求参考材料的力学性能 (模量值) 与被测材料模量值相差不大。采用单参考材料的方法，计算折合模量的公式为

$$E_{\text{s-tip}}^* = E_{\text{ref-tip}}^* \left(\frac{k_{\text{s-tip}}^*/k_C}{k_{\text{ref-tip}}^*/k_C} \right)^n \tag{4-32}$$

式中，下标 s-tip 表示被测样品和针尖之间；ref-tip 表示参考材料和针尖之间。对于球形压头，$n=1.5$；对于圆柱形平压头，$n=1.0$。

结合式 (4-27)，可得采用单参考方法计算被测样品压入弹性模量的公式为

$$M_{\text{s}} = \left\{ \left[\left(k_{\text{ref-tip}}^*/k_C \right) / \left(k_{\text{s-tip}}^*/k_C \right) \right]^n / M_{\text{r}} \right.$$
$$\left. + \left[\left[\left(k_{\text{ref-tip}}^*/k_C \right) / \left(k_{\text{s-tip}}^*/k_C \right) \right]^n - 1 \right] / M_{\text{t}} \right\}^{-1} \tag{4-33}$$

采用双参考的方法，需要选取两种参考材料，一般要求两种参考材料的模量值分别高于和低于被测材料的模量值，可以在很大程度上提高测试的准确度。采用双参考方法计算被测样品压入模量的公式为[8]

$$M_{\text{s}} = \frac{\left(k_{\text{r1}}^*/k_{\text{r2}}^* \right)^n - 1}{\left(k_{\text{r1}}^*/k_{\text{s}}^* \right)^n \left[(1/M_{\text{r2}}) - (1/M_{\text{r1}}) \right] + \left(k_{\text{r1}}^*/k_{\text{r2}}^* \right)^n (1/M_{\text{r1}}) - (1/M_{\text{r2}})} \tag{4-34}$$

式中，下标 r1 和 r2 分别表示第一种和第二种参考材料。

采用双参考方法的好处是不需要知道探针的力学性能以及曲率半径和接触力的大小就可以测量被测样品的压入模量。另外，使用双参考方法，还可以对探针针尖的力学性能进行测量，获得探针针尖材料的压入模量为[2]

$$M_{\text{t}} = \frac{M_1 M_2 \left(1 - \left(k_{\text{r1}}^*/k_{\text{r2}}^* \right)^n \right)}{M_2 \left(k_{\text{r1}}^*/k_{\text{s}}^* \right)^n - M_1} \tag{4-35}$$

若被测材料为多相材料，且其中至少有一相材料在某个相对较大范围内比较均匀，则可以采用自参考方法。自参考方法选取被测区域内较均匀的材料相作为参考，采用其他测试方法 (如纳米压痕等) 获得其模量值，再进行扫描区域内压入模

量的计算[9]。一般而言，选取参考材料时，应尽量选取模量值与被测材料相近的参考材料。若参考材料的模量值远大于被测材料，一般测量得到的模量值偏大；若参考材料的模量值远小于被测材料，通常测量得到的被测材料模量值偏小。且两者模量相差越大，测量偏差就越大[10]。

4.2.6　扭转振动模式下测量剪切模量、泊松比及摩擦力

除了采用探针悬臂梁的弯曲振动模式进行测试之外，也可以采用其扭转振动模式对被测样品进行测试。悬臂梁的扭转振动模式可以测量被测样品的剪切模量，也可以由弯曲振动模式测得杨氏模量，由各向同性材料杨氏模量、剪切模量和泊松比之间的关系获得样品的泊松比。实际测试过程中，要想激励微悬臂产生扭转振动，需要采用能产生剪切波的超声换能器，或者安置两个振动相位相反的纵波超声换能器。扭转振动模式测量样品的剪切模量涉及微悬臂的扭转振动力学分析以及针尖与样品之间的侧向接触力学分析。

1. 微悬臂扭转振动分析

微悬臂扭转振动力学分析过程主要包括：首先明确微悬臂扭转振动控制方程。假设方程的谐波解形式，代入控制方程，可以得到相应的弥散关系，即频率与波矢量之间的关系。再由相应的边界条件，求得悬臂梁扭转振动的振幅和品质因子。

探针微悬臂扭转振动的微分控制方程为[11]

$$c_T \frac{\partial^2 \varphi}{\partial x^2} = \rho J \frac{\partial^2 \varphi}{\partial t^2} + \eta \frac{\partial \varphi}{\partial t} \tag{4-36}$$

式中，φ 为扭转角；$c_T = bh^3 G/3$ 为微悬臂的扭转刚度，b 和 h 分别为微悬臂的宽度和厚度，G 为剪切弹性模量；ρ 为探针的密度；$J = b^3 h/12$ 为悬臂梁截面极惯性矩；η 为阻尼系数，表示悬臂梁在空气中振动时的空气阻尼效应。

利用分离变量法将控制方程的解写成如下形式：

$$\varphi(x,t) = \varphi(x)\varphi(t) = (A \sin kx + B \cos kx)\,\mathrm{e}^{-\mathrm{i}\omega t} \tag{4-37}$$

将以上解的表达式代入控制方程中，可得频散关系为

$$kL = \sqrt{\frac{\rho J L^2}{c_T}\omega^2 + \mathrm{i}\omega\frac{\eta L^2}{c_T}} \tag{4-38}$$

式中，k 为波数。从上式可以看到，当探针的阻尼很小可以忽略时 $(\eta=0)$，波数 k 与角频率 ω 之间呈线性关系。

考虑微悬臂在固定端处作用有激励 $\varphi = \varphi_0 \cos\omega t$，其边界条件为

$$\varphi = \varphi_0 \quad (x = 0) \tag{4-39a}$$

$$c_T \frac{\partial \varphi}{\partial x} = 0 \quad (x = L) \tag{4-39b}$$

将解的表达式代入以上边界条件中，求出系数 A 和 B 的值，可得微悬臂扭转振动的振幅响应为

$$\varphi = \varphi_0 \left(\tan kL \sin kx + \cos kx\right) \tag{4-40}$$

悬臂梁自由端处的振幅值为

$$\varphi|_{x=L} = \varphi_0 / \cos kL \tag{4-41}$$

式 (4-41) 的极点定义了简谐激励下扭转振动的共振频率 $(kL=(2n-1)\pi/2)$。进一步，若忽略空气阻尼效应，可得悬臂梁末端自由状态时扭转振动的共振频率为

$$f_{Tn}^0 = \frac{2n-1}{4L} \sqrt{\frac{c_T}{\rho J}} \tag{4-42}$$

之后，考虑悬臂梁末端与被测样品存在侧向接触的情况。假设两者之间存在线性接触力，此时边界条件为

$$\varphi = \varphi_0 \quad (x = 0) \tag{4-43a}$$

$$c_T \frac{\partial \varphi}{\partial x} = -H^2 k_{\mathrm{Lat}}^* \varphi + -H^2 \xi \dot{\varphi} \quad (x = L) \tag{4-43b}$$

式中，H 表示针尖高度；ξ 表示扭转振动时针尖样品之间的侧向阻尼。

将位移解的表达式代入以上边界条件中可得微悬臂自由端处扭转振动扭转角的幅值为[11]

$$\varphi|_{x=L} = \frac{\varphi_0 kL}{kL \cos kL + [(k_{\mathrm{Lat}}^* + \mathrm{i}\xi\omega)/C] \sin kL} \tag{4-44}$$

式中，$C = c_T/(H^2 L)$ 为悬臂梁的侧向刚度。

类似地，式 (4-44) 的极点定义了针尖样品存在线性接触作用时扭转振动的共振频率。令分母为零，可得波数与侧向接触刚度之间的关系式为

$$\frac{k_{\mathrm{Lat}}^* + \mathrm{i}\xi\omega}{C} = -kL \cot kL \tag{4-45}$$

此时，将式 (4-38) 代入式 (4-45)，并忽略针尖样品之间的阻尼效应 ($\xi=0$)，可得侧向接触刚度与探针扭转振动的接触共振频率之间的关系为

$$k_{\mathrm{Lat}}^* = -\frac{2\pi f_{Tn}}{H^2} \sqrt{\rho J c_T} \cot\left(2\pi f_{Tn} L \sqrt{\frac{\rho J}{c_T}}\right) \tag{4-46}$$

Turner 等分析了不同阶扭转振动模态对侧向接触刚度的灵敏度[12]。通过测量微悬臂针尖自由状态下扭转振动的共振频率以及针尖样品侧向接触时扭转振动的共振频率，可以获得针尖样品侧向接触状态下探针扭转振动无量纲化的波数为

$$k_n L = \frac{(2n-1)\pi}{2} \frac{f_{Tn}}{f_{Tn}^0} \qquad (4\text{-}47)$$

式中，n 为模态阶数；f_{Tn} 为针尖样品接触时探针第 n 阶模态扭转振动时的共振频率；f_{Tn}^0 为自由状态下第 n 阶模态扭转振动的共振频率。若获得了波数，就可以通过特征方程来计算接触刚度。

图 4.6 是采用固定频率激励时获得的扭转振动振幅图。与弯曲振动类似，扭转模式的振幅响应也强烈依赖于激励频率。不同材料之间的侧向接触刚度的不同引起接触共振频率的差异，进而导致不同的振幅响应。与力调制模式相比，由于接触共振的放大，因此图像的信噪比和对比度有了很大提高。由于两相材料的一阶扭转共振频率相差不大，且选取的两个激励频率处夹杂相的振幅值均大于基体相，所以一阶模态的对比度并没有发生反转。但是，如果选取合适的激励频率，仍可能有对比度反转产生。两相材料的二阶接触共振频率相差较大，二阶模态发生了对比度反转。

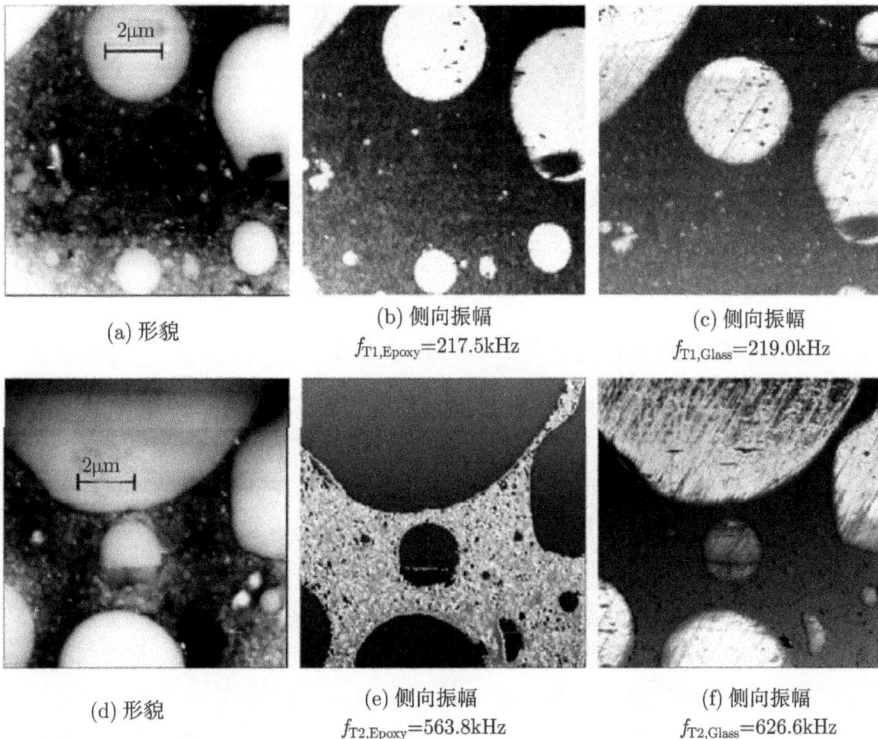

(a) 形貌

(b) 侧向振幅
$f_{T1,\text{Epoxy}} = 217.5\text{kHz}$

(c) 侧向振幅
$f_{T1,\text{Glass}} = 219.0\text{kHz}$

(d) 形貌

(e) 侧向振幅
$f_{T2,\text{Epoxy}} = 563.8\text{kHz}$

(f) 侧向振幅
$f_{T2,\text{Glass}} = 626.6\text{kHz}$

图 4.6 扭转振动模式得到的一阶扭转振动模态下的：(a) 形貌像；(b) 以基体区域共振频率激励的振幅像；(c) 以夹杂相区域共振频率激励的振幅像和二阶扭转振动模态下的 (d) 形貌像；(e) 以基体区域共振频率激励的振幅像；(f) 以夹杂相区域共振频率激励的振幅像[11]

2. 针尖与样品的侧向接触力学分析

针尖与样品之间侧向接触的同时也会发生法向接触。不考虑黏附力作用，由赫兹接触的相关理论可得侧向接触刚度为[2]

$$k_{\text{Lat}}^* = 8aG^* \tag{4-48}$$

式中，a 为接触半径 (式 (4-28))；G^* 为折合剪切弹性模量，同时包含了样品和针尖两方面的信息，表示为

$$\frac{1}{G^*} = \frac{2 - \nu_{\text{s}}}{G_{\text{s}}} + \frac{2 - \nu_{\text{t}}}{G_{\text{t}}} \tag{4-49}$$

其中，下标 s 和 t 分别代表样品和针尖。类似于法向接触，Hurley 等定义了一个量 $N = G/(2 - \nu)$，可以将上式重写为[13]

$$\frac{1}{G^*} = \frac{1}{N_{\text{s}}} + \frac{1}{N_{\text{t}}} \tag{4-50}$$

扭转模式测量样品剪切模量一般也采用参考材料的方法。采用参考材料的方法，可得[13]

$$G_{\text{s}}^* = G_{\text{ref}}^* \frac{(k_{\text{Lat}}^*)_{\text{s}}}{(k_{\text{Lat}}^*)_{\text{ref}}} \left(\frac{k_{\text{s}}^*}{k_{\text{ref}}^*} \right)^{n-1} \tag{4-51}$$

综合弯曲振动测量压入模量的方法，可得计算材料泊松比的公式为[13]

$$\nu = \frac{M - 4N}{M - 2N} \tag{4-52}$$

3. 扭转振动模式分析针尖与样品之间的摩擦行为

探针微悬臂的扭转振动模式可以分析样品与针尖之间的摩擦力。Reinstadtler 等通过针尖与样品接触状态下的扭转振动研究了纳米尺度下的摩擦行为，结果如图 4.7 所示[14]。图 4.7(a) 是针尖与硅基片接触时的共振曲线。可以看到，在低激励电压时，共振曲线为典型的 Lorenz 形状。随着激励电压的增加，当超过某一临界值 ($\approx 4.0\text{V}$) 时，共振曲线的形状开始变得不规则，越来越偏离线性状态下的形状。曲线顶端变得越来越平，振幅响应曲线越来越宽，振幅最大值处对应的频率逐渐变小。他们认为曲线顶端变平是由于针尖与样品之间的黏滑行为导致的，此时样品不能提供给针尖足够的摩擦力。图 4.7(b) 是针尖与涂有润滑剂的硅片接触时的共振曲线。随着施加压力的增加，出现振幅平台区的临界振幅值逐渐增加。图 4.7(c) 是施加相同针尖压力和激励电压时，针尖分别与涂有润滑剂和无润滑剂硅片接触时的共振曲线。可见，涂有润滑剂的硅片上探针的共振曲线顶部更平更宽，其临界激励电压更小。此外，他们还对非线性的共振曲线进行拟合，分析针尖与样品之间的

接触阻尼。在测量材料弹性性质时，不能施加太大的激励电压，以免针尖与样品之间产生滑移，影响测量的准确性。

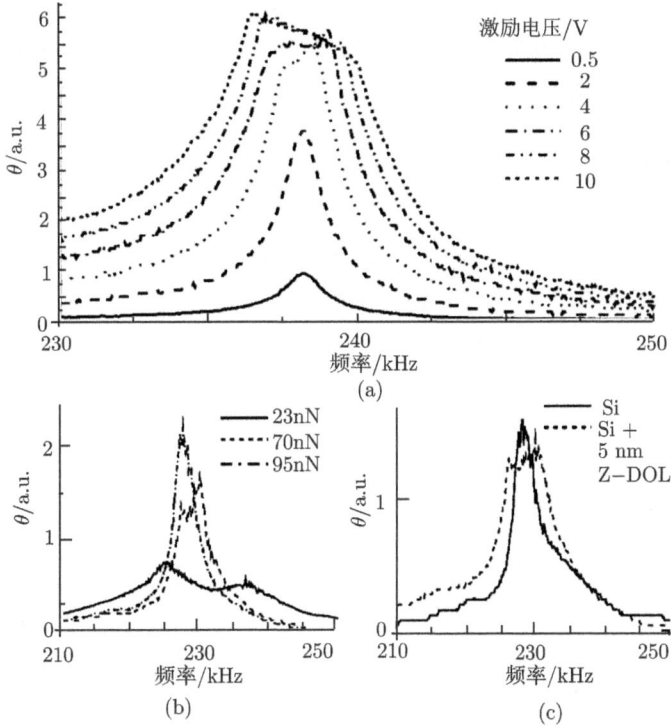

图 4.7 扭转振动测量针尖与样品之间的摩擦行为

(a) 针尖与一般硅基片接触时共振曲线随激励电压的变化；(b) 针尖与表面涂有润滑剂的硅基片接触，施加不同压力时共振曲线的变化；(c) 施加相同压力和激励电压时一般硅片和涂有润滑剂硅片的扭转共振曲线对比[14]

4.3 扫描探针声学显微术测试系统实验实现

4.3.1 概述

扫描探针声学显微术是在一般的商用原子力显微镜基础上，通过添加一个超声换能器和锁相放大器改造而成，其测试原理如图 4.8 所示。(图中同时包含 AFAM 和 UAFM。UAFM 和 AFAM 的主要区别是：UAFM 中，激励用的超声换能器直接与探针基片耦合在一起；而 AFAM 测试中超声换能器位于被测样品的下方。) 扫描探针声学显微术测试过程中，被测样品放置在压电换能器上方，并通过耦合剂与超声换能器耦合在一起。信号发生器产生正弦交流电压信号施加在压电换能器上，由于逆压电效应，压电超声换能器产生振动，通过耦合剂向被测样品内部发射声波，引起样品上表面的振动。探针针尖与样品表面接触，样品表面的振动进一步传递到探针微悬臂，引起微悬臂的振动。探针振动的响应信号通过光敏检测器进行检测。由于探针振动的响应信号一般比较微弱，通常需要采用锁相放大 (lock-in amplifying) 技术对信号进行提取。实际测试过程中通常利用针尖样品系统的接触共振，可以大大提高被测信号的信噪比 (signal noise ratio, SNR)。如果需要测量样品的剪切模量信息，则需要采用能产生剪切波的超声换能器，且要求剪切波的方向与微悬臂长度方向相垂直，使微悬臂梁产生扭转振动。测试过程中，需要保持探针微悬臂的挠度恒定，成像过程中通过反馈回路获得样品的表面形貌信息。通过扫频检测模式可以获得探针振动的振幅频率曲线及相位频率曲线，进一步得到探针的接触共振频率和品质因子等参数。借助于探针振动的动力学模型和针尖样品之间的接触力学模型，就可以实现纳米尺度材料力学性能的测试和表征。

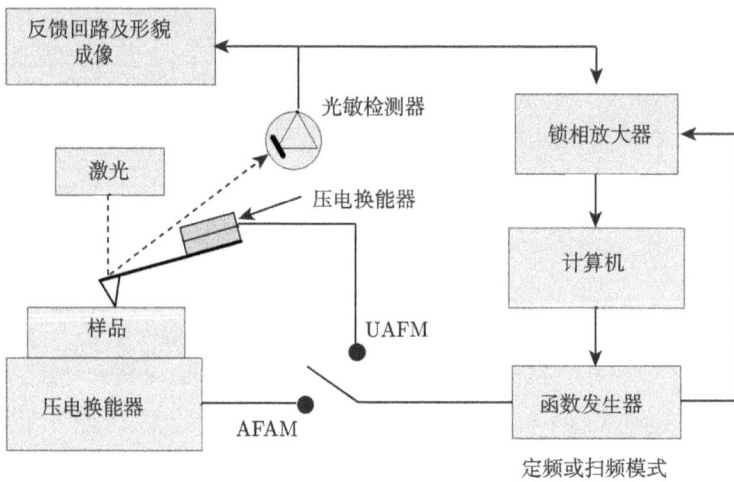

图 4.8　扫描探针声学显微术测试原理图

4.3.2　测试系统组成

1. 原子力显微镜

原子力显微镜最基本的功能是实现被测样品的形貌成像，主要由扫描控制系统、力检测装置及反馈系统、数据处理与显示系统等组成。原子力显微镜带宽至少要包含探针前几阶模态的接触共振频率，一般为 2~3 MHz。原子力显微镜的基本原理前面已经介绍过，在此不再赘述。

2. 信号发生器

信号发生器产生连续的正弦激励电压驱动压电超声换能器产生振动。信号发生器产生信号的频率范围至少要到 2~3 MHz，以便激励起探针的高阶振动模态。信号发生器输出的正弦激励电压信号幅值要足够大，以便激起探针微悬臂的各阶自由振动和接触振动模态。当然，振幅也不能太大，以免导致针尖脱离样品表面或针尖样品表面之间非线性相互作用。通常情况下，50~100 mV 的激励电压比较合适，此时压电超声换能器表面的振幅小于 0.1 nm[1]。

3. 超声换能器探头

一般情况下需要选用用于接触模式无损检测的超声换能器。一般选用圆柱状的超声换能器探头，这种形状的探头在激励电压下主要产生纵向振动。探头压电晶片的表面通常有一层保护层，以避免压电晶片受到损坏。表征探头的参数主要是其中心频率及阻尼特性。一般要求探头具有高阻尼宽频带的特性，可以在较大范围内实现对被测样品的激励，并且随着激振频率的变化其激励振幅变化较小。测量时，被测样品要黏在超声换能器探头上，通常采用甘油等作为耦合剂，以便于样品取下[1]。耦合剂可以使声波更好地传播进入被测样品，减小声波在换能器和样品之间传播的损耗，增大探针的响应振幅，从而大大提高信噪比。另外，使用耦合剂时探针的频率响应范围要远大于不使用耦合剂的情况，即耦合剂可以扩展探针的频率响应范围。

4. 锁相放大器

锁相放大器的作用主要是将与激励 (参考) 信号频率相同的微弱响应信号进行提取。由于探针振动响应的检测信号一般比较微弱，受各种噪声和干扰的影响较大，信噪比一般较低，如果直接将其作为成像信号，成像质量较差。采用锁相放大技术可以去除外界噪声，将微弱信号进行提取，大大提高信噪比，提高成像质量。锁相放大器的参考信号由信号发生器提供。锁相放大器的频带必须足够宽，以便于提取宽频带范围内的响应信号。

5. 共振频率追踪的实现方法

目前，能较好实现探针共振频率追踪的方法主要由以下三种：

1) PLL (phase locked loop) 方法

图 4.9 是利用 PLL 电路实现共振频率追踪的原理示意图。PLL 电路是靠反馈追踪锁相放大器输出信号的一个恒定相位值 (一般为 90°)，从而实现对共振频率的追踪。Yamanaka 等利用 PLL 电路实现了 UAFM 的接触共振频率追踪[15]。PLL 电路共振频率追踪系统只对相位信息变化不太剧烈的情况比较适用。

2) 扫频方法

美国国家标准与技术研究所 (NIST) 的 Hurley 等开发了一套基于数字信号处理器电子电路系统的共振追踪系统 (digital signal processor resonance tracking system, DSP-RTS)[16,17]，可以用来追踪成像区域内探针微悬臂振动的共振频率，其原理如图 4.10 所示。成像时，在成像区域内每一像素点进行频率扫描，通过锁相放大器对信号提取获得振幅频率及相位频率曲线，进而得到每一像素点处的共振频率。在成像过程当中，根据上一点的接触共振频率值调整激励频率的上下限，可以实现幅频和相频曲线的较快速测量[16,17]。随后，他们又开发出一套称为 SPRITE(scanning probe resonance image tracking electronics) 的测试系统，可以同时对探针振动两阶模态的共振频率和品质因子进行成像，且 SPRITE 系统的成像速度要比 DSP-TRS 系统快 10 倍，大大提高了成像速度[18]。Jesse 等开发了一种频带激励 (band excitation, BE) 的方法[19]，可以自行定义激励信号的幅值和相位信息。获得探针的响应信号后，经过傅里叶变换后，可以进一步得到振幅频率和相位频率曲线，并对数据进行存储。BE 方法应用范围非常广泛，可以用于不同类型的成像模式，如扫描探针声学显微术、磁力显微术、压电力显微术等。

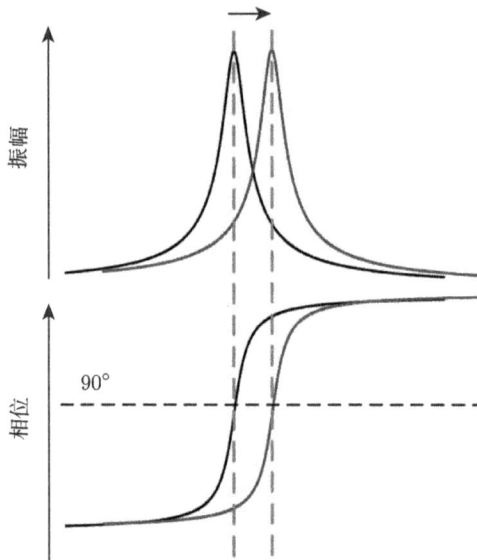

图 4.9　PLL 共振频率追踪原理示意图

3) 双频共振频率追踪方法

双频共振频率追踪技术由 Rodriguez 等开发[20]，其频率追踪原理如图 4.11 所示。这种方法采用两个信号发生器产生两个激励信号，其激励频率分别位于共振峰的两侧，进行叠加后对样品底部的超声换能器进行激振。两个锁相放大器分别对两个激励频率对应的探针响应进行提取，获得两个频率处的振幅。成像时将两个频率处的振幅差值作为反馈信号，调整激励频率，使两个激励频率处的振幅值始终相等。对针尖和样品之间的线性及小阻尼相互作用力学系统,将其等效为有阻尼弹簧质量振动系统,可以由共振峰两侧激励频率及对应的振幅和相位响应获得系统的接触共振频率及品质因子[21]。

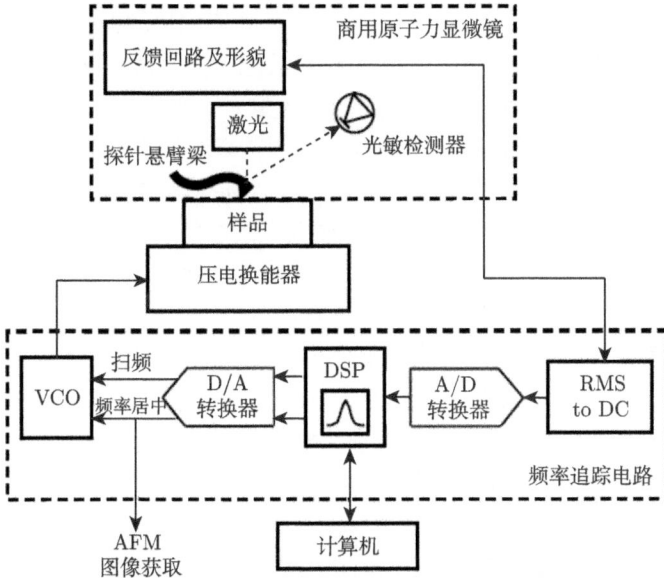

图 4.10 DSP 电路实现共振频率追踪原理图[16]

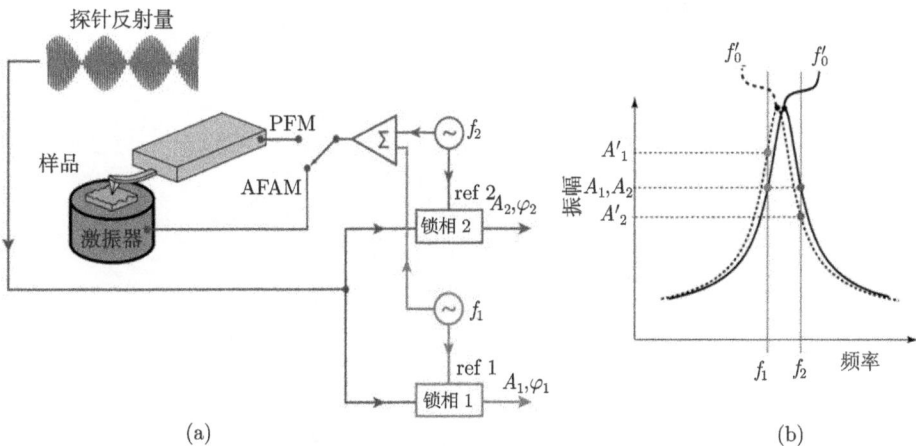

图 4.11 双频共振频率追踪方法测试原理示意图[20]

(a) 双频共振频率追踪实验装置示意图。两个信号发生器产生两个激励电压,激励频率分别位于接触共振频率的两侧;(b) 双频共振频率追踪原理示意图。两个激励频率处的振幅之差作为反馈信号,通过调整两个激励频率,使振幅差值为 0,实现对共振频率的追踪

4.4　扫描探针声学显微术的两种成像模式

　　扫描探针声学显微术成像主要有两种模式：定频模式振幅成像和接触共振频率追踪模式成像。定频模式主要是利用针尖样品系统的接触共振，进行定频模式扫描，通常选取共振峰附近的某一频率作为超声换能器的激励频率。选取共振峰左右两侧不同的激励频率分别进行定频模式扫描成像时，通常会出现成像对比度反转 (contrast inversion) 的情况。图 4.12 是采用不同频率进行激励成像时，玻璃纤维增强复合材料声学振幅像的对比度翻转。为了给出材料模量大小的相对分布，一般选取共振峰右侧的某一频率，此时接触刚度较大的区域，其振幅响应也相对较大。但是，当扫描区域内存在多个共振峰或者激励频率选取在两个共振峰交点附近时，定频激励模式成像获得的振幅像也不能正确地给出接触刚度的相对分布。定频模式可以实现材料微结构以及定性的刚度分布成像，但是一般较难定量化。定频激励模式的相位图对比度主要是不同位置处针尖与样品之间接触共振频率偏移导致的。需要注意的是，定频激励成像时要避开超声换能器本身的共振区，以免两者的效应混合在一起，产生难以解释的图像。

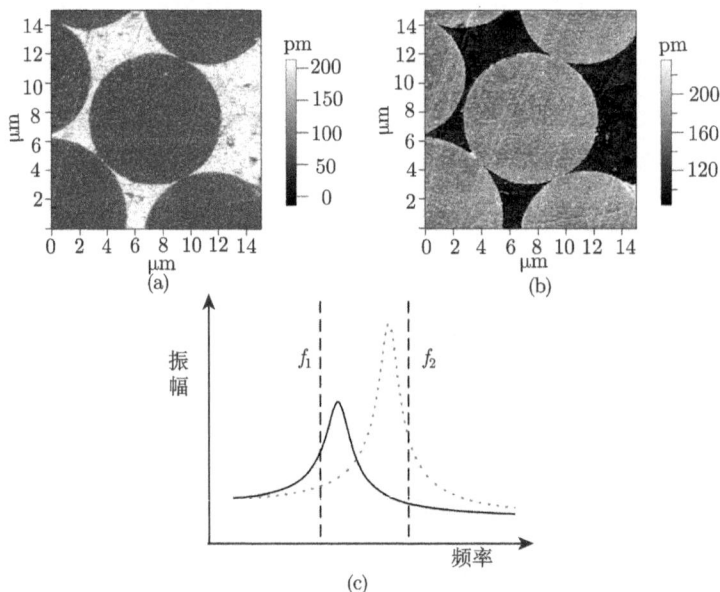

图 4.12　激励频率分别为：(a)310.36kHz；(b)319.45kHz 时玻璃纤维增强复合材料声学振幅像产生对比度反转；(c) 对比度反转原因示意图

　　为了获得被测样品某个区域内力学性能的分布，需要进行接触共振频率阵列成像。图 4.13 是对三种不同材料进行阵列测试的结果[8]，扫描阵列为 10×10。可以看到，三种材料阵列成像测试的结果均满足高斯分布。采用以上给出的接触共振频率追踪方法，获得扫描区域内每一像素点处的针尖样品接触共振频率，再基于悬臂梁振动的动力学模型和针尖样品接触力学模型，就可以获得每一像素点处的弹性模量，实现力学性能的定量化成像。实验中通常采用参考材料的方法，此时无需知道针尖曲率半径和施加作用力等信息，即可获得弹性模量的结果。共振频率追踪模式同样要注意避开换能器的共振区，以免换能器的共振对针尖样品系统共振响应产生影响。

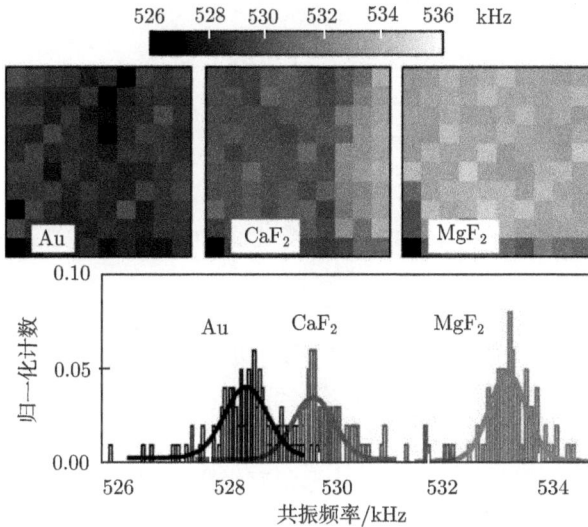

图 4.13 通过阵列成像获得的几种不同材料接触共振频率分布结果[8] (详见书后彩图)

通常情况下，对探针微悬臂的振幅测量受激光点的大小和位置、悬臂梁的光学反射灵敏度等因素影响，其测量的准确度相对较差。扫描探针声学显微术测量探针与样品之间的接触共振频率，其测量结果的稳定性好，测量准确度要远高于基于振幅检测的测量模式。

由于接触共振频率与针尖样品之间的接触刚度直接相关，在针尖曲率半径及样品和针尖的力学性能确定时，接触刚度与针尖施加在样品上的作用力大小直接相关。增加针尖施加在样品上的作用力，针尖样品系统的接触共振频率会增大。图 4.14 是采用 41N/m 的探针，当针尖施加在样品上的作用力分别为 410nN，820nN 和 1230nN 压力时的振幅响应谱。从图中可以看到，探针的接触共振频率均随着针尖施加压力的增加而逐渐增大。此外，还可以看到，随着接触压力的增加，接触共振频率增加的变化量越来越小，与理论相符合[2]。

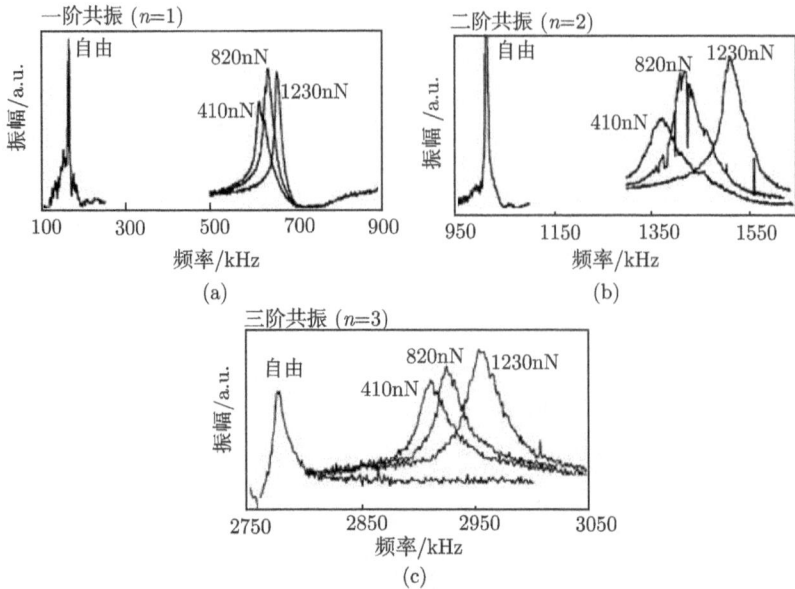

图 4.14 采用弹性常数为 41N/m 的单晶硅探针通过扫频测量获得的探针前三阶振动模态的
接触共振谱[2]

　　探针针尖自由状态时的自由共振频率可以通过探针夹里的压电陶瓷进行激励
来确定，也可以将探针靠近用于样品激励的超声换能器，通过超声换能器发射声波
对探针进行激励来确定。图 4.15 是分别采用两种不同的激励方式获得的探针自由
振动的幅频曲线。可以看到，除了曲线形状有轻微差别外，两种不同激励方法确定
的共振频率大小完全一致。

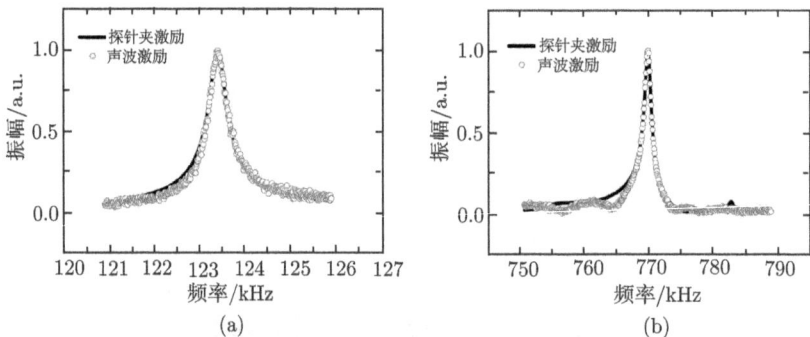

图 4.15 两种不同激励方式获得的探针振幅响应曲线
(a) 一阶模态;(b) 二阶模态的振幅响应曲线对比。采用探针的弹性常数为 15N/m

4.5　液相模式下的扫描探针声学显微术

扫描探针声学显微术早期主要是在大气环境或真空环境下应用，在液相环境下应用很少。液相环境下测试具有一定的优势，比如液相环境下没有毛细力，静电力也大大降低。研究液相环境下流体载荷对探针振动产生的影响可以将扫描探针声学显微术的纳米力学定量化测试应用范围扩展至液相环境下。

液相环境下，由于增加的流体质量载荷和流体阻尼，导致探针振动的共振频率和品质因子都大大减小。Parlak 等采用简单的解析模型考虑流体质量载荷和流体阻尼效应，可以在液相环境下从探针的接触共振频率导出针尖样品的接触刚度值[22]。他们采用金膜作为测试样品，在去离子水环境下，对针尖与样品接触状态下的探针进行间接的声学激励，测试结果如图 4.16 所示。从图中可以看到，通过耦合在样品底部压电驱动器的间接激励获得的共振峰谱曲线的形状不规则，存在一些假的共振峰 (spurious resonance)。这些假的共振峰会严重影响测试结果的准确性和可靠性。他们将实验测试得到的共振谱曲线与数值模拟获得的共振谱曲线进行对比，发现两者符合较好。他们还测量了一系列不同接触刚度下的接触共振频率，并与

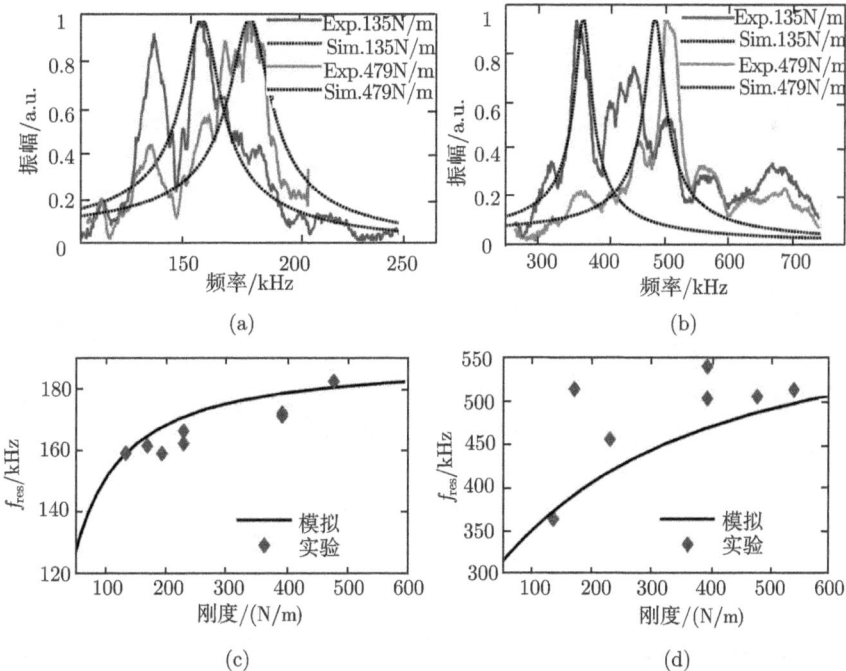

图 4.16　接触刚度分别为 135N/m 和 479N/m 时，实验测得的接触共振曲线与数值模拟获得的 (a) 一阶模态；(b) 二阶模态的共振曲线对比；(c) 和 (d) 分别是一阶模态和二阶模态实测共振频率与模拟结果之间的对比[22]

数值模拟曲线进行对比。此外，通过在探针的末端黏附磁性颗粒，并在样品底部添加一个螺线管，他们还利用交变磁场对探针进行磁激励。在液相模式下采用在探针末端附加磁性颗粒的方法对样品进行磁激励，可以有效地避免与流体之间的耦合，得到干净的共振谱曲线。并且由于增加了集中质量，可以增大品质因子。当探针振动的品质因子较高时，具有很高的测试灵敏度，可以对很小的频率漂移进行检测，从而提高测试灵敏度。磁激励方法获得的接触共振曲线如图 4.17 所示。从图中

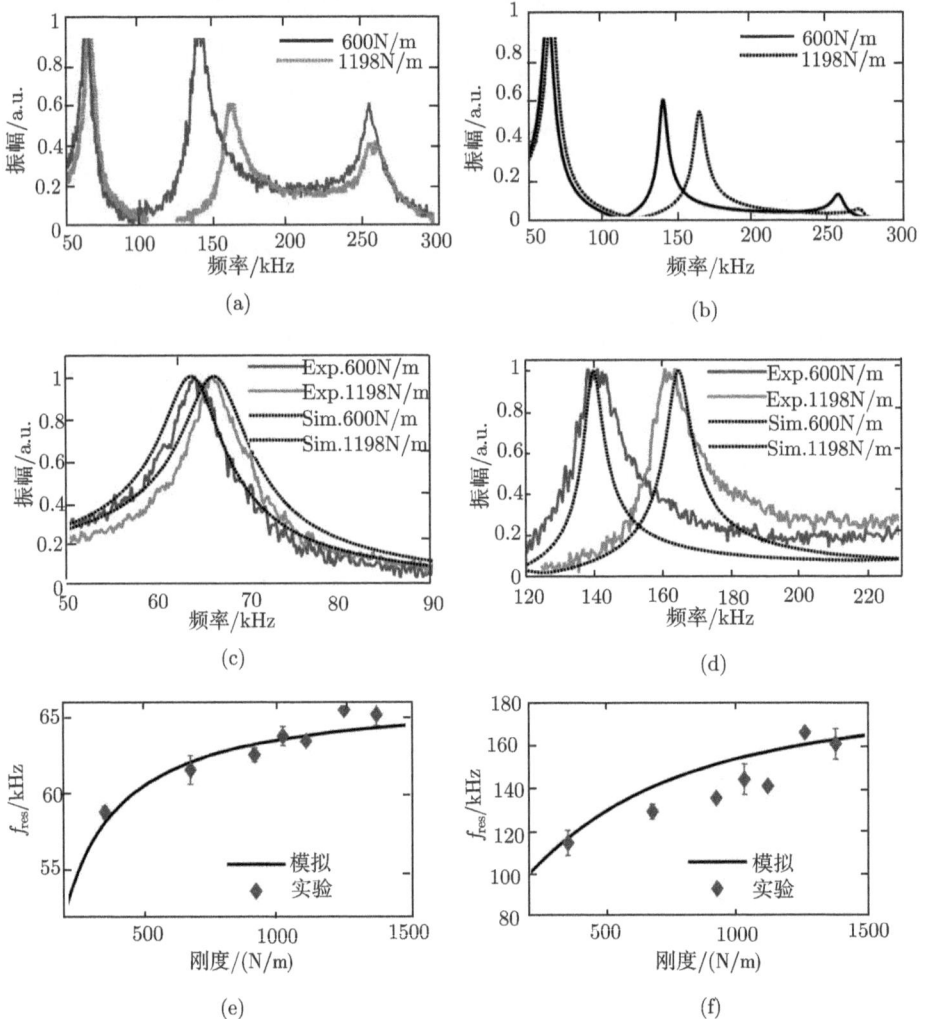

图 4.17　接触刚度大小分别为 600N/m 和 1198N/m 时，(a) 通过实验测得的接触共振谱；(b) 模拟获得的接触共振谱；(c) 一阶接触共振谱实测与模拟结果对比；(d) 二阶接触共振谱实测结果与模拟结果对比；(e) 和 (f) 分别是一阶模态和二阶模态在不同接触刚度下实验测得的接触共振频率与模拟结果的对比[22]

可以看出，直接磁场激励可以给出干净的共振谱曲线，从而可以较好地确定出共振峰的位置。模型可以较好地抓住由于接触刚度变化引起的接触共振频率的漂移。但是，模型预测二阶模态的品质因子是实测值的 2 倍。图 4.17(c) 和 (d) 是两种不同接触刚度下探针一阶和二阶模态实测结果和模拟结果的对比。他们还测量了前两阶模态不同接触刚度下探针的接触共振频率值，如图 4.17(e) 和 (f) 所示。结果表明，实验测得的探针一阶和二阶共振曲线以及不同接触刚度下的共振频率结果与模拟结果均符合较好，说明模型可以较好地对液相环境下探针的动态力学行为进行描述。

他们还采用磁激励的方式在液相环境下 (液体为去离子水) 对在硅基底上沉积金膜的样品进行了成像。目前，此模型对品质因子的预测与实验结果对比差异较大。通过考虑表面效应以及磁性颗粒的影响，还可以利用此模型实现对液相模式下样品黏弹性力学性能的成像测试。

此外，Tung 等通过严格的理论推导，考虑探针与样品表面耦合的流体力学效应，提出一种通过重构流体动力学函数的方法，将流体惯性载荷效应进行分离[23]。此方法不需要预先知道探针的几何尺寸及材料特性，也不需要了解所处周围流体的力学性能，极大地方便了在液相环境下开展 AFAM 测试。

4.6 本 章 小 结

本章对扫描探针声学显微术的基本测试理论和测试系统的实验实现进行了详细的介绍，并对扫描探针声学显微术涉及的两种基本成像模式和液相环境下的测试进行了介绍。通过模型分析可以发现，涉及的探针微悬臂振动力学和针尖样品之间的接触力学模型分析是进行定量化测试的基础，将两者联系在一起的物理量是针尖样品之间的接触刚度。本章的内容也是扫描探针声学显微术准确度和灵敏度分析、成像分辨率分析的基础。

参 考 文 献

[1] Hurley D C. in Applied Scanning Probe Methods XI. Berlin: Springer, Berlin, 2009: 97–138.

[2] Rabe U. in Applied Scanning Probe Methods II. Berlin: Springer-Verlag, 2006: 37–90.

[3] Rabe U, Janser K, Arnold W. Vibrations of free and surface-coupled atomic force microscope cantilevers: Theory and experiment. Review of Scientific Instruments, 1996, 67(9): 3281–3293.

[4] Turner J A, Hirsekorn S, Rabe U, Arnold W. High-frequency response of atomic-force microscope cantilevers. Journal of Applied Physics, 1997, 82(3): 966–979.

[5] Huey B D. AFM and acoustics: Fast, quantitative nanomechanical mapping. Annual Review of Materials Research, 2007, 37: 351–385.

[6] Chang W J. Sensitivity of vibration modes of atomic force microscope cantilevers in continuous surface contact. Nanotechnology, 2002, 13(4): 510–514.

[7] Rabe U, Kopycinska M, Hirsekorn S, Saldana J M, Schneider G A, Arnold W. High-resolution characterization of piezoelectric ceramics by ultrasonic scanning force microscopy techniques. Journal of Physics D——Applied Physics, 2002, 35(20): 2621–2635.

[8] Stan G, Price W. Quantitative measurements of indentation moduli by atomic force acoustic microscopy using a dual reference method. Review of Scientific Instruments, 2006, 77(10): 103707.

[9] Campbell S E, Ferguson V L, Hurley D C. Nanomechanical mapping of the osteo-chondral interface with contact resonance force microscopy and nanoindentation. Acta Biomaterialia, 2012, 8(12): 4389–4396.

[10] Hurley D C, Shen K, Jennett N M, Turner J A. Atomic force acoustic microscopy methods to determine thin-film elastic properties. Journal of Applied Physics, 2003, 94(4): 2347–2354.

[11] Reinstadtler M, Kasai T, Rabe U, Bhushan B, Arnold W. Imaging and measurement of elasticity and friction using the TRmode. Journal of Physics D——Applied Physics, 2005, 38(18): R269–R282.

[12] Turner J A, Wiehn J S. Sensitivity of flexural and torsional vibration modes of atomic force microscope cantilevers to surface stiffness variations. Nanotechnology, 2001, 12(3): 322–330.

[13] Hurley D C, Turner J A. Measurement of Poisson's ratio with contact-resonance atomic force microscopy. Journal of Applied Physics, 2007, 102(3): 033509.

[14] Reinstadtler M, Rabe U, Scherer V, Hartmann U, Goldade A, Bhushan B, Arnold W. On the nanoscale measurement of friction using atomic-force microscope cantilever torsional resonances. Applied Physics Letters, 2003, 82(16): 2604–2606.

[15] Yamanaka K, Maruyama Y, Tsuji T, Nakamoto K. Resonance frequency and Q factor mapping by ultrasonic atomic force microscopy. Applied Physics Letters, 2001, 78(13): 1939–1941.

[16] Hurley D C, Kopycinska-Muller M, Kos A B, Geiss R H. Nanoscale elastic-property measurements and mapping using atomic force acoustic microscopy methods. Measurement Science & Technology, 2005, 16(11): 2167–2172.

[17] Kos A B, Hurley D C. Nanomechanical mapping with resonance tracking scanned probe microscope. Measurement Science & Technology, 2008, 19(1): 015504.

[18] Kos A B, Killgore J P, Hurley D C. SPRITE: a modern approach to scanning probe contact resonance imaging. Measurement Science & Technology, 2014, 25(2): 025405.

[19] Jesse S, Kalinin S V, Proksch R, Baddorf A P, Rodriguez B J. The band excitation method in scanning probe microscopy for rapid mapping of energy dissipation on the nanoscale. Nanotechnology, 2007, 18(43): 435503.

[20] Rodriguez B J, Callahan C, Kalinin S V, Proksch R. Dual-frequency resonance-tracking atomic force microscopy. Nanotechnology, 2007, 18(47): 475504.

[21] Gannepalli A, Yablon D G, Tsou A H, Proksch R. Mapping nanoscale elasticity and dissipation using dual frequency contact resonance AFM. Nanotechnology, 2011, 22(35): 355705.

[22] Parlak Z, Tu Q, Zauscher S. Liquid contact resonance AFM: analytical models, experiments, and limitations. Nanotechnology, 2014, 25(44): 445703.

[23] Tung R C, Killgore J P, Hurley D C. Liquid contact resonance atomic force microscopy via experimental reconstruction of the hydrodynamic function. Journal of Applied Physics, 2014, 115(22): 224904.

第5章　AFAM 测试方法的准确度和灵敏度

5.1　引　　言

AFAM 作为一种微纳米力学测试方法,其高分辨率和无损的优势使其在材料微纳米力学测试领域优势显著。众所周知,任何一种纳米力学测试方法都涉及其测量的准确度和灵敏度问题。AFAM 与纳米压痕技术有所不同:纳米压痕测试的过程和步骤基本是固定或标准化的,可以优化或者进行调整的参数较少,准确度一般取决于参考材料以及对面积函数校准的准确程度。进行准确及可靠的 AFAM 测试需要对测试过程中的多项参数进行同时优化。AFAM 利用探针微悬臂的振动力学响应进行测试,测试过程中涉及对探针的刚度及其振动模态的选择。准确度方面,需要分析针尖磨损、样品粗糙度、环境湿度等对测试结果造成的影响。由于探针的动态响应检测是通过激光光路实现的,可以通过设定激光点在探针上的位置以达到最优的振幅响应检测。对 AFAM 测试的准确度和灵敏度进行深入研究,可以在定量化测试过程中设定最优的测试参数,以提高测量的准确度。目前,AFAM 在微纳米力学测试领域的应用还不够广泛,一个重要原因可能就是使用者对其准确度和灵敏度的理解还不够深入。对 AFAM 准确度和灵敏度的深入研究和探索,有助于研究者更好地利用这项技术进行微纳米力学测试和表征。

5.2　AFAM 准确度研究

5.2.1　AFAM 与其他微纳米力学测试技术的比较

将新发展的方法与已有的较成熟的测试方法进行对比是检验新方法适用性和准确性的必要过程。Hurley 等详细对比了 AFAM 与纳米压痕以及声表面波谱方法的测试原理、空间分辨率、适用性及测试优缺点等。为了测试 AFAM 在实际测量过程中的准确性,Hurley 等将 AFAM 单点测试结果与纳米压痕以及声表面波谱技术模量测试结果进行对比,结果如图 5.1 所示[1]。对比过程中采用的测试材料均为薄膜样品,其厚度从几百纳米到几微米不等。从图中可以看到,三种方法均能给出与文献中比较吻合的测量结果,且三者测量得到的模量结果相差不大,差别均小于 10%。对比三种测试方法,纳米压痕测试方法在测试过程中样品会发生弹性及塑性变形,一般会在样品表面留下永久性的压坑,是一种有损的测试。此外,不同的压坑之间必须间隔一定的距离,以减小相互之间的影响,因此其侧向分辨率相对较低。在测量准确度方面，纳米压痕测量采用的金刚石压针一般曲率半径较大，且不容易发生磨损。在测试过程中施加的力也较大 (通常为微牛到毫牛量级)，且垂直于被测样品表面，进行的面积函数校准相对比较准确。对比纳米压痕，AFAM 使用的探针通常是由单晶硅或氮化硅材料制成的，在测量过程中一般会存在针尖磨损，对其测量准确度会造成一定的影响。另外，由于 AFAM 施加的作用力相对纳米压痕要小得多，在 AFAM 测试过程中要始终保持恒定的压力并不容易[2]。所以，一般认为纳米压痕的测量准确度要相对高一些。但是，AFAM 测试过程中仅测量自由共振频率或接触共振频率一个物理量，而且探针微悬臂振动的品质因子较高，一般认为对于共振频率的测量精度要小于 1%[3]。而且也应看到，正因为 AFAM 可以施加一个较小的压力，它可以在超薄薄膜和软生物材料等测试中具有明显优势。此外，AFAM 除了可以利用悬臂梁的弯曲振动进行测量外，还可以利用其扭转振动或侧向振动进行测试，获得样品剪切模量、泊松比等信息。声表面波谱方法是一种无损的测试方法，但是其测量结果一般为样品表面几平方厘米范围内模量的平均值，其空间分辨率相对较低。声表面波谱方法除了可以测量薄膜的弹性性能外，还可以对薄膜的厚度以及密度进行测试。此外，声表面波谱测试原理并不基于接触力学分析，不存在针尖磨损的问题。

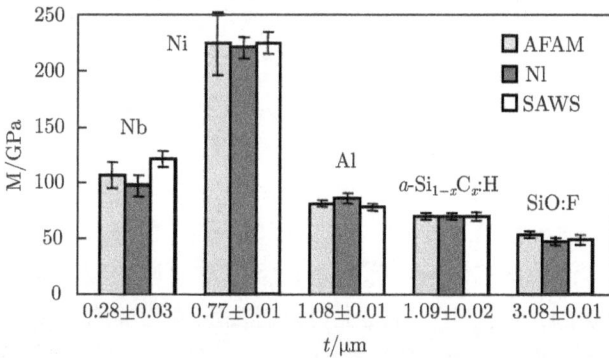

图 5.1 扫描探针声学显微术、纳米压痕和声表面波谱方法测量薄膜弹性模量结果对比[1]

对比以上三种方法，它们都有各自最适合的测试领域及应用范围。AFAM 的准确度保守估计在 40% 左右，与测试过程中的多种因素相关[4,5]。作为对比，纳米压痕的整体准确度估计在 5%~10%。在测试过程中，可以同时采用几种不同的方法进行测试并对测试结果进行对比，既可以对测试结果进行相互验证，又能反映出由于测试方法不同的测试尺度范围对测试结果产生的影响。除此之外，Stan 等还对低介电薄膜进行了测试，并与皮秒激光声学方法获得的结果进行了对比，发现两种方法的测量结果可以较好地符合[6]。

5.2.2　描述悬臂梁动力学特性的模型分析

对样品弹性性能的定量化测试需要对探针微悬臂动力学特性进行描述。AFAM 定量化测试最常用的悬臂梁模型就是分布质量的 Euler-Bernoulli 梁模型。Euler-Bernoulli 梁模型假设悬臂梁是均匀各向同性的细长梁。对于 Euler-Bernoulli 梁模型，针尖自由状态下高阶模态共振频率与一阶模态共振频率的比值可以作为表征探针的一个指标。若实验测得的比值与理论值相差较大，说明探针微悬臂与 Euler-Bernoulli 梁模型相差较大，一般不能采用此探针进行定量化测试。Rabe 等给出了同时考虑针尖倾角、法向接触刚度和接触阻尼以及侧向接触刚度和接触阻尼的 Euler-Bernoulli 梁模型的特征方程。但是特征方程非常繁琐，应用起来很不方便。在实际测量过程中，为了测量方便，一般会忽略微悬臂相对于样品表面的倾角、针尖质量、针尖与样品的侧向相互作用以及探针材料的各向异性等。这些参数在实验过程中一般都较难确定。

除了 Euler-Bernoulli 梁模型之外，部分研究者也采用弹簧质量模型近似描述探针微悬臂末端的振动响应。Turner 等采用解析方法和数值方法对比了针尖样品之间分别存在线性和非线性相互作用时，弹簧质量模型和 Euler-Bernoulli 梁两种模型描述悬臂梁动态响应的异同[7]。研究发现，弹簧质量模型不能很好地描述探针高阶模态的阻抗、时域响应、频域响应等高频振动特性。弹簧质量模型会低估高频激励时的激励能量，也不能描述悬臂梁高阶模态针尖样品之间的阻尼相互作用。对于形状不规则的探针，采用 Euler-Bernoulli 梁模型一般不能较好地描述其动力学特性，需要采用有限元等数值计算方法进行分析。Hurley 等分别采用基于 Euler-Bernoulli 梁的解析方法和有限元方法获得了金属铌薄膜的弹性模量，发现两种方法给出的薄膜的弹性模量相差较小[8]。理论模型一般只能对悬臂梁动力学特性进行近似，并不考虑其他因素的影响。采用有限元方法可以比较全面地考虑解析模型所忽略的各种影响因素，在一定程度上可以提高测量的准确度。Espinoza-Beltrán 等考虑探针微悬臂的探针倾角、探针自由端形状、针尖高度、梯形横截面、悬臂梁单晶硅材料的各向异性、针尖样品之间的纵向和侧向相互作用等多种因素以及考虑与微悬臂相连的探针基片对悬臂梁振动的影响，给出了一种将实验测试和有限元优化分析方法相结合确定针尖样品间纵向和侧向接触刚度的方法[3]。图 5.2 为建立的相应的探针有限元分析模型。针尖与样品之间的接触刚度采用样品坐标系 X、Y、Z 三个方向的三个弹簧来进行等效。为了避免针尖处在类似集中载荷的作用下产生实际情况下不存在的大变形，有限元分析过程中假设探针针尖具有高弹性模量 ($\approx 10^5$GPa)。

Espinoza-Beltrán 等采用有限元模型对探针微悬臂振动进行定量化模拟的过程分为两步。第一步，首先测量自由状态下探针悬臂梁一阶和三阶弯曲自由振动的共

振频率 (此探针二阶弯曲自由振动响应谱与一阶侧向自由振动谱部分重合, 故不采用二阶弯曲自由振动共振频率进行拟合)。通过改变探针微悬臂的长度、梯形横截面的上下边宽度以及探针厚度 t 四个几何参数来对测量获得的探针一阶和三阶自由共振频率进行拟合。这些几何参数均在实验测量获得的探针几何尺寸附近变化。探针针尖的高度、探针基片长度、探针倾角和基片与悬臂梁的厚度差等几何参数在这一拟合过程中保持不变 (这些参数的变化对探针微悬臂振动的响应影响很小)。通过定义同时包含一阶和三阶模态的有限元模型自由共振频率和实验测量获得的探针自由共振频率的误差函数 (式 (5-1)), 在拟合过程中使误差函数取极小值 (误差函数值 < 1.0%), 从而获得有限元模型中探针最优的几何参数。他们将采用有限元模型优化获得的共振频率与采用考虑梯形横截面的解析模型获得的结果进行对比, 对比结果表明有限元模型给出了比考虑梯形横截面的解析模型与实验结果更高的一致性。

$$\text{Error}(f_1, f_3)[\%] = 50 \left(\frac{|f_1 - f_{B1}|}{f_{B1}} + \frac{|f_3 - f_{B3}|}{f_{B3}} \right) \tag{5-1}$$

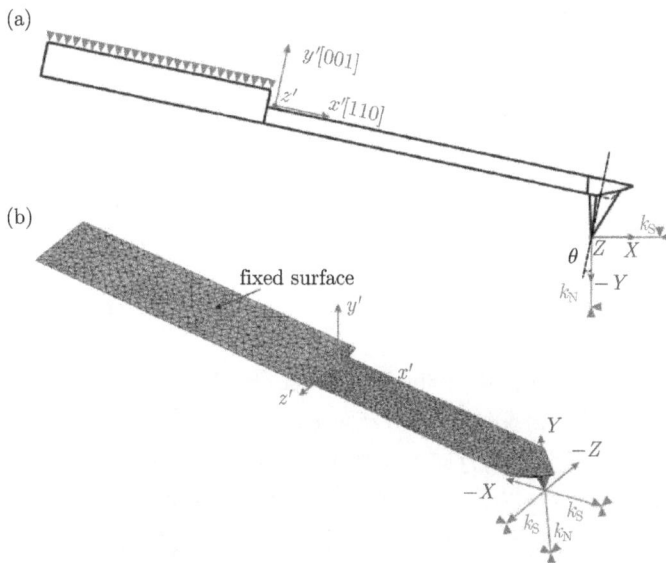

图 5.2　(a) 探针坐标系 $\{x', y', z'\}$ 与样品坐标系 $\{X, Y, Z\}$ 之间的夹角为 θ, 以及 (b) 网格划分后的有限元模型图[3] (详见书后彩图)

第二步, 将有限元模型与实验测试获得的一阶和三阶接触共振频率进行拟合。他们以熔融石英和单晶镍材料作为测试样品, 实验测试过程中逐渐增加探针的静态变形量, 再逐渐减小探针的静态变形量直至卸载。假设相同实验条件下不同振动模态针尖样品之间的接触刚度值不变。有限元模型拟合过程中拟合的参数有探针

倾角 θ，针尖长度 h_{tip}、面外和面内的接触刚度 k_N 及 k_S(表 5.1)。同样，要求拟合过程中误差函数值要 <1.0%。

表 5.1　通过有限元方法拟合获得的针尖高度 h_{tip}、探针倾角 θ、面内接触刚度 k_S、面外接触刚度 k_N 的参数值[3]

	挠度 d/nm	增加载荷获得的拟合参数				减小载荷获得的拟合参数			
		h_S/μm	θ/(°)	k_S/(N/m)	k_N/(N/m)	h_{tip}/μm	θ/(°)	k_S/(N/m)	k_N/(N/m)
FS/1	60	11.948	11.549	7.7871	1434.4	11.672	12.223	8.2974	1428.9
	50	12.286	12.287	3.2677	1402.6	11.350	13.584	153.620	1409.1
	40	12.388	12.624	20.546	1359.9	12.503	13.414	88.759	1353.6
	30	13.710	11.120	5.2527	1344.7	11.103	13.819	5.5703	1354.3
Ni/1	60	12.904	11.532	72.749	1813.3	12.825	11.785	127.07	1819.5
	50	12.865	13.038	61.339	1801.6	12.822	13.085	28.704	1835.9
	40	12.733	12.278	60.755	1754.8	12.680	12.156	94.950	1800.9
	30	12.550	12.263	12.319	1666.0	12.721	12.277	49.112	1756.3
FS/2	60	14.481	11.229	54.984	1420.8	13.383	12.894	26.220	1420.4
	50	12.855	13.118	5.7078	1418.9	14.143	11.024	8.6295	1413.6
	40	13.269	13.091	5.7363	1391.5	13.546	12.857	5.7249	1393.8
	30	12.814	13.193	4.5500	1347.3	14.374	11.020	5.9205	1382.8
Ni/2	60	12.921	11.934	116.23	1744.2	12.536	12.184	167.11	1744.9
	50	12.918	12.145	30.816	1704.9	12.821	12.158	38.850	1757.9
	40	12.799	12.142	38.482	1640.2	12.606	11.635	114.92	1690.4
	30	12.309	12.132	15.277	1589.1	12.811	11.736	152.64	1633.5
FS/3	60	11.231	11.362	46.225	1457.9	11.088	12.002	124.78	1473.3
	50	11.452	11.548	72.635	1430.1	12.726	12.273	108.40	1421.4
	40	11.832	11.222	3.6047	1390.6	11.543	12.100	9.2717	1420.4
	30	11.842	12.329	0	1346.3	12.825	11.590	10.642	1387.7

采用以上的有限元模型对探针的振动特性进行优化分析，可以直接通过拟合后的有限元模型计算获得探针在三个方向上的弹性常数，并可以考虑探针倾斜角度的影响。通过计算三个不同方向上施加不同载荷时探针微悬臂的变形量，获得探针的载荷变形曲线，载荷变形曲线的斜率即为探针相应方向的弹性常数值。还可以假设针尖半径大小，采用经典的 Hertz 接触力学模型获得针尖施加压力和针尖样品接触刚度的关系曲线，并与实验测得的结果进行对比。有限元优化分析的方法综合考虑了实际情况下的多种因素，因此精度相对较高。

5.2.3　针尖样品接触力学行为和针尖磨损

AFAM 是一项微纳米尺度的材料力学性能测试技术，小尺度的形貌变化会对测量结果产生较大影响。当探针与具有一定粗糙度的样品表面接触时，接触面积会随着样品表面形貌的粗糙度发生变化，从而导致接触刚度发生变化，引起接触共振频率的变化。采用 CD 盘作为测试样品，对其进行接触共振频率成像，测量结果如图 5.3 所示。测试过程中采用名义弹性常数为 2N/m 的探针，其一阶自由共振频率为 75kHz。可以看出，较大的形貌变化会导致接触共振频率发生较大变化，孔洞中心区域的接触共振频率要比平坦区域的接触共振频率高。另外，接触共振频率图所显示的孔洞尺寸比形貌像中的空洞尺寸偏大。

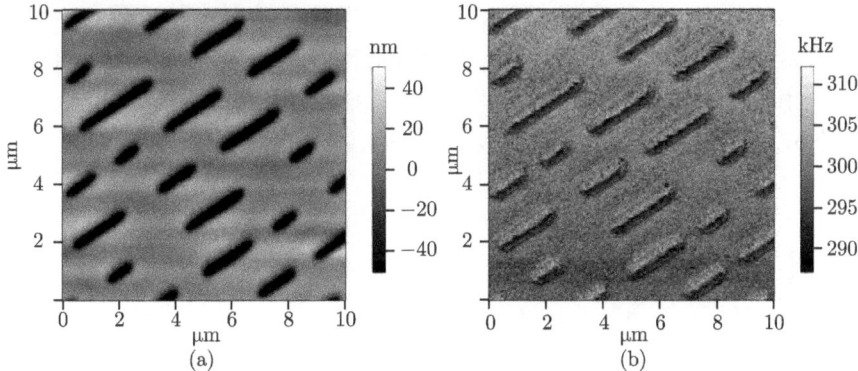

图 5.3 形貌高度变化对接触共振频率造成的影响

(a) 形貌像；(b) 接触共振频率像

探针针尖与样品表面凹陷处接触时，接触共振频率通常比针尖与平坦区域接触时偏大。探针针尖与样品表面凸出处接触时，接触共振频率比针尖与平坦区域接触时偏小。分析两个球体外接触和内接触时接触共振频率随底部球体或外球体曲率半径的变化。假设两个球体的弹性模量和泊松比分别为 E_1、ν_1 和 E_2、ν_2，半径分别为 R_1 和 R_2。两球体之间的相对曲率半径可以表示为

$$1/R = 1/R_1 + 1/R_2 \tag{5-2}$$

假设针尖的弹性模量为 165GPa，R_1 的大小为 50 nm。探针弹性常数为 48N/m，一阶自由共振频率为 190kHz。当 R_2 为正值时，两球体外接触；当 R_2 为负值时，两球体内接触。当 R_2 取不同半径时，样品弹性模量与接触共振频率之间的关系如图 5.4(c) 所示。可以看到，样品表面存在半球形形貌且曲率半径大于 1μm 时，接触共振频率曲线与针尖和半空间无限大弹性体接触时的曲线基本重合。此种情况一般可以忽略形貌的影响。为了对样品力学性能进行准确测量，样品制备时样品表面应该尽可能平整，粗糙度尽可能低，以减小样品形貌对测量造成的影响。但是，有时这一要求对某些样品来说较难实现 (如生物软样品)。Stan 等提出一种基于多峰接触的接触力学模型[9]，考虑了形貌对测试造成的影响，在一定程度上可以提高测量的准确度。但是完全消除形貌的影响还是比较困难的。

针尖磨损是影响测量准确度的重要因素之一，尤其是采用新探针进行扫描时。一般情况下，探针针尖会随着扫描过程的进行发生磨损或突然破坏，导致针尖曲率

半径的逐渐或突然增大，接触共振频率和接触刚度也随之发生相应变化。图 5.5(b)
是采用类似图 5.5(a) 所示的新探针进行测试时，无量纲化的接触刚度随测量次数
的变化曲线[10]。测试过程中保持接触力的大小不变。由图可知，随着测量次数的增
加，接触刚度逐渐增大，最后慢慢趋于一个相对稳定值。图 5.5(d) 是采用图 5.5(c)
所示较大曲率半径针尖的探针进行测试，接触刚度随测量次数的变化。可以发现，
接触刚度很快趋于一个稳定值。因此，如果测试对分辨率没有特殊要求，在测试之
前可以先让探针在很平的材料表面扫描一段时间，使针尖半径趋于稳定后再进行
测量。采用参考材料和被测材料交替测量的方法一定程度上可以减小针尖磨损的
影响。此外，还可以在探针表面进行涂层处理，减小针尖磨损的影响。

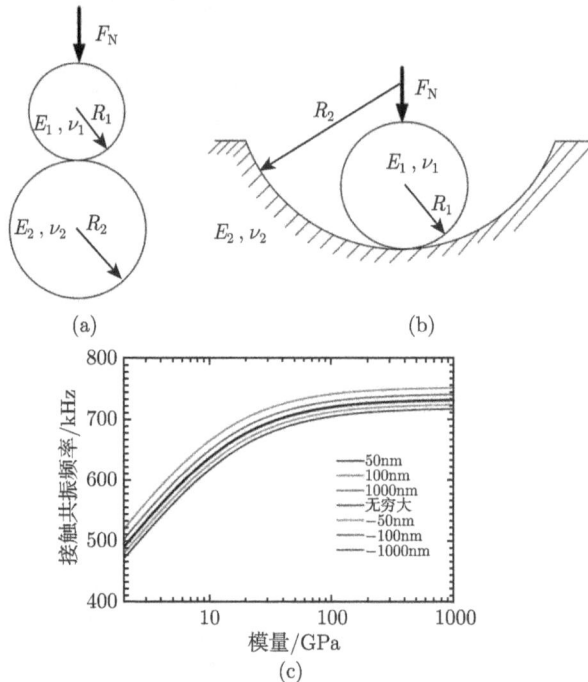

图 5.4　两种简单球形接触: (a) 两球体外接触; (b) 两球体内接触; (c) 当 R_2 取不同值对接
触共振频率的影响 (详见书后彩图)

　　Kopycinska-Müller 等研究了微纳米尺度下针尖样品之间的接触力学行为[11]。
通过高分辨率的扫描电镜成像，他们发现当针尖曲率半径很小时，在测量过程中针
尖很容易发生断裂破坏，表现为接触共振频率突然增大。经过一段时间的扫描后，
针尖形状介于球形压头和圆柱平压头之间。他们仿照纳米压痕中的做法，采用幂函
数形式对施加载荷和针尖样品接触刚度之间的关系进行拟合，其中的幂指数可以
对针尖几何形状进行表征。Killgore 等提出了一种通过检测探针接触共振频率的变

化对针尖磨损进行连续测量的方法[12]。

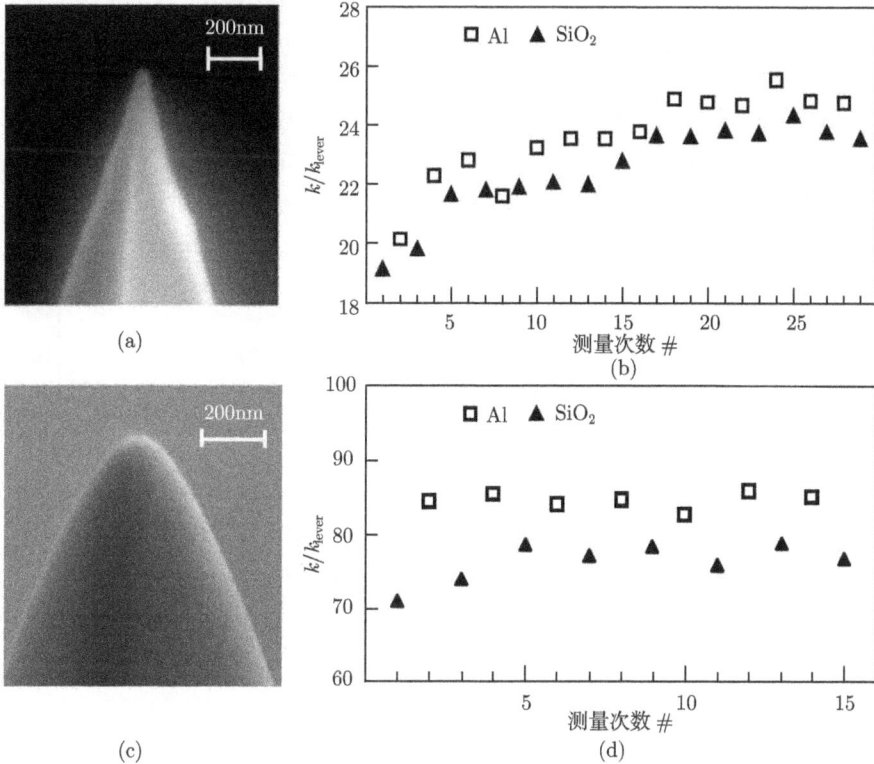

图 5.5 测量次数增加引起的针尖磨损对接触刚度的影响[10]

采用赫兹模型进行分析时,与黏附力等其他作用力相比,针尖样品之间的弹性接触相互作用必须占主导。当对较软的材料进行测试而选用弹性常数很小的探针时,针尖样品之间的黏附力与弹性接触力相当,则必须考虑针尖样品之间的黏附力作用。根据黏附力作用范围的不同,可以采用 JKR 和 DMT 等接触力学模型进行分析。

5.2.4 AFAM 测量过程中的非线性效应

针尖样品之间作用力与距离之间的关系在本质上为非线性,线性近似只是在设定参考点压力附近微小区域内的近似。Rabe 等对针尖样品之间的非线性相互作用进行了研究,实验结果如图 5.6 所示。结果显示,① 随着超声换能器激励电压振幅的逐渐增加,当针尖施加的作用力超过某一数值时,针尖样品之间的非线性效应开始显著,共振曲线的形状逐渐不对称。在小于线性接触共振频率的某一频率值时,共振曲线突然开始上升,随后开始缓慢下降。② 最大振幅响应处的频率值随着激励振幅的增加而逐渐减小。③ 当频率扫描的方向改变时，振幅响应曲线并不重合，而是出现滞回。他们认为，这是由于存在非线性作用力时探针系统的双稳态造成的。当超声换能器的激励振幅较大时，在探针振动过程中，针尖会脱离样品表面，此时针尖样品间不存在相互作用。此外，针尖与样品之间的非线性效应还表现在高次谐波或次谐波的产生。当针尖离开样品表面后再次与样品表面发生接触时，可以看成是探针对样品表面的冲击作用，会导致谐波的产生。利用探针的响应信息，还可以反推出针尖与样品之间的力距离曲线。

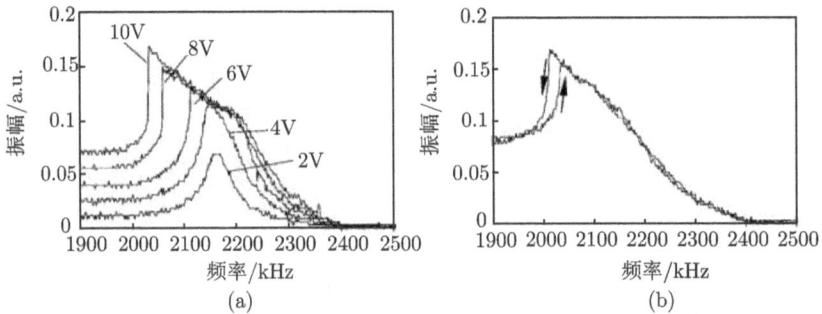

图 5.6   针尖样品之间存在非线性相互作用时测量获得的探针振幅响应谱
(a) 随着激励电压的逐渐增加相应振幅谱的变化；(b) 扫频频率由高到低
和由低到高时振幅响应谱的变化[2,13]

5.2.5   影响定量化测试的其他因素

Hurley 等分析了空气相对湿度和样品表面能对 AFAM 定量化测量的影响[14,15]。他们发现，当不考虑针尖与样品之间的阻尼效应时，针尖样品之间的接触刚度随空气相对湿度的增加而近似呈线性增长。他们认为这是空气中的水分子在样品表面形成一层水膜的缘故。随着湿度的增加，水膜的厚度越来越大，导致针尖样品之间的接触面积越来越大。通过考虑针尖样品之间的阻尼效应，假设阻尼大小正比于相对湿度，可以较好地消除空气湿度对定量化测量的影响。

采用参考材料方法进行校准时，参考材料模量值测定时产生的误差也是被测材料模量值误差的来源之一。一般来说，应选取和被测样品模量值相差不大的材料作为参考材料[2,8]。对于被测样品模量不能较好估计时，可以采用多种模量不同的参考材料，初步判断出被测样品的模量范围，再选取合适的参考材料进行校准。采用两种或两种以上参考材料，也可以减小测量的误差[16]。

Rabe 等在实际测试中发现，有时探针振动的振幅响应谱会出现畸变、双峰或多峰的情况[17]，如图 5.7 所示。由于探针基片本身也是一个力学构件，也存在共振等力学现象。他们认为，探针基片作为弹性构件被夹持在探针夹中，夹持的边界具有一定的弹性，与理论模型中固定端的边界条件有所差异。通过有限元计算发现，对于典型尺寸的探针基片，其共振频率可能与悬臂梁的某阶共振频率相近，从而对悬臂梁的共振谱产生干扰。对于在样品底部施加激励的情况，由于超声换能器本身具有频率相关性以及样品本身作为力学构件也存在共振问题，这些因素都会对扫频时探针接触共振频率谱的形状造成影响。他们发现，细长软探针的实验结果与理论模型之间吻合较好。对于长度较短的硬探针，实验测得的共振频率一般要比理论模型计算得到的频率偏低。他们通过理论分析和有限元的方法，研究了弹性基片部分区域受弹性夹持约束时对悬臂梁共振频率的影响。结果表明，与固定的基片相比，基片受弹性夹持约束时会使悬臂梁的共振频率显著降低。他们还通过有限元分析的方法研究了梯形横截面对悬臂梁共振频率的影响。计算结果表明，梯形横截面的悬臂梁共振频率比矩形横截面悬臂梁要偏低。

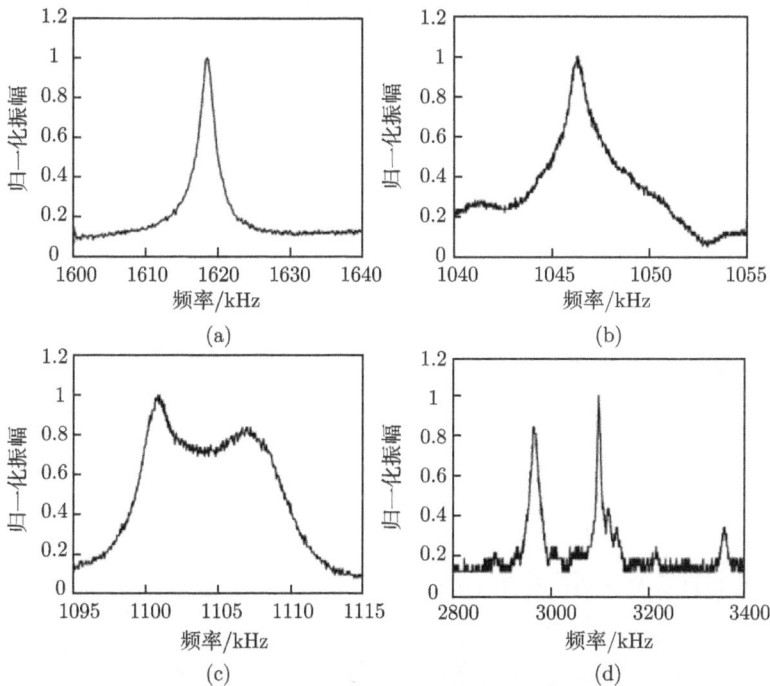

图 5.7 利用光学干涉仪测量的探针针尖不与样品表面接触时：(a) 正常的共振曲线；
(b) 出现畸变的共振曲线；(c) 出现双峰的共振曲线；(d) 出现三个峰的情况[17]

5.3 AFAM 灵敏度研究

5.3.1 微悬臂各阶模态的灵敏度分析

AFAM 是基于探针微悬臂的接触共振进行的力学性能测试，探针刚度显然会影响测量的灵敏度。探针选择的一般原则是：软探针 (<1N/m) 一般适合测量软材

料 (<1GPa)，硬探针 (>10N/m) 一般适合测量硬材料 (>30GPa)，但是也并不绝对。由于微悬臂振动时各阶模态具有不同的波数，可知各阶振动模态接触共振频率对于接触刚度的变化具有不同的灵敏度。研究微悬臂各阶不同模态的测量灵敏度，可以在测试时选取相应实验条件下灵敏度最高的振动模态进行测试和成像，提高测量的准确度和成像的对比度。Turner 等通过严格的理论推导，研究了探针微悬臂各阶弯曲振动和扭转振动模态的测试灵敏度问题。研究结果表明，各阶模态具有不同的测试灵敏度。随着无量纲化接触刚度的增加，高阶模态逐渐具有更高的灵敏度[18]。Killgore 等提出了一种利用软探针的高阶振动模态对材料的弹性模量进行测量的方法[19]。通过对玻璃样品的测试发现，软探针的高阶模态可以给出相对更准确的结果。此方法的优点是对样品施加的力很小 (~10nN)，且对硬材料测试时受侧向接触刚度影响较小，拓展了 AFAM 在超薄薄膜测试领域的应用范围。

　　考虑针尖样品之间的线弹性相互作用，采用此边界条件下悬臂梁弯曲振动的特征方程，分析探针微悬臂弯曲振动各阶不同模态的测试灵敏度。首先将各个物理量进行无量纲化[2]：

$$\bar{k} = k^*/k_{\mathrm{c}}, \quad \bar{f} = f/f_1^0$$

将测试灵敏度 ζ 定义为无量纲化的接触共振频率对无量纲化的接触刚度的导数，即

$$\zeta = \frac{\mathrm{d}\bar{f}}{\mathrm{d}\bar{k}} \tag{5-3}$$

令 $C = \bar{k}B - \dfrac{2}{3}(\gamma\theta)^3(1 + \cos\gamma\cosh\gamma)$，则灵敏度可通过下式计算得到：

$$\zeta = \frac{\mathrm{d}\bar{f}}{\mathrm{d}\bar{k}} = \frac{\partial\bar{f}}{\partial\gamma}\frac{\partial\gamma}{\partial\bar{k}} = \frac{\partial\bar{f}}{\partial\gamma}\frac{\partial\gamma}{\partial C}\frac{\partial C}{\partial\bar{k}} = \frac{\partial\bar{f}}{\partial\gamma}\frac{\partial C}{\partial\bar{k}}\left(\frac{\partial C}{\partial\gamma}\right)^{-1} \tag{5-4}$$

以上表达式中的三项分别计算如下：

$$\frac{\partial\bar{f}}{\partial\gamma} = \frac{2\gamma}{\left(k_1^0 L\right)^2} \tag{5-5a}$$

$$\frac{\partial C}{\partial\bar{k}} = B \tag{5-5b}$$

$$\left(\frac{\partial C}{\partial\gamma}\right)^{-1} = \left(\bar{k}\frac{\partial B}{\partial\gamma} - \frac{2}{3}\Big[3\theta(\gamma\theta)^2(1 + \cos\gamma\cosh\gamma)\right. \\ \left. + (\gamma\theta)^3(\cos\gamma\sinh\gamma - \sin\gamma\cosh\gamma)\Big]\right)^{-1} \tag{5-5c}$$

其中，式 (5-5c) 中 $\partial B/\partial\gamma$ 的表示式为

$$
\begin{aligned}
\frac{\partial B}{\partial \gamma} ={} & 2[\sin(\gamma(1-\theta))\cosh(\gamma(1-\theta)) - \cos(\gamma(1-\theta))\sinh(\gamma(1-\theta))] \\
& \times [\sin(\gamma\theta)\cosh(\gamma\theta) - \cos(\gamma\theta)\sinh(\gamma\theta)] \\
& + 2\left[\sin(\gamma(1-\theta))\sinh(\gamma(1-\theta))\right]\left[1 - \cos(\gamma\theta)\cosh(\gamma\theta)\right] \\
& - 2\left[\sin(\gamma\theta)\sinh(\gamma\theta)\right]\left[1 + \cos(\gamma(1-\theta))\cosh(\gamma(1-\theta))\right]
\end{aligned} \tag{5-6}
$$

将以上所有各项表达式代入式 (5-4)，就可以计算获得各阶不同模态的测试灵敏度。假设针尖位置常数为 0.98，通过上式计算得到的悬臂梁弯曲振动前五阶模态的灵敏度随无量纲接触刚度的变化曲线，如图 5.8 所示。可以看到，各阶不同模态对无量纲接触刚度变化具有不同的灵敏度。各阶不同模态分别在无量纲接触刚度的某一范围内具有最高的灵敏度。当无量纲接触刚度小于 10 时，一阶振动模态具有最高的灵敏度。随着无量纲化接触刚度的增加，高阶模态逐渐具有更高的测试灵敏度。对于模量较高的材料，通常实验条件下针尖样品之间无量纲接触刚度一般为 10~100，此时一阶或二阶振动模态具有最高的测试灵敏度。而对于模量较低的材料，常用实验条件下针尖样品之间无量纲接触刚度一般为 200~1000，此时悬臂梁的高阶振动模态 ($n \geqslant 3$) 具有更高的测试灵敏度。图 5.9 是选取名义弹性常数为 0.2N/m 的探针，分别采用其各阶不同模态对 PS/PMMA 二元共混物薄膜进行接触共振频率成像的结果。PS 和 PMMA 的弹性模量相差较小，可以用来测试各阶模态的灵敏度。薄膜样品通过旋涂法制备，PS 和 PMMA 的质量比为 4:1。图 5.9(a) 为形貌图，其中 PMMA 接近于圆形，分布在 PS 中。图 5.9(b)~(d) 分别为悬臂梁一阶、三阶和四阶模态的接触共振频率图。可以看到，探针的三阶、四阶模态具有最高的成像对比度。一阶模态接触共振频率图中两种聚合物的接触共振频率近似相同。在两相聚合物的界面附近，可以看到形貌变化引起的假象。如果没有形貌高度变化引起的假象，一阶模态将很难分辨出两种不同的聚合物相。在以上实验条件下，针尖与样品无量纲接触刚度为 200~300。由图 5.8 可知，当无量纲接触刚度

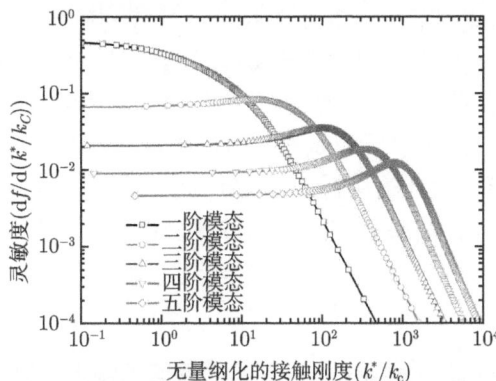

图 5.8 探针微悬臂不同阶模态的接触共振频率随无量纲化的接触刚度的变化曲线[20]

为 200~300 时，三阶或四阶模态具有最高的灵敏度。实验结果对上述理论分析进行了验证。

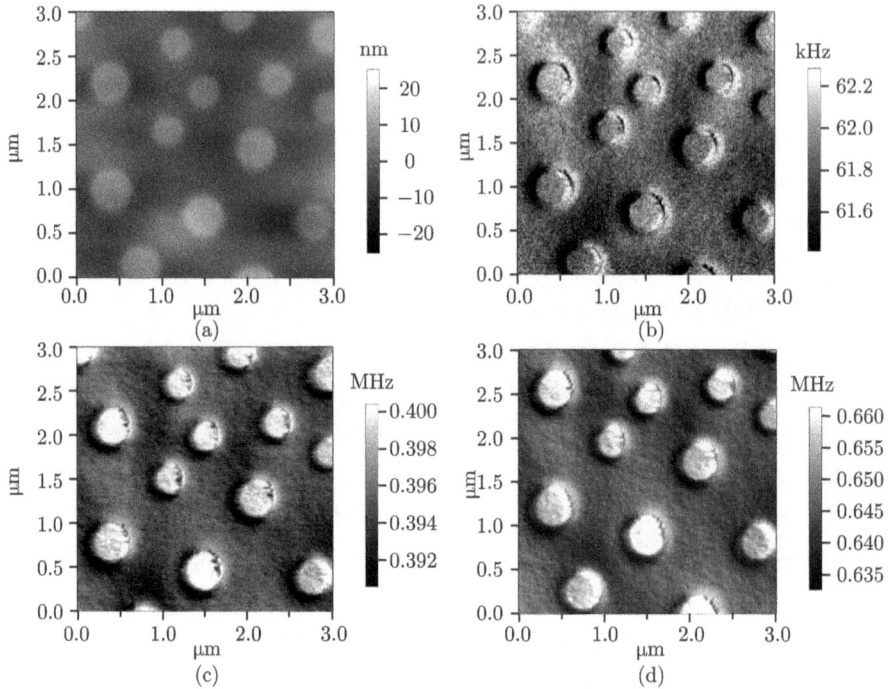

图 5.9　悬臂梁各阶不同阶模态对接触共振频率成像的结果

(a) 形貌图；(b) 一阶接触共振频率图；(c) 三阶接触共振频率图；(d) 四阶接触共振频率图[20]

5.3.2　通过附加集中质量提高测试灵敏度

Muraoka 提出了一种在探针微悬臂上附加集中质量提高测试灵敏度的方法[21]。分析表明，当附加的集中质量大于 4 倍探针微悬臂的质量时，整个系统的动力学行为可以较好地用弹簧质量模型来进行等效。通过附加集中质量，当无量纲接触刚度较大时，也可以采用弹簧质量模型进行分析。附加质量由于增加了系统的有效质量，降低了探针共振频率的大小。此外，附加质量还可以减小微悬臂的扭转效应。对于金属或陶瓷等模量较高的材料，当探针刚度较小时，满足 $k^*/k_c \gg 1$。对于弹簧质量单自由度系统，此时接触共振频率与接触刚度之间的关系为

$$f = f_0 \sqrt{k^*/k_c} \tag{5-7}$$

基于 Euler-Bernoulli 梁理论，考虑在悬臂梁的末端附加集中质量，力学模型如图 5.10 所示。此时接触共振频率和接触刚度之间的关系为[22]

$$3k^*/k_c - \alpha\gamma^4 = \frac{\gamma^3[(1 + \cos\gamma\cosh\gamma) - (e/L)^2\gamma^3\alpha(\sin\gamma\cosh\gamma + \sinh\gamma\cos\gamma)]}{\sin\gamma\cosh\gamma - \sinh\gamma\cos\gamma - (e/L)^2\alpha - (1 + \cos\gamma\cosh\gamma)} \quad (5\text{-}8)$$

其中，α 为附加集中质量与悬臂梁质量的质量比；e 为附加质量重心到悬臂梁的距离。

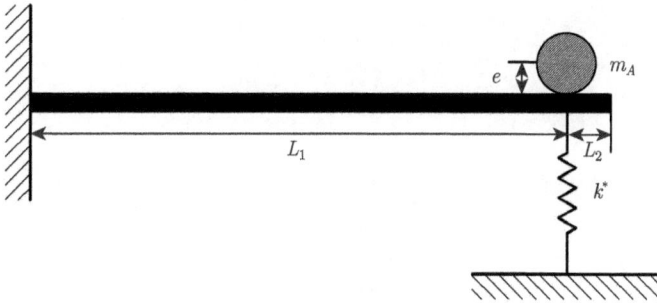

图 5.10　悬臂梁末端附加集中质量的力学模型示意图

采用软探针进行测量时，其无量纲接触刚度一般为几百到 1000。从图 5.11 可以看到，无附加质量的探针 (虚线) 在此区间内接触共振频率变化较小，附加集中质量的探针 (实线) 在此区间内接触共振频率变化较大。前三阶模态变化较剧烈的部分几乎连接成一条曲线。Muraoka 还进行实验，对理论分析的正确性进行验证。图 5.12 是分别采用无附加质量探针和在末端附加集中质量的探针对玻片表面弹性性能进行成像的结果对比。从成像结果可以看到，采用附加集中质量的探针给出了更好的对比度，清楚显示了样品表面弹性性能的不均匀特性。Muraoka 等采用附加集中质量的方法并考虑薄膜的基底效应，测量了 6 nm 和 10 nm 厚度的类金刚石薄膜的弹性性能，并对测量误差进行了分析[23]。

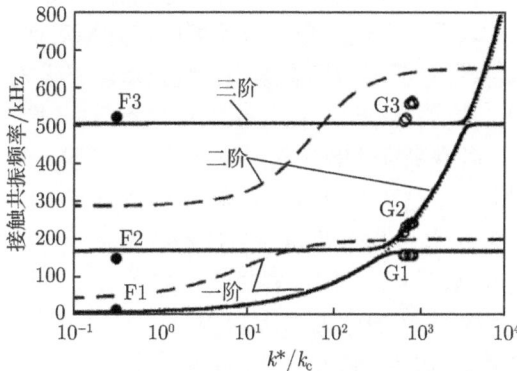

图 5.11　普通探针和附加集中质量探针无量纲化的接触刚度与接触共振频率之间的关系曲线对比[21]

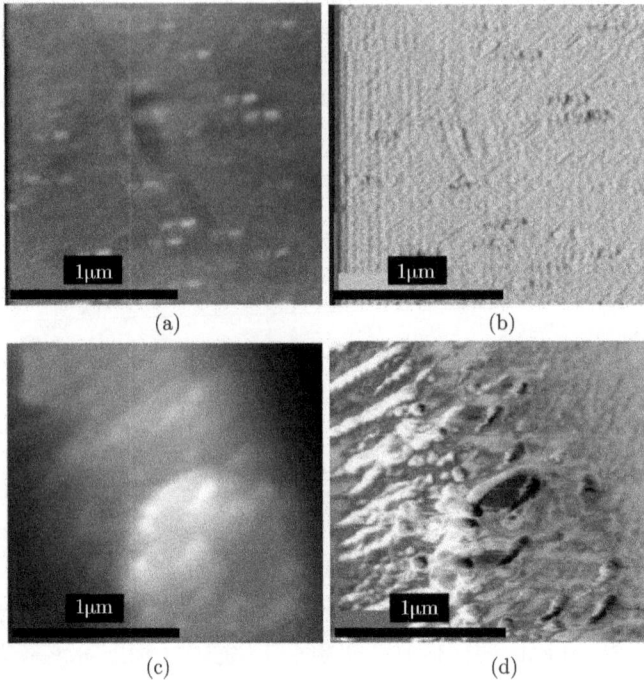

图 5.12 普通的探针与附加集中质量探针对玻片表面弹性性能成像结果对比。探针的针尖表面具有 W$_2$C 涂层。(a) 和 (b) 分别为普通探针成像所得的形貌像和弹性性能像；(c) 和 (d) 分别为附加集中质量的探针成像所得的形貌像和弹性性能像[21]

5.3.3 激光点位置设定对微悬臂响应检测的影响

扫描探针声学显微术测量过程中，通常将激光点位置设定在微悬臂的末端附近。多数情况下，激光点设定在微悬臂的末端可以较好地对探针的响应进行检测。由于探针各阶不同模态具有不同的模态振型，激光点位置设置在末端处并不能提供各阶不同模态最优的检测灵敏度。假如激光点位置恰好设定在某阶振动模态的驻点处，此时检测到的微悬臂振幅响应就近似为零。为了研究激光点设定位置对微悬臂振幅响应检测的影响，选取名义弹性常数为 0.2N/m 的软探针和 [001] 取向的单晶硅样品，分别对针尖自由状态及与样品接触状态下探针前六阶模态的振幅响应进行了测试。激光在微悬臂上不同位置的设定如图 5.13 所示。测量获得的不同激光点位置设定时的探针振幅响应如图 5.14 所示。可以看到，随着激光点从末端向固定端移动，一阶模态响应振幅 (a)~(c) 逐渐减小，随后 (c)~(e) 逐渐增大，最后 (e)~(f) 又逐渐减小。对于二阶振动模态，(b) 和 (e) 处具有最小的振幅响应，(a) 和 (f) 处具有中等振幅响应，(c) 处具有最大的振幅响应，(d) 处稍次之。二阶模态的振幅响应近似呈现出几何对称性。探针振动的第三阶模态，探针在 (a) 处的振幅响应为零，表明此位置处可能是振动模态的一个驻点；(b) 和 (d) 处有最大的振幅响应。其余各阶模态振幅响应随激光点不同位置的变化也可以从图中获得。总体来说，激光点设定位于探针微悬臂末端附近时可以对微悬臂各阶不同模态均提供较稳定的振幅检测。实际测试时，若打算采用某一阶特定模态进行测试，可以根据响应谱设定合适的激光点位置，获得最大的检测灵敏度。

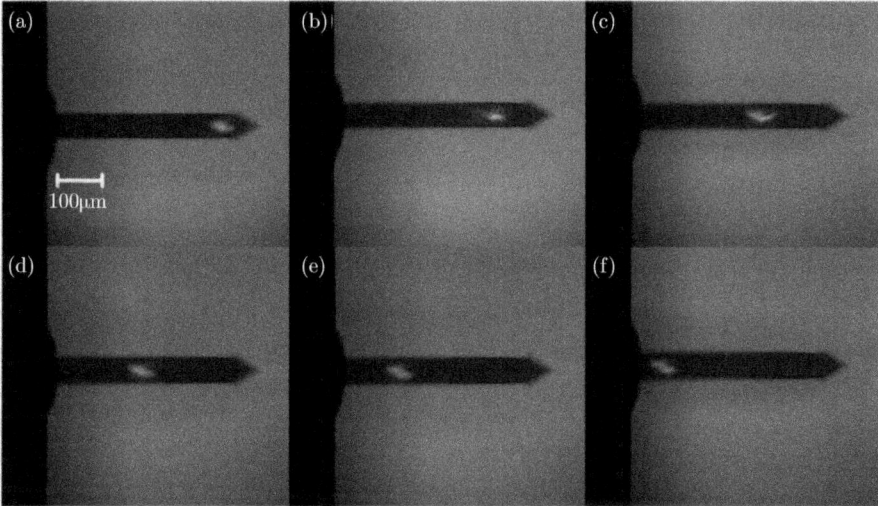

图 5.13　激光点设定在探针微悬臂上的不同位置示意图

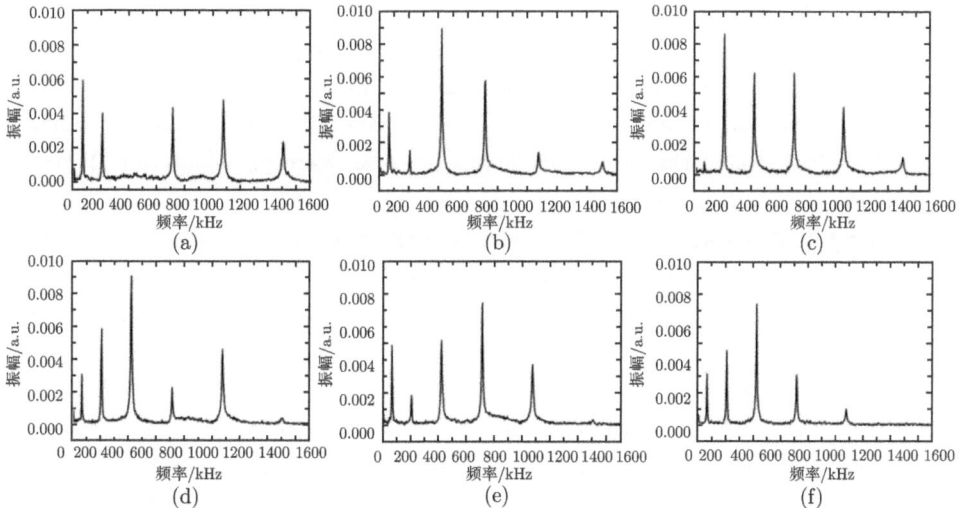

图 5.14　激光位于探针微悬臂不同位置时微悬臂接触振动的前六阶模态振幅响应曲线[20]

5.4　本章小结

本章对扫描探针声学显微术测量过程中涉及的准确度和灵敏度问题进行了较为系统的分析和总结。对准确度和灵敏度的研究有助于加深对方法的理解，更好地利用这一方法开展相关测试，扩大其应用范围。目前，AFAM 定量化纳米力学测试应用的范围越来越广泛，但是仍然存在一些问题需要解决。比如，如何更好地分析形貌对测试造成的影响，以便对表面不平整的样品或者生物样品等进行定量化测试。另外，发展更加接近针尖样品实际接触情况的接触力学模型也十分必要。从这方面来说，纳米压痕和基于原子力显微镜的纳米力学测试技术之间可以相互促进，共同发展。

参 考 文 献

[1]　Hurley D C, Kopycinska-Muller M, Kos A B. Mapping mechanical properties on the nanoscale using atomic-force acoustic microscopy. JOM, 2007, 59(1): 23–29.

[2]　Rabe U. Applied Scanning Probe Methods II. Berlin: Springer-Verlag, 2006: 37–90.

[3]　Espinoza-Beltran F J, Geng K, Saldana J M, Rabe U, Hirsekorn S, Arnold W. Simulation of vibrational resonances of stiff AFM cantilevers by finite element methods. New Journal of Physics, 2009, 11: 083034.

[4]　Hurley D C. Acoustic Scanning Probe Microscopy. Berlin Heidelberg: Springer-Verlag, 2013.

[5]　Kester E, Rabe U, Presmanes L, Tailhades P, Arnold W. Measurement of Young's modulus of nanocrystalline ferrites with spinel structures by atomic force acoustic microscopy. Journal of Physics and Chemistry of Solids, 2000, 61(8): 1275–1284.

[6]　Stan G, King S W, Cook R F. Elastic modulus of low-k dielectric thin films measured by load-dependent contact-resonance atomic force microscopy. Journal of Materials Research, 2009, 24(9): 2960–2964.

[7]　Turner J A, Hirsekorn S, Rabe U, Arnold W. High-frequency response of atomic-force microscope cantilevers. Journal of Applied Physics, 1997, 82: 966–979.

[8]　Hurley D C, Shen K, Jennett N M, Turner J A. Atomic force acoustic microscopy methods to determine thin-film elastic properties. Journal of Applied Physics, 2003, 94(4): 2347–2354.

[9]　Stan G, Cook R F. Mapping the elastic properties of granular Au films by contact resonance atomic force microscopy. Nanotechnology, 2008, 19(23): 235701.

[10]　Hurley D C. Applied Scanning Probe Methods XI. Berlin: Springer, 2009: 97-138.

[11]　Kopycinska-Muller M, Geiss R H, Hurley D C. Contact mechanics and tip shape in AFM-based nanomechanical measurements. Ultramicroscopy, 2006, 106(6): 466–474.

[12] Killgore J P, Geiss R H, Hurley D C. Continuous measurement of atomic force micro-scope tip wear by contact resonance force microscopy. Small, 2011, 7(8): 1018–1022.

[13] Rabe U, Kester E, Arnold W. Probing linear and non-linear tip-sample interaction forces by atomic force acoustic microscopy. Surface and Interface Analysis, 1999, 27(5–6): 386–391.

[14] Hurley D C, Kopycinska-Muller A, Julthongpiput D, Fasolka M J. Influence of sur-face energy and relative humidity on AFM nanomechanical contact stiffness. Applied Surface Science, 2006, 253(3): 1274–1281.

[15] Hurley D C, Turner J A. Humidity effects on the determination of elastic properties by atomic force acoustic microscopy. Journal of Applied Physics, 2004, 95(5): 2403–2407.

[16] Stan G, Price W. Quantitative measurements of indentation moduli by atomic force acoustic microscopy using a dual reference method. Review of Scientific Instruments, 2006, 77(10): 103707.

[17] Rabe U, Hirsekorn S, Reinstadtler M, Sulzbach T, Lehrer C, Arnold W. Influence of the cantilever holder on the vibrations of AFM cantilevers. Nanotechnology, 2007, 18(4): 044008.

[18] Turner J A, Wiehn J S. Sensitivity of flexural and torsional vibration modes of atomic force microscope cantilevers to surface stiffness variations. Nanotechnology, 2001, 12(3): 322–330.

[19] Killgore J P, Hurley D C. Low-force AFM nanomechanics with higher-eigenmode con-tact resonance spectroscopy. Nanotechnology, 2012, 23(5): 055702.

[20] Zhou X L, Fu J, Li F X. Contact resonance force microscopy for nanomechanical characterization: Accuracy and sensitivity. Journal of Applied Physics, 2013, 114(6): 064301.

[21] Muraoka M. Sensitivity-enhanced atomic force acoustic microscopy with concentrated-mass cantilevers. Nanotechnology, 2005, 16(4): 542–550.

[22] Muraoka M. Sensitive detection of local elasticity by oscillating an AFM cantilever with its mass concentrated. JSME International Journal Series A, 2002, 45(4): 567–572.

[23] Muraoka M, Komatsu S. Characterization of films with thickness less than 10 nm by sensitivity-enhanced atomic force acoustic microscopy. Nanoscale Research Letters, 2011: 6.

第6章 基于 AFAM 的黏弹性力学性能测试

6.1 引　言

随着纳米聚合物材料在工业生产和生活中的广泛应用，对聚合物材料纳米尺度黏弹性力学性能的表征变得越来越迫切。纳米尺度聚合物材料往往具有和宏观块体材料力学性能所不同的一些力学特性，因此发展微纳米尺度黏弹性力学性能测试方法对于科研和生产都非常重要。目前，仪器化纳米压入测试方法可以测定微小尺度材料的黏弹性参数。比如，美国 Hysitron 公司的纳米压痕仪黏弹性测试模块可以进行低频模式下材料微纳米尺度黏弹性力学性能的测试[1]。但是，横向分辨率的限制，阻碍了其在更小尺度上的应用。因此，需要开发可以在更小尺度上进行材料黏弹性力学性能测试的方法。AFAM 的高分辨率优势恰好能够满足这一需求。AFAM 在对材料进行弹性力学性能测量时，将针尖样品之间的接触相互作用近似用一个线性弹簧来代替。如果将针尖和样品之间的相互作用采用弹簧和黏壶的组合来表示，就可以将样品材料的黏弹性效应考虑进来。Yuya 等就是基于这样的思想建立了 AFAM 的黏弹性力学性能测试方法。AFAM 具有高分辨率的优势，且测试过程中施加在样品上的力很小 (采用软探针时一般为几 nN)，可以有效避免针尖对样品的损坏，也减小了针尖施加的压力对样品黏弹性测试所引入的影响。与 AFAM 弹性力学性能测试类似，基于 AFAM 的黏弹性力学性能测试方法也经历了从基本理论建立到单点测试，再到阵列成像的过程。

本章将系统地介绍基于 AFAM 的材料黏弹性力学性能测试方法。首先简要介绍黏弹性力学的基本理论；随后详细介绍基于 AFAM 的黏弹性力学性能测试的理论基础；之后介绍 AFAM 用于材料黏弹性力学性能测试的相关实验方法，包括直接测量聚合物材料损耗角 (tanδ) 的方法及利用悬臂梁高阶模态进行黏弹性测试的方法；最后介绍 AFAM 在材料黏弹性测试方面的相关应用。

6.2　黏弹性力学基础

基于 AFAM 的材料黏弹性力学性能测试方法的理论基础是连续介质力学，其中所涉及的两个力学基本模型是弹性固体和黏性流体。弹性固体对突加载荷的响应是瞬时的，即一旦施加载荷马上会产生变形，且变形状态不随时间变化，在载荷卸载之后没有残余变形。而黏性流体不能对瞬时载荷产生瞬时应变，对动态应力的响应是滞后的。黏弹性材料是指同时具有弹性固体和黏性流体变形特性的材料。弹性固体和黏性流体可以看成是黏弹性材料的两个极端。在常温状态下，塑料、树脂、橡胶等工程材料和肌肉、骨骼等生物材料都呈现黏弹性特性。黏弹性材料的典型特性如下[2]：

(1) 蠕变。即保持加载应力恒定的情况下，材料的应变随着时间缓慢增加。

(2) 应力松弛。即在保持材料应变恒定的情况下，应力会随时间逐渐减小。

(3) 应变率 (或加载速率) 相关。黏弹性材料力学响应随着加载速率的不同而有所不同。

(4) 频率相关。在动态加载情况下，材料的黏弹性力学性能与所施加动态载荷的频率密切相关。

(5) 温度相关。黏弹性材料的力学性能与温度密切相关。

影响材料黏弹性性能最主要的因素是温度和时间。当频率高到一定程度或温度低到一定程度时，它表现为玻璃态，失去了阻尼的性质；而在频率很低或者温度高到一定程度时，它表现为橡胶态，阻尼也非常小；只有在频率和温度适中的情况下，阻尼相对最大，模量大小也比较适中。分析材料的黏弹性响应需要构建材料的黏弹性本构模型。通常将弹性固体用线性弹簧模型表示，将黏性流体用线性黏壶阻尼器模型表示。弹性弹簧在瞬时外力作用下会产生瞬时变形，且变形大小不随时间变化，而黏壶模型不产生瞬时响应。由不同数量的弹簧模型和阻尼器模型以不同的方式进行组合可以得到不同的黏弹性材料力学模型。三种最常用的黏弹性力学模型分别为麦克斯韦模型 (Maxwell model)，开尔文模型 (Kelvin model) 和标准线性固体模型 (standard linear solid model)，如图 6.1 所示。由一个弹簧和一个阻尼器串联而成的模型称为麦克斯韦模型；由一个弹簧和一个阻尼器并联而成的模型称

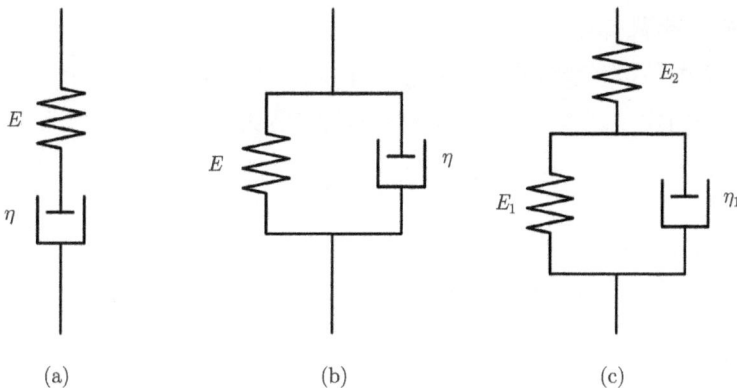

图 6.1 三类常见的黏弹性力学模型示意图

(a) 麦克斯韦模型；(b) 开尔文模型；(c) 标准线性固体模型

为开尔文模型；而由一个弹簧与开尔文模型串联组成的模型则称为标准线性固体模型。当两个元件串联时，每个元件上的应力相等，模型的总应变为两个元件的应变之和；而当两个元件并联时，两个元件的应变相等，模型的总应力等于两个元件的应力之和。

6.2.1　麦克斯韦模型

麦克斯韦模型由一个弹簧和一个阻尼器串联构成，两个元件的应力大小相同，模型的总应变为两个元件的应变之和。麦克斯韦模型的本构方程为

$$\dot{\varepsilon} = \dot{\sigma}/E + \sigma/\eta \tag{6-1}$$

首先考虑麦克斯韦模型在恒定应力 σ_0 作用下的蠕变特性，此时有 $\dot{\sigma} = 0$，$\dot{\varepsilon} = \sigma_0/\eta$。考虑初始条件 $(t=0，\varepsilon=\sigma_0/E)$，可得麦克斯韦模型在恒定应力 σ_0 作用下的应变响应为

$$\varepsilon = \sigma_0 t/\eta + \sigma_0/E \tag{6-2}$$

通过上式可以看到，施加恒定应力的瞬间 $(t=0$ 时$)$ 模型表现出弹性固体的应变响应，之后应变随时间的增加而呈线性增加，呈现出黏性流体的特性。因此，很多时候将麦克斯韦模型表示的材料称为麦克斯韦流体。

分析麦克斯韦模型在恒定应变 ε_0 作用下的应力松弛特性。此时有 $\dot{\varepsilon} = 0$，$\dot{\sigma}/E + \sigma/\eta = 0$，考虑初始条件 $(t = 0，\sigma = E\varepsilon_0)$，可得麦克斯韦模型在恒定应变作用下的应力松弛为

$$\sigma = E\varepsilon_0 \mathrm{e}^{-Et/\eta} \tag{6-3}$$

可以看到，在施加恒定应变的瞬间 $(t=0$ 时$)$，材料呈现弹性固体特性，之后应力随着时间的增加按照指数形式减小。

6.2.2　开尔文模型

开尔文模型由一个弹簧和一个黏壶并联而成，元件的应变大小相同，其总应力为每个元件应力大小之和。开尔文模型的本构方程为

$$\sigma = E\varepsilon + \eta\dot{\varepsilon} \tag{6-4}$$

麦克斯韦模型在恒定应力 σ_0 作用下，有 $\dot{\sigma} = 0$，$\sigma_0 = E\varepsilon + \eta\dot{\varepsilon}$。考虑初始条件 $(t=0，\varepsilon=0)$，可得开尔文模型在恒定应力作用下的应变响应为

$$\varepsilon = \frac{\sigma_0}{E}\left(1 - \mathrm{e}^{-Et/\eta}\right) \tag{6-5}$$

从式 (6-5) 可以看出，恒定应力作用下，应变随时间的增加而增加，但是增加的速度逐渐减小。当时间趋于无穷大时，应变趋向于 $\varepsilon=\sigma_0/E$，呈现出弹性固体的特性。

因此通常称开尔文模型代表的材料为开尔文固体。需要说明的是，由于开尔文模型不能施加瞬时应变，因此开尔文模型一般不能描述材料的应力松弛行为。

6.2.3 标准线性固体模型

将开尔文模型与一个弹簧进行串联，称为标准线性固体模型。对于标准线性固体模型，总应变为开尔文模型和弹簧的应变之和，且开尔文模型的应力和与其串联的弹簧的应力相同，经过推导可得标准线性固体模型的本构方程为

$$E_1 E_2 \varepsilon + E_2 \eta_1 \dot{\varepsilon} = (E_1 + E_2) \sigma + \eta_1 \dot{\sigma} \tag{6-6}$$

标准线性固体模型在恒定应力下的应变响应可以由开尔文模型的应变响应与弹簧的应变响应叠加而成，即

$$\varepsilon = \frac{\sigma_0}{E_2} + \frac{\sigma_0}{E_1} \left(1 - \mathrm{e}^{-E_1 t / \eta_1} \right) \tag{6-7}$$

由式 (6-7) 可知，施加瞬时应力时，其瞬时应变响应为 $\varepsilon = \sigma_0 / E_2$，之后应变随着时间的增加而增加，但是增加的速度逐渐减小。当时间趋于无穷大时，应变为

$$\varepsilon = \sigma_0 / E_2 + \sigma_0 / E_1 \tag{6-8}$$

类似地，还可以推导标准线性固体模型的应力松弛行为

$$\sigma = E_2 \varepsilon_0 - \frac{E_2^2 \varepsilon_0}{E_1 + E_2} \left(1 - \mathrm{e}^{-t(E_1 + E_2) / \eta_1} \right) \tag{6-9}$$

由式 (6-9) 可知，当施加瞬时应变 ε_0 时，有瞬时的应力响应为 $\sigma = E_2 \varepsilon_0$，由弹簧提供。随着时间的慢慢增加，应力慢慢减小，并且减小的速度越来越小。当时间趋于无穷大时，松弛应力趋向于一固定值 $\sigma = E_1 E_2 \varepsilon_0 / (E_1 + E_2)$。由于模型可以描述黏弹性材料的瞬时响应、蠕变、应力松弛等特性，因此将其称为标准线性固体模型。同样，也可以由一个弹簧和麦克斯韦模型并联，组成另外的三元件固体模型，其本构方程与式 (6-6) 相同。

可以看到，上面给出的黏弹性模型本构方程中除了材料常数外就只包含应力、应变及其各阶导数。因此，可以将本构方程写成如下一般形式[3]：

$$p_0 \sigma + p_1 \dot{\sigma} + p_2 \ddot{\sigma} + \cdots = q_0 \varepsilon + q_1 \dot{\varepsilon} + q_2 \ddot{\varepsilon} + \cdots \tag{6-10}$$

或者写成

$$\sum_{k=0}^{m} p_k \frac{\mathrm{d}^k \sigma}{\mathrm{d} t^k} = \sum_{k=0}^{n} q_k \frac{\mathrm{d}^k \varepsilon}{\mathrm{d} t^k} \tag{6-11}$$

进一步缩写为

$$P \sigma = Q \varepsilon \tag{6-12}$$

其中

$$P = \sum_{k=0}^{m} p_k \frac{\mathrm{d}^k}{\mathrm{d}t^k}, \quad Q = \sum_{k=0}^{n} q_k \frac{\mathrm{d}^k}{\mathrm{d}t^k} \tag{6-13}$$

6.2.4　复模量

前面介绍的是材料在准静态下的本构模型。讨论黏弹性材料在动态载荷作用下的动态力学性能需要研究材料在交变应力或交变应变作用下的响应。假设黏弹性材料的应变响应为

$$\varepsilon(t) = \varepsilon_0 \mathrm{e}^{\mathrm{i}\omega t} = \varepsilon_0 \left(\cos \omega t + \mathrm{i} \sin \omega t \right) \tag{6-14}$$

其中，ε_0 为应变的幅值；ω 为交变应变的振荡频率。

将本构方程写为一般形式，$P\sigma = Q\varepsilon$，假设应力响应为 $\sigma = \sigma^* \mathrm{e}^{\mathrm{i}\omega t}$，代入本构方程，有

$$\sum_{k=0}^{m} (\mathrm{i}\omega)^k p_k \sigma^* \mathrm{e}^{\mathrm{i}\omega t} = \sum_{k=0}^{n} (\mathrm{i}\omega)^k q_k \varepsilon_0 \mathrm{e}^{\mathrm{i}\omega t} \tag{6-15}$$

令 $\bar{P}(\mathrm{i}\omega) = \sum_{k=0}^{m} (\mathrm{i}\omega)^k p_k$，$\bar{Q}(\mathrm{i}\omega) = \sum_{k=0}^{n} (\mathrm{i}\omega)^k q_k$，则本构方程可以写为

$$\sigma^* = \frac{\bar{Q}(\mathrm{i}\omega)}{\bar{P}(\mathrm{i}\omega)} \varepsilon_0 \tag{6-16}$$

进一步可得应力响应为

$$\sigma = \sigma^* \mathrm{e}^{\mathrm{i}\omega t} = \frac{\bar{Q}(\mathrm{i}\omega)}{\bar{P}(\mathrm{i}\omega)} \varepsilon_0 \mathrm{e}^{\mathrm{i}\omega t} = \frac{\bar{Q}(\mathrm{i}\omega)}{\bar{P}(\mathrm{i}\omega)} \varepsilon \tag{6-17}$$

令

$$E(\mathrm{i}\omega) = \frac{\bar{Q}(\mathrm{i}\omega)}{\bar{P}(\mathrm{i}\omega)} = E_1(\omega) + \mathrm{i} E_2(\omega) \tag{6-18}$$

定义 $E(\mathrm{i}\omega)$ 为复模量 (complex modulus)。其中，$E_1(\omega)$ 和 $E_2(\omega)$ 分别为复模量的实部和虚部，分别称为存储模量和损耗模量，它们都是频率相关的函数。类似的，也可以定义复柔量。表 6.1 给出了几种常见黏弹性力学模型复模量的表达式[3]。

表 6.1　几种常见黏弹性力学模型复模量的表达式[3]

模型	麦克斯韦模型	开尔文模型	标准线性固体
本构方程	$\sigma + p_1\dot{\sigma} = q_1\dot{\varepsilon}$	$\sigma = q_0\varepsilon + q_1\dot{\varepsilon}$	$\sigma + p_1\dot{\sigma} = q_0\varepsilon + q_1\dot{\varepsilon}$
存储模量	$E_1(\omega) = \dfrac{E\eta^2\omega^2}{E^2 + \eta^2\omega^2}$	$E_1(\omega) = E$	$E_1(\omega) = \dfrac{q_0 + p_1q_1\omega^2}{1 + p_1^2\omega^2}$
损耗模量	$E_2(\omega) = \dfrac{E^2\eta\omega}{E^2 + \eta^2\omega^2}$	$E_2(\omega) = \eta\omega$	$E_2(\omega) = \dfrac{(q_1 - p_1q_0)\omega}{1 + p_1^2\omega^2}$

注：$p_0 = 1$，$p_1 = \eta_1/(E_1 + E_2)$，$q_0 = E_1E_2/(E_1 + E_2)$，$q_1 = \eta_1E_2/(E_1 + E_2)$。

黏弹性材料动态力学性能的典型特点是与频率相关，且存在能量耗散。除了使用存储模量和损耗模量表示黏弹性材料动态性能之外，也常用损耗模量与存储模量之间的比值表示样品的黏弹性力学性能。令 $\tan\delta = E_2/E_1$，称为损耗因子。其中，δ 为应力和应变之间相位差的大小，称为损耗角。损耗角越大，说明材料的黏滞性越大。

6.3 基于 AFAM 的黏弹性力学性能测试理论基础

基于 AFAM 的材料黏弹性力学性能测试基本原理包含两部分，一部分是考虑探针针尖与样品存在黏弹性相互作用时探针的动力学响应分析，另一部分是探针针尖与被测样品之间的接触力学分析。AFAM 用于聚合物材料黏弹性力学性能的基本理论主要是由 Yuya 等所完成的[4,5]。

6.3.1 针尖样品存在黏弹性作用时探针的动力学分析

针尖样品之间存在黏弹性相互作用时的悬臂梁力学模型如图 6.2 所示。考虑探针微悬臂在空气中振动时阻尼效应的控制方程为[4,6]

$$EI\frac{\partial^4 y(x,t)}{\partial x^4} + \kappa\frac{\partial y(x,t)}{\partial t} + \rho A\frac{\partial^2 y(x,t)}{\partial t^2} = 0 \tag{6-19}$$

其中，y 为探针弯曲振动的位移；E 为悬臂梁的弹性模量；I 为横截面惯性面积矩；ρ 为探针密度；A 为矩形横截面的面积；κ 为探针微悬臂振动时的空气阻尼。

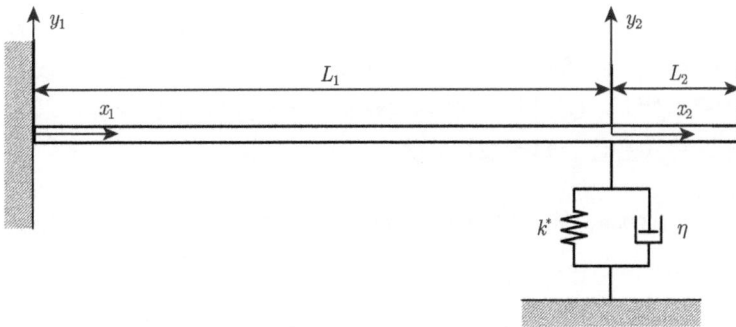

图 6.2　探针与黏弹性材料表面接触时的力学模型示意图

针尖与样品之间的相互作用采用开尔文模型来表示

悬臂梁的边界条件为

$$x_1 = 0, \quad y_1(x_1, t) = 0, \quad \frac{\partial y_1(x_1, t)}{\partial x_1} = 0 \tag{6-20a}$$

$$x_2 = L_2, \quad \frac{\partial^2 y_2 (x_2, t)}{\partial x_2^2} = 0, \quad \frac{\partial^3 y_2 (x_2, t)}{\partial x_2^3} = 0 \tag{6-20b}$$

此外，在针尖位置处存在连续性条件：当 $x_1 = L_1$ 或 $x_2 = 0$ 时，满足

$$y_1 (x_1, t) = y_2 (x_2, t) \tag{6-21a}$$

$$\frac{\partial y_1 (x_1, t)}{\partial x_1} = \frac{\partial y_2 (x_2, t)}{\partial x_2} \tag{6-21b}$$

$$EI \frac{\partial^2 y_1 (x_1, t)}{\partial x_1^2} = EI \frac{\partial^2 y_2 (x_2, t)}{\partial x_2^2} \tag{6-21c}$$

$$EI \frac{\partial^3 y_1 (x_1, t)}{\partial x_1^3} - EI \frac{\partial^3 y_2 (x_2, t)}{\partial x_2^3} = k^* y_1 (x_1, t) + \eta \frac{\partial y_1 (x_1, t)}{\partial t} \tag{6-21d}$$

由以上边界条件可得悬臂梁的特征方程，其形式与无阻尼时微悬臂振动的特征方程形式类似。考虑空气阻尼以及针尖样品接触阻尼时探针微悬臂振动的特征方程为[7,8]

$$\alpha + \mathrm{i}\beta (\gamma\theta)^2 = \frac{2}{3} (\gamma\theta)^3 \frac{1 + \cos (\gamma\theta) \cosh (\gamma\theta)}{D} \tag{6-22}$$

式中，$\alpha = k^*/k_c$ 为无量纲化的接触刚度；$\beta = \eta (L_1^2/9EIA\rho)^{1/2}$ 为无量纲化的阻尼；θ 为针尖相对位置常数。$\gamma = k_n L = a_n + \mathrm{i}b_n$ 为无量纲化的复波数，a_n，b_n 的表示式分别如下：

$$a_n = k_n^0 L \left(f_n^c/f_n^0\right)^{1/2} \tag{6-23a}$$

$$b_n = a_n \left[(2\pi f_n^c - \xi Q_n^c)/8\pi f_n^c Q_n^c\right] \tag{6-23b}$$

式中，$k_n^0 L$ 为探针自由振动时第 n 阶模态无量纲化的波数；f_n^c 和 f_n^0 分别为探针第 n 阶模态的接触共振频率和自由共振频率；$\xi = \kappa/\rho A = 2\pi f_n^0/Q_n^0$ 表示悬臂梁自由振动时的空气阻尼；Q_n^c 和 Q_n^0 分别为探针第 n 阶模态的接触振动和自由振动时的品质因子。等式右边分母的表达式为

$$D = [\sin(\gamma(1-\theta)) \cosh(\gamma(1-\theta)) - \cos(\gamma(1-\theta)) \sinh(\gamma(1-\theta))][1 - \cos(\gamma\theta) \cosh(\gamma\theta)]$$
$$- [\sin(\gamma\theta) \cosh(\gamma\theta) - \cos(\gamma\theta) \sinh(\gamma\theta)][1 + \cos(\gamma(1-\theta)) \cosh(\gamma(1-\theta))]$$

通常情况下，通过扫频可以分别获得探针在自由状态下和与样品接触状态下的自由共振频率和接触共振频率 f_n^0、f_n^c 以及相应的品质因子 Q_n^0、Q_n^c，代入 a_n、b_n 的表达式可求得 a_n、b_n，将 a_n、b_n 代入特征方程即可得 α、β 值的大小。

通过式 (6-22) 和式 (6-23) 可以看到，已知探针振动时的复波数，可以得到针尖样品之间无量化的接触刚度和接触阻尼，进一步通过接触力学分析就可以获得被测样品的黏弹性力学性能。

6.3.2 针尖样品接触力学分析

线性黏弹性材料的折合复模量可以表示为 $E^* = E'^* + iE''^*$，其中，E'^* 为折合存储模量，E''^* 为折合损耗模量。采用开尔文模型表示针尖样品之间的接触相互作用，则存储模量和损耗模量可以分别表示为[9,10]

$$E'^* = \frac{1}{2\mu} k^* \sqrt{\pi/A} \tag{6-24}$$

$$E''^* = \frac{1}{2\mu} \omega\eta \sqrt{\pi/A} \tag{6-25}$$

其中，μ 与针尖形状有关，对于球形压头和圆柱平压头，$\mu=1.0$。A 为针尖样品之间的投影接触面积。与弹性性能测试类似，在实际测量过程中一般情况下很难准确测定针尖的曲率半径及施加的压力大小，因此很多情况下采用标准参考材料进行校准。采用参考材料校准的方法计算存储模量和损耗模量的公式分别为

$$E'^* = E'^*_{\text{ref}} \left(\alpha/\alpha_{\text{ref}}\right)^m \tag{6-26}$$

$$E''^* = E''^*_{\text{ref}} \left(f_n^c \beta / f_{n,\text{ref}}^c \beta_{\text{ref}}\right)^m \tag{6-27}$$

其中，下标ref代表参考材料。对于球形压头，$m=1.5$；对于圆柱平压头，$m=1.0$。

6.3.3 简谐激励下探针的动力学响应

分析探针微悬臂在简谐激励载荷下的振幅和相位响应。假设在 $x = x_0$ 处施加交变载荷为 $F\delta(x - x_0)\mathrm{e}^{\mathrm{i}\omega t}$，则控制方程为

$$EI\frac{\partial^4 y(x,t)}{\partial x^4} + \kappa\frac{\partial y(x,t)}{\partial t} + \rho A\frac{\partial^2 y(x,t)}{\partial t^2} = F\delta(x - x_0)\mathrm{e}^{\mathrm{i}\omega t} \tag{6-28}$$

利用分离变量法，将位移解的形式表达如下：

$$y(x,t) = \mathrm{e}^{\mathrm{i}\omega t} \sum_{n=1}^{\infty} P_n Y_n(x) \tag{6-29}$$

其中，P_n 为 n 阶模态的权重，$Y_n(x)$ 的表达式为[11]

$$Y_n(x) = \frac{\sin k_n L - \sinh k_n L}{\cos k_n L + \cosh k_n L}(\sin k_n x - \sinh k_n x) + (\cos k_n x - \cosh k_n x)$$

将位移 $y(x,t)$ 的表达式代入控制方程，可得[4]

$$\left[EI k_n^4 - \rho A\omega^2 + \mathrm{i}\omega\kappa\right] P_n Y_n(x) = F\delta(x - x_0) \tag{6-30}$$

将方程两边同时乘以 $Y_m(x)$ 并从 0 到 L 进行积分，并利用振型函数的正交性，经过一系列推导，可得探针的位移响应为

$$y(x,t) = \sum_{i=1}^{\infty} \frac{FY_n(x_0)Y_n(x)\,\mathrm{e}^{\mathrm{i}\omega t}}{m_b(N\gamma_n^4 - \omega^2 + \mathrm{i}\omega\xi)} \tag{6-31}$$

其中，$m_b=\rho AL$，$\xi=\kappa/\rho A$，$N = EI/m_b L^3$。

当激励力位于 $x = L_1$ 处，探针微悬臂在激光点位置 $x = x_1$ 处的位移响应为[4]

$$y(x_1,t) = \sum_{i=1}^{\infty} \frac{FY_n(L_1)Y_n(x_1)\,\mathrm{e}^{\mathrm{i}\omega t}}{m_b(N\gamma_n^4 - \omega^2 + \mathrm{i}\omega\xi)} \tag{6-32}$$

令 $A_n=FY_n(L_1)Y_n(x_1)/m_b$，即为模态振幅的大小。在小阻尼情况下 $(b_n \ll a_n)$，由式 (6-32) 推导可得

$$y(x_1,t) \approx \sum_{i=1}^{\infty} \frac{A_n\,\mathrm{e}^{\mathrm{i}\omega t}}{(Na_n^4 - \omega^2) + \mathrm{i}(\omega\xi + 4Na_n^3 b_n)} \tag{6-33}$$

由式 (6-33) 可得无量纲化的频响函数为[5]

$$G(\mathrm{i}\omega) = \left[(1 - \omega^2/\omega_n^2) + \mathrm{i}(\omega\xi + 4\omega_n^2 b_n a_n)/\omega_n^2\right]^{-1} \tag{6-34}$$

其中，$\omega_n^2 = Na_n^4$。品质因子 Q_n^c 即为上式分母取极小值时的值。对于小阻尼情况，当 $\omega=\omega_n$ 时频响函数取得极大值，品质因子为

$$Q_n^c = |G(\mathrm{i}\omega)|_{\omega=\omega_n} = \frac{\omega_n a_n}{a_n\xi + 4\omega_n b_n} \tag{6-35}$$

进一步可将品质因子分为两部分，一部分只与探针悬臂梁振动时的空气阻尼和内阻尼相关，另一部分与样品阻尼相关，即

$$(Q_n^c)^{-1} = (Q_n^s)^{-1} + (Q_n^0)^{-1} \tag{6-36}$$

其中，$(Q_n^0)^{-1}=\xi/\omega_n$ 只与探针悬臂梁振动时的空气阻尼相关；$(Q_n^s)^{-1}=4b_n/a_n$ 为样品相关阻尼的贡献。由此可知，探针与样品接触时测量获得的品质因子 Q_n^c 包含了悬臂梁振动时空气阻尼和样品阻尼两方面的贡献。单纯测得悬臂梁接触共振时的品质因子不能直接获得样品的黏弹性力学特性，还必须要了解探针在空气中自由振动时的阻尼情况。悬臂梁在空气中自由振动时的阻尼情况可以根据悬臂梁在空气中自由振动时的品质因子进行分析。

6.4 AFAM 用于材料黏弹性力学性能测试及成像

基于以上简谐激励下探针的动力学响应分析可知，测量样品黏弹性性能之前需要先测试探针在针尖远离样品表面时振动的阻尼特性。当针尖远离样品表面时，采用扫频模式获得微悬臂振动的振幅响应谱和相位谱，通过最小二乘拟合法对振幅谱和相位谱进行拟合确定出 N 和 ξ 的值。再测量针尖与样品接触情况下的振幅谱，并利用针尖与样品接触状态下探针的位移响应公式进行拟合，确定出 a_n 和 b_n 的值，并进一步通过特征方程 (6-22) 获得 α 和 β 的值。Yuya 等采用以上方法，以聚苯乙烯 (PS) 作为参考材料，分别利用微悬臂的前两阶模态测得到旋涂法制备的聚甲基丙烯酸甲酯 (PMMA) 薄膜的存储模量和损耗模量的大小，测量结果如表 6.2 所示。图 6.3 是样品分别为 PMMA 和 PS 时，通过扫频模式获得的微悬臂一阶振动模态的振幅和相位随频率变化的结果[4]。图中离散点的数据为实测数据，实线为利用最小二乘法拟合得到的拟合曲线。可以看到，通过拟合得到的模型预测响应结果与实测结果吻合很好。从理论上讲，各阶不同模态在实验条件相同的情况下测得的压入存储模量和损耗模量应该相同。通过对测量得到的结果进行平均，在球形针尖假设情况下，测得 PMMA 薄膜的压入存储模量和损耗模量的平均值分别为 (8.1 ± 0.9) GPa 和 (190 ± 30) MPa。除了利用以上方法进行拟合获得 a_n 和 b_n，也可以直接利用有阻尼单自由度振子模型分别对探针自由状态和针尖与样品表面接触时获得的探针振幅响应谱进行拟合，得到自由状态和针尖与样品表面接触时探针的共振频率和品质因子，直接代入表达式 (6-23)，确定出 a_n 和 b_n 的值。进一步通过特征方程确定出 α 和 β 的值。

表 6.2 利用悬臂梁前两阶模态测得的 PMMA 的压入存储模量和压入损耗模量结果[4]

| | | Mode 1 | | | | Mode 2 | | | |
| | | M' | | M'' | | M' | | M'' | |
	d/nm	$m=1$	$m=3/2$	$m=1$	$m=3/2$	$m=1$	$m=3/2$	$m=1$	$m=3/2$
	30	6.20	6.78	140	153	7.66	9.31	143	158
PMMA1:PS1	50	7.05	8.25	158	184	7.16	8.43	192	246
	70	6.57	7.45	153	176	7.32	8.76	190	246
	30	6.94	7.38	157	181	7.98	9.93	153	176
PMMA2:PS1	50	6.94	7.38	153	176	7.16	8.43	171	206
	70	6.53	7.32	151	172	6.83	7.87	167	200

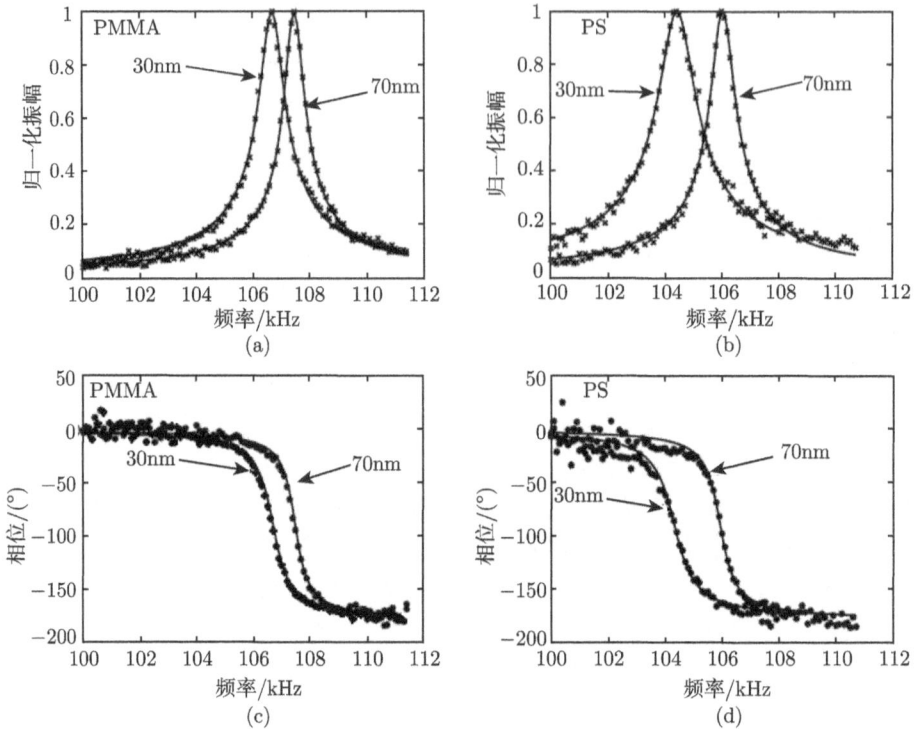

图 6.3　针尖分别与 PMMA 和 PS 样品表面接触时一阶模态的振幅和相位响应曲线
散点图是实验测量的数据, 实线是通过最小二乘法拟合获得的曲线[4]

基于式 (6-36) 获得的品质因子之间的关系, Yuya 等采用聚丙烯 (PP) 和聚苯乙烯 (PS) 两种聚合物样品, 测量了样品相关的品质因子 Q_n^s 与无量纲化的接触刚度和接触阻尼之间的关系, 并与理论模型预测的结果进行了对比, 如图 6.4 所示。从图中可以看到, 实验测量值与模型预测曲线两者随接触刚度的变化趋势基本一致。实验结果表明, PP 样品的阻尼要大于 PS。

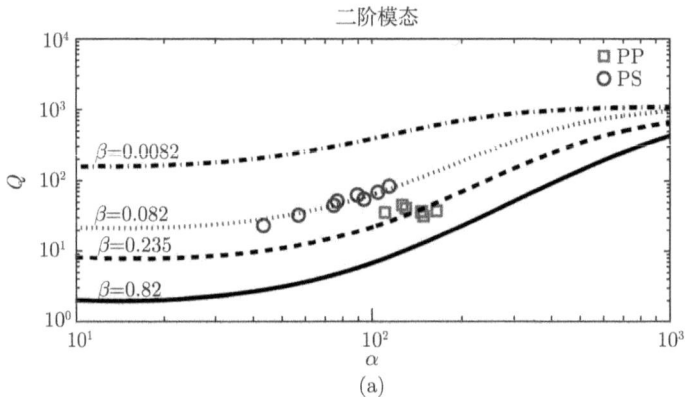

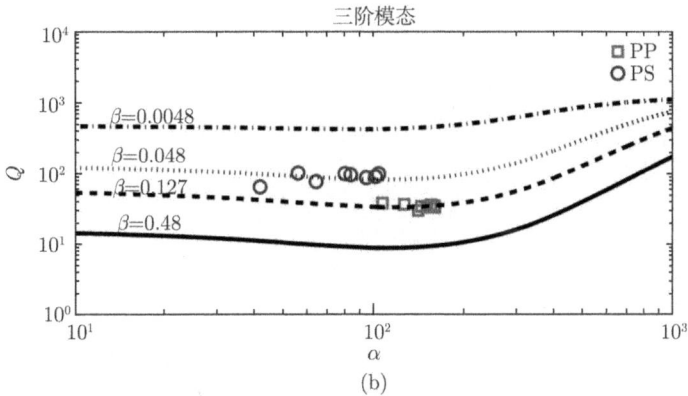

图 6.4 不同接触阻尼时悬臂梁振动二阶模态和三阶模态品质因子随无量纲化的接触刚度变化的曲线

图中的曲线为模型预测结果，散点为实验结果[5]

与 AFAM 用于弹性性能测试过程类似，基于 AFAM 的黏弹性力学性能测试也经历了由单点测试到阵列成像的发展过程。对于性能相对均匀的样品，可以通过单点测试对其黏弹性力学性能进行表征。对于非均质样品，需要了解所关心区域内黏弹性力学性能的分布情况，因此要对被测样品进行黏弹性力学性能的成像。黏弹性力学性能的成像基于单点测试，本质上是一种阵列成像。Killgore 等利用探针的二阶振动模态对 PS 和 PP 的二元共混聚合物进行了黏弹性力学性能阵列成像，结果如图 6.5 所示。在每个测试点获得振幅频率曲线后，直接利用有阻尼简谐振动的力学模型进行拟合，得到接触共振频率和品质因子的大小。图中 PP 为连续相，PS 分散于 PP 之中。从共混物的二阶模态接触共振频率图和品质因子图可以看到，PP 和 PS 的接触共振频率差别不大，但是品质因子的对比度明显。这说明两者的弹性性能差别不大，但黏弹性阻尼特性差别明显。PS 和 PP 接触共振频率的平均值分别为 (792.1 ± 31.7)kHz 和 (801.7 ± 17.4)kHz，品质因子的平均值分别为 37.3 ± 5.0 和 18.4 ± 2.7。图 6.5(c) 和 (e) 是所有接触共振频率和品质因子像素点的统计图，从图中可以更明显地看到两者接触共振频率和品质因子的差别。图 6.5(f) 和 (g) 是计算得到的 PS 和 PP 的存储模量和损耗模量相对值的分布图。两者存储模量的比值为 $E'_{PS}/E'_{PP} = 0.95\pm0.20$，损耗模量的比值为 $E''_{PS}/E''_{PP} = 0.34\pm0.16$。通过动态力学拉伸分析方法 (dynamic mechanical tensile analysis，DMTA) 测量低频时块体材料的黏弹性性能，并利用时间温度叠加 (time-temperature superposition，TTS) 分析方法将低频测试结果扩展到高频，便于与 AFAM 的测试结果进行对比。利用以上方法得到频率为 1MHz 时两者存储模量的比值为 $E'_{PS}/E'_{PP}=0.85$，损耗模量的比值为 $E''_{PS}/E''_{PP}=0.37$，与基于 AFAM 测得的结果较吻合。

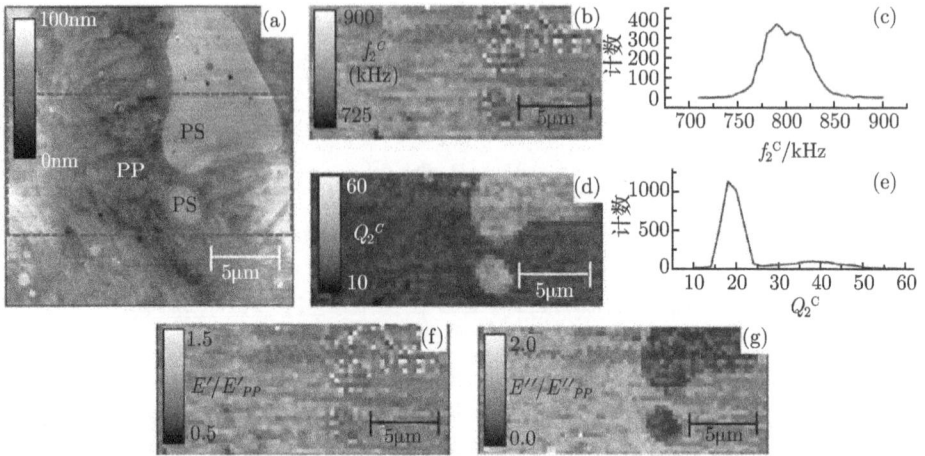

图 6.5　扫描探针声学显微术对 PS/PP 双元聚合物的黏弹性力学性能成像结果 (详见书后彩图)
(a) 形貌图；(b) 二阶接触共振频率图；(c) 二阶模态接触共振频率的分布图；(d) 二阶模态品质因子图；
(e) 二阶模态品质因子的分布图；(f) 两者的存储模量比值图；(g) 两者的损耗模量比值图[8]

基于测量每一点的振幅频率曲线进行的阵列成像，其主要缺点是成像速度较慢。较快的扫描速度可以减小蠕变效应以及热漂移的影响。双频共振频率追踪方法可以显著地提高成像速度。Killgore 等采用双频共振追踪的方法对同一区域进行了存储模量和损耗模量成像[12]，并且研究了不同的扫描速度对测量结果的影响。测试结果发现过快的扫描速度会对测量造成较大误差甚至给出错误结果，因此他们建议成像时扫描速度一般不要超过 1μm/s。扫描速度对测量造成的影响可能与材料、针尖样品接触力学以及仪器等因素有关[8]。

Yablon 等利用 AFAM 对聚丙烯/聚苯乙烯/聚乙烯共聚物 (PP/PE/PS) 和聚丙烯/溴化异丁烯–对甲基苯乙烯共聚物 (PP/BIMS) 两种共混聚合物进行了黏弹性力学性能成像，并与动态力学分析 (dynamic mechanical analysis，DMA) 的结果进行了对比[13]。他们发现，对于 PP/PE/PS 热塑性聚合物，扫描探针声学显微术和 DMA 方法均能给出较合理的结果。然而，对于 PP/BIMS 共混聚合物，利用 AFAM 测量获得的 BIMS 的存储模量结果比 PP 的存储模量要高，与 DMA 的测试结果不相符。结果表明，对于阻尼和黏附较大的材料，扫描探针声学显微术可能会给出错误的结果。原因可能是表征针尖样品之间黏弹性相互作用的开尔文力学模型不能很好地描述存在黏附力及针尖与高阻尼材料相互作用的情况。针尖样品之间的黏附力会增大针尖样品之间的作用力，从而导致 BIMS 高黏附区域接触共振频率的增大[13]。因此，对于黏弹性损耗较大或黏附力较大的样品，基于 AFAM 的测试可能存在一定的局限，并不能很好地对其黏弹性力学性能进行准确的表征。

Hurley 等给出了一种基于扫描探针声学显微术直接测量聚合物材料或生物材

料损耗因子 $(\tan\delta)$ 的方法[14]，这种方法不需要预先测量获得材料的存储模量和损耗模量值，也不需要了解针尖的具体几何参数以及针尖施加压力大小。黏弹性损耗角与针尖样品之间的接触刚度和阻尼之间的关系为

$$\tan\delta = \frac{2\pi f_n^c \eta}{k^*} \tag{6-37}$$

将 η 和 k^* 的表达式代入式 (6-37)，经过推导可得

$$\tan\delta = 2\pi f_n^c \frac{\eta}{k^*} = \left(k_n^c L\right)^2 \frac{1}{L^2} \sqrt{\frac{EI}{\rho A}} \frac{\beta\sqrt{9EI\rho A}}{L_1} \frac{1}{\alpha k_c}$$
$$= \left(k_n^0 L\right)^2 \frac{f_n^c}{f_n^0} \frac{1}{L^2} \frac{\beta}{\alpha} \frac{3EI}{k_c L_1} = \left(k_n^0 L\right)^2 \left(\frac{L_1}{L}\right)^2 \frac{\beta}{\alpha} \frac{f_n^c}{f_n^0}$$

故有

$$\tan\delta = \left(k_n^0 L\right)^2 \frac{\beta}{\alpha} \frac{\theta^2 f_n^c}{f_n^0} \tag{6-38}$$

由式 (6-38) 可知，只需测量得到探针某一阶模态的接触共振频率和品质因子，进一步计算出接触刚度和接触阻尼，代入式 (6-38) 就能得到损耗正切的大小。上述测量损耗因子的方法既不需要利用参考样品进行校准，也不需要对探针的弹性常数进行校准，极大地方便了对材料黏弹性性能的测量。为了证明上述测试方法的可靠性，他们选取了四种损耗不同的聚合物样品，将利用扫描探针声学显微术获得的测试结果与利用动态力学分析方法 (DMA)、动态纳米压痕方法 (dynamic nanoindentation, DNI)、时间温度叠加分析方法对 DMA 结果进行修正 (DMA-TTS) 三种方法获得的结果进行对比，如图 6.6 所示。结果显示，AFAM 能给出和其他三种方法比较相符的结果，表明了该方法的有效性。

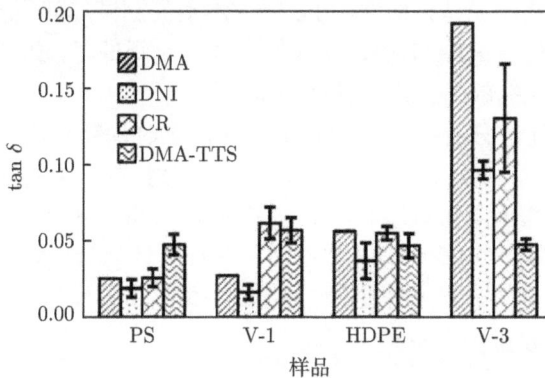

图 6.6 扫描探针声学显微术与其他三种不同方法测量得到的四种不同材料的损耗因子结果对比[14]。四种聚合物测试样品分布为聚苯乙烯 (PS)，高密度聚乙烯 (high-density polyethylene, HDPE) 以及两种光弹性涂层材料 (V-1，V-3)

Yablon 等采用以上测量损耗因子的方法及原子力显微镜振幅调制模式下的一种损耗因子测试方法[15] 对聚丙烯、聚苯乙烯和聚乙烯 (PP/PS/PE) 三相聚合物进行了损耗因子测量，并将测量结果与采用动态力学分析方法和时温叠加原理获得的单相宏观块体材料的损耗因子结果进行了对比[16]。测试结果发现，应用频带激励方法的扫描探针声学显微术给出了与宏观测试结果最接近的结果。Tung 等采用二维流体动力学函数，考虑探针接近样品表面时的阻尼和附加质量效应以及与频率相关的流体动力载荷，对黏弹性阻尼损耗测试进行修正，提高了损耗因子测试的准确度[17]。

由于探针微悬臂不同阶模态具有不同的复波数，因此不同阶模态对接触阻尼以及接触刚度具有不同的测量灵敏度。周锡龙等提出一种利用软悬臂梁的高阶模态进行材料黏弹性力学性能成像的方法[18]。利用特征方程和品质因子的表达式可以获得各阶不同模态的样品阻尼相关的品质因子与无量纲化的接触刚度和接触阻尼之间的三维关系图，如图 6.7 所示。可以看到，从第一阶模态到第五阶模态，三维关系曲面从与接触阻尼坐标轴平行逐渐地逆时针旋转到与接触刚度坐标轴平行，即品质因子对接触阻尼的灵敏度逐渐增大，而受接触刚度的影响逐渐减小。可见，利用探针微悬臂高阶振动模态对材料黏弹性力学性能进行测试，可以减小甚至消除探针在不同相材料测量时接触刚度变化的影响，且对接触阻尼的灵敏度更高，更适合材料黏弹性力学性能的测试。为了对以上的数值分析结果进行验证，采用 0.2N/m 软探针的各阶不同模态对二元聚合物 PS/PMMA 进行接触共振频率和品质因子成像，实验结果如图 6.8 所示。图中圆形区域为 PMMA。从图中可以看出，探针的四阶和五阶模态给出了最高的成像对比度，表明高阶模态对黏弹性测试具有较高的灵敏度[18]。高阶模态用于材料黏弹性力学性能测试时，受接触刚度的影响较小，适用于不同相材料模量有差异的多相材料的黏弹性力学性能测试。高阶模态对接触阻尼的变化具有更高的测试灵敏度，可以极大地提高测试的准确度，减小其他因素的影响。因此，在利用 AFAM 进行黏弹性力学性能测试时，如果测量仪器的带宽允许，建议采用软探针的高阶模态进行测试。

Yamanaka 等通过分析发现，UAFM 模式测量时探针共振时的振幅大小与品质因子是线性相关的。基于这一分析结果，他们利用 PLL 电路的方法对碳纤维增强复合材料进行了接触共振频率和品质因子成像，如图 6.9 所示[19]。从图中可知，纤维处的接触共振频率和品质因子都要高于基体区域的共振频率和品质因子。此种方法的典型优势是成像速度较快。但是，由于影响振幅响应大小的因素较多，测量的准确性问题需要进一步研究。

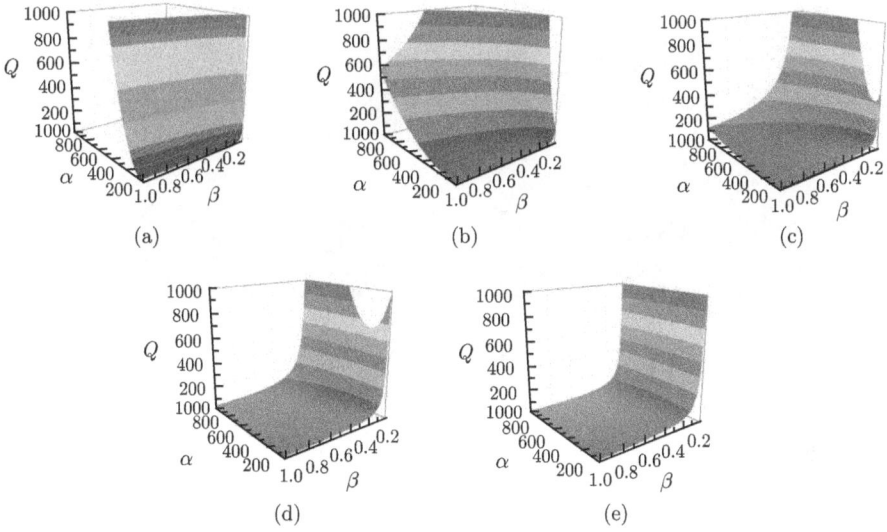

(a)　　　　　　　　　　(b)　　　　　　　　　　(c)

(d)　　　　　　　　　　(e)

图 6.7　探针微悬臂前五阶振动模态的样品相关的品质因子与无量纲化的接触刚度及无量纲化
的接触阻尼之间的三维关系曲面图[18](详见书后彩图)

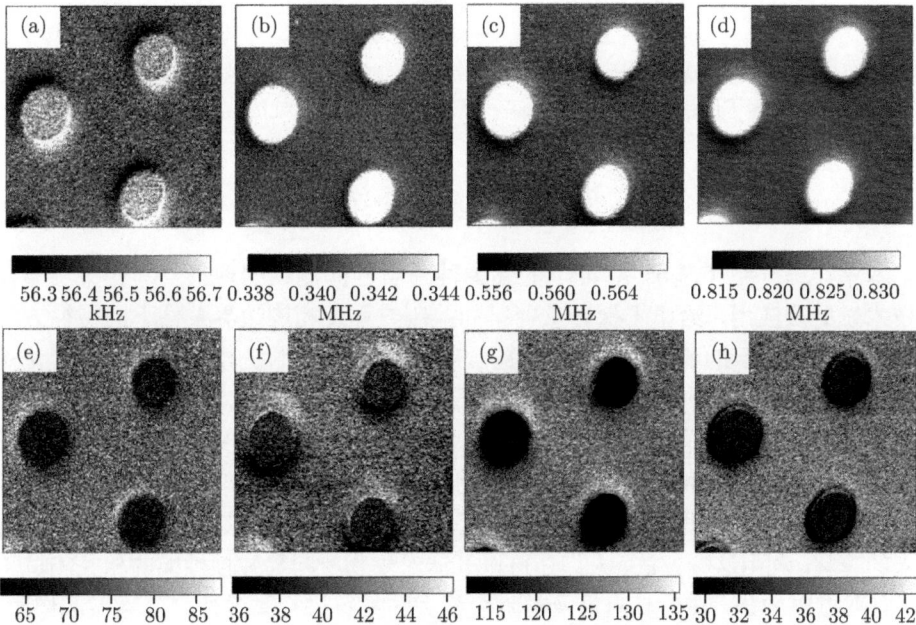

图 6.8　二元聚合物 PS/PMMA 不同阶模态的接触共振频率和品质因子成像结果
(a) 和 (e)、(b) 和 (f)、(c) 和 (g)、(d) 和 (h) 分别是一阶模态、三阶模态、四阶模态和五阶模态的接触
共振频率和品质因子[18]。图中圆形区域为 PMMA，扫描范围为 2.5μm×2.5μm

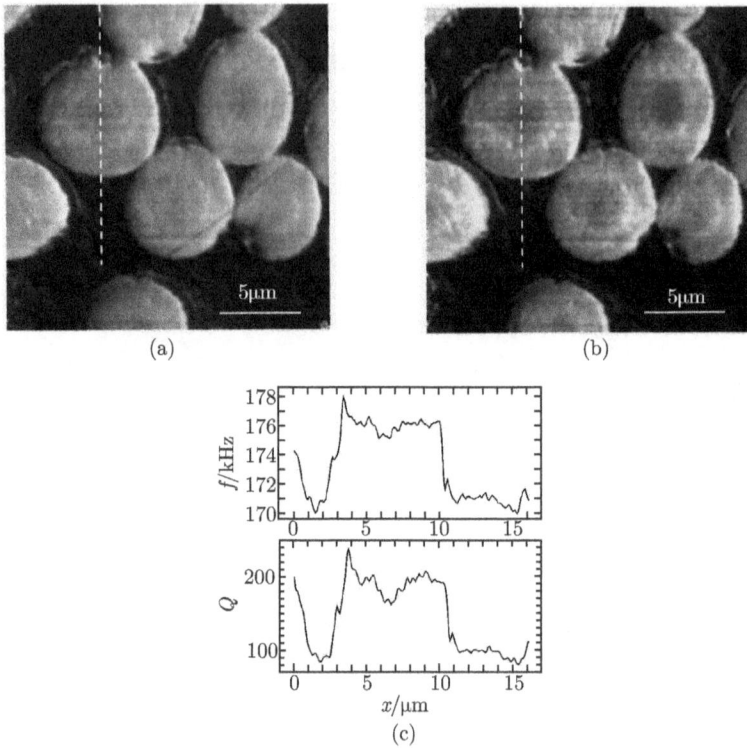

图 6.9   UAFM 方法对碳纤维增强复合材料进行测量获得的：(a) 接触共振频率图；(b) 品质因子图；(c) 接触共振频率和品质因子图中虚线处的分布[19]

6.5   本 章 小 结

本章详细介绍了基于 AFAM 的黏弹性力学性能测试的理论及其相关实验测试技术发展及应用，给出了探针悬臂梁的控制方程及相应边界条件下的特征方程以及在简谐激励下的响应，这些内容是 AFAM 进行黏弹性力学性能测试的理论基础。在理论分析的基础上，首先针对均匀聚合物材料开展单点测试，验证了相关测试方法的有效性。在单点测试的基础上，发展到针对非均匀多相聚合物的阵列成像。AFAM 提供了一种对于纳米相聚合物复合材料黏弹性力学性能研究及定量化表征的有力工具，有助于人们对纳米尺度聚合物材料表面的黏弹性高频响应有更深入的理解。利用这一方法，人们还可以开展对生物材料黏弹性性能的相关测试工作。需要指出的是，在对高阻尼及黏附力很大的材料进行黏弹性力学性能成像时，目前基于线性黏弹性模型的 AFAM 方法还存在一定的局限，发展并采用新的黏弹性接触力学模型有助于这一问题的解决。

参 考 文 献

[1] 张泰华. 微/纳米力学测试技术 —— 仪器化压入的测量、分析、应用及其标准化. 北京: 科学出版社, 2013.

[2] 周光泉, 刘孝敏. 黏弹性理论. 合肥: 中国科学技术大学出版社, 1996.

[3] 杨挺青, 罗文波, 徐平, 危银涛, 刚芹果. 黏弹性理论与应用. 北京: 科学出版社, 2004.

[4] Yuya P A, Hurley D C, Turner J A. Contact-resonance atomic force microscopy for viscoelasticity. Journal of Applied Physics, 2008, 104(7): 074916.

[5] Yuya P A, Hurley D C, Turner J A. Relationship between Q-factor and sample damping for contact resonance atomic force microscope measurement of viscoelastic properties. Journal of Applied Physics, 2011, 109(11): 113528.

[6] Turner J A, Hirsekorn S, Rabe U, Arnold W. High-frequency response of atomic-force microscope cantilevers. Journal of Applied Physics, 1997, 82(3): 966–979.

[7] Hurley D C. in Scanning Probe Microscopy of Functional Materials: Nanoscale Imaging and Spectroscopy. New York: Springer Science+Business Media, LLC, 2010: 97–138.

[8] Killgore J P, Yablon D G, Tsou A H, Gannepalli A, Yuya P A, Turner J A, Proksch R, Hurley D C. Viscoelastic Property Mapping with Contact Resonance Force Microscopy. Langmuir, 2011, 27(23): 13983–13987.

[9] Herbert E G, Oliver W C, Pharr G M. Nanoindentation and the dynamic characterization of viscoelastic solids. Journal of Physics D-Applied Physics, 2008, 41(7): 074021.

[10] Odegard G M, Gates T, Herring H M. Characterization of viscoelastic properties of polymeric materials through nanoindentation. Experimental Mechanics, 2005, 45(2): 130–136.

[11] Meirovitch L. Principles and techniques of vibrations. New Jersey: Prentice-Hall, 1997.

[12] Gannepalli A, Yablon D G, Tsou A H, Proksch R. Mapping nanoscale elasticity and dissipation using dual frequency contact resonance AFM. Nanotechnology, 2011, 22(35): 355705.

[13] Yablon D G, Gannepalli A, Proksch R, Killgore J, Hurley D C, Grabowski J, Tsou A H. Quantitative viscoelastic mapping of polyolefin blends with contact resonance atomic force microscopy. Macromolecules, 2012, 45(10): 4363–4370.

[14] Hurley D C, Campbell S E, Killgore J P, Cox L M, Ding Y F. Measurement of viscoelastic loss tangent with contact resonance modes of atomic force microscopy. Macromolecules, 2013, 46(23): 9396–9402.

[15] Proksch R, Yablon D G. Loss tangent imaging: Theory and simulations of repulsive-mode tapping atomic force microscopy. Applied Physics Letters, 2012, 100(7): 073106.

[16] Yablon D G, Grabowski J, Chakraborty I. Measuring the loss tangent of polymer materials with atomic force microscopy based methods. Measurement Science & Technology,

2014, 25(5): 055402.

[17]　Tung R C, Killgore J P, Hurley D C. Hydrodynamic corrections to contact resonance atomic force microscopy measurements of viscoelastic loss tangent. Review of Scientific Instruments, 2013, 84(7): 073703.

[18]　Zhou X L, Fu J, Miao H C, Li F X. Contact resonance force microscopy with higher-eigenmode for nanoscale viscoelasticity measurements. Journal of Applied Physics, 2014, 116(3): 034310.

[19]　Yamanaka K, Maruyama Y, Tsuji T, Nakamoto K. Resonance frequency and Q factor mapping by ultrasonic atomic force microscopy. Applied Physics Letters, 2001, 78(13): 1939–1941.

第7章　扫描探针声学显微术在材料测试方面的应用

7.1　引　　言

　　材料的力学性能是材料最基本的性能，是材料应用的前提和基础。微纳米尺度材料力学性能参数测试是纳米材料应用的基础，因此对材料纳米力学性能的测试尤为重要。了解纳米材料小尺度下的力学性能，对于理解相关机理、改进其生产工艺都极为重要。AFAM 横向分辨率极高，可达到纳米量级，特别适合纳米尺度下材料力学性能表征和分析，在纳米尺度材料力学性能测试领域有着广泛的应用。本章介绍 AFAM 在纤维增强复合材料、智能材料、生物材料、纳米材料和薄膜等领域力学性能测试和表征的应用。

7.2　纤维增强复合材料领域的应用

　　纤维增强复合材料 (fiber reinforced polymer composites，FRPC) 是由增强纤维材料 (如玻璃纤维、碳纤维、芳纶纤维等) 与基体材料经过缠绕、模压或拉挤等成型工艺形成的一类复合材料。根据增强纤维材料的不同，常见的纤维增强复合材料有玻璃纤维增强复合材料 (GFRP)、碳纤维增强复合材料 (CFRP)、芳纶纤维增强复合材料 (AFRP) 及天然纤维增强复合材料 (NFRP)。纤维增强复合材料具有如下优点[1]：①比强度高，比模量大；②材料性能具有可设计性；③抗腐蚀性和耐久性能好。这些特点使得纤维增强复合材料能满足现代结构向大跨、高耸、重载、轻质高强以及恶劣条件下工作发展的需要，满足现代化工业发展的要求。纤维增强复合材料轻质高强的优点，使其广泛应用于基础设施工程建设、航空航天等众多领域。

　　纤维增强复合材料一般将聚合物作为基体相，将纤维作为增强相，两者通过界面相结合在一起。界面区是介于基体和纤维之间的微小区域，宽度一般从几十纳米到几微米。界面区的力学性能一般介于基体和纤维之间。界面区起到在纤维和基体之间载荷传递的作用，对纤维增强复合材料的力学性能有决定性影响。为了提高纤维增强复合材料的力学性能，通常在复合材料生产过程中对纤维和基体进行处理，以增强基体和样品之间的结合能力，提高材料整体强度和韧性。此外，纤维增强复合材料的破坏通常也是从界面区开始的。鉴于纤维和基体之间界面的重要性，对界面力学性能的可靠表征显得尤为重要。AFAM 具有的高分辨优势使其特别适合于研究微小界面区的力学性能。

学者们已经利用各种不同的分析测试方法对纤维增强复合材料的界面进行了表征,包括纳米压痕[2,3]、基于 AFM 的力–距离曲线测试方法和相位成像[4]、黎曼光谱[5]、透射电镜[6] 等。这些方法在界面微区力学性能测试方面都或多或少地存在某些缺点。比如,纳米压痕技术在获得力距离曲线时,通常会在样品表面留下压坑,一般被认为是一种有损的测试。其模量成像功能可以实现界面区的模量成像,但是分辨率仍然会受到压头曲率半径的限制。基于 AFM 的力–距离曲线方法一般只对软材料比较适用。力–距离曲线阵列测试虽然也能实现力学性能分布的成像,但是分辨率低,且测试时间长。AFM 的相位成像模式则一般只能给出定性的力学性能分布。电镜方法虽然分辨率高,但是不能给出材料纳米力学性能的定量化结果。AFAM 作为一项定量化纳米力学测试方法,非常适合微小界面区域的力学性能分析[7]。

天然纤维增强复合材料具有成本低、韧性较高、环境友好等优势,越来越受到人们的关注。测试过程中,为了减小形貌对测试造成的影响,需要尽量选取表面比较平的区域。Nair 等利用 AFAM 研究了天然纤维增强复合材料及其界面的纳米力学特性[8]。他们对添加马来酸化聚丙烯 (MAPP) 和不添加 MAPP 的两种天然纤维增强复合材料进行了模量成像测试,结果如图 7.1 所示。从图中可以看到,纤维区域模量的平均值为 12.4 GPa,基体区域模量的平均值为 3.2 GPa。在两种复合材料的界面模量成像结果中分别选取 15 条沿纤维和基体界面径向的模量分布曲线,得到不添加 MAPP 的复合材料界面宽度的平均值为 (49±5)nm,添加 10%MAPP 的复合材料界面宽度平均值为 (139±21)nm,如图 7.2 所示。测试结果表明,添加 MAPP 的界面宽度要大于不含 MAPP 的界面宽度。之后,他们又研究了添加不同比例 MAPP 对界面宽度和界面区域力学性能分布的影响[9]。研究发现,纤维和基

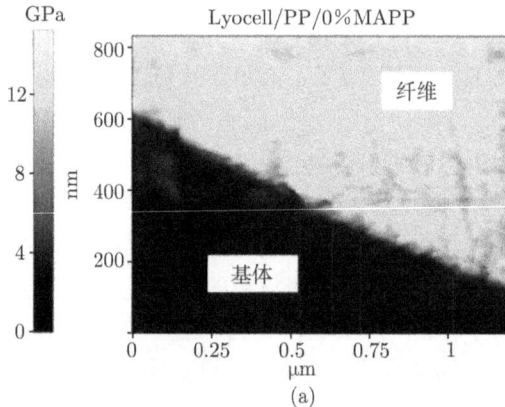

(a)

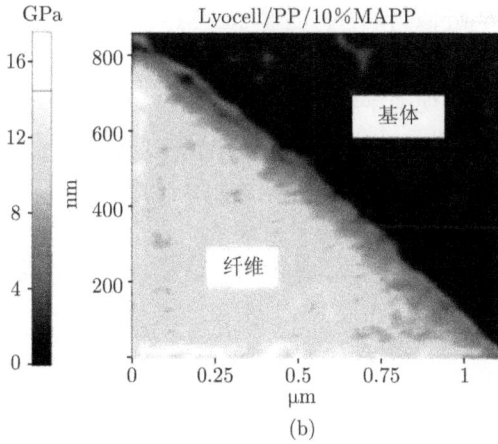

图 7.1 天然纤维增强复合材料扫描探针声学显微术模量成像结果

(a) 没有进行 MAPP 处理的模量分布图；(b) 采用 10%MAPP 处理的模量分布图[8]

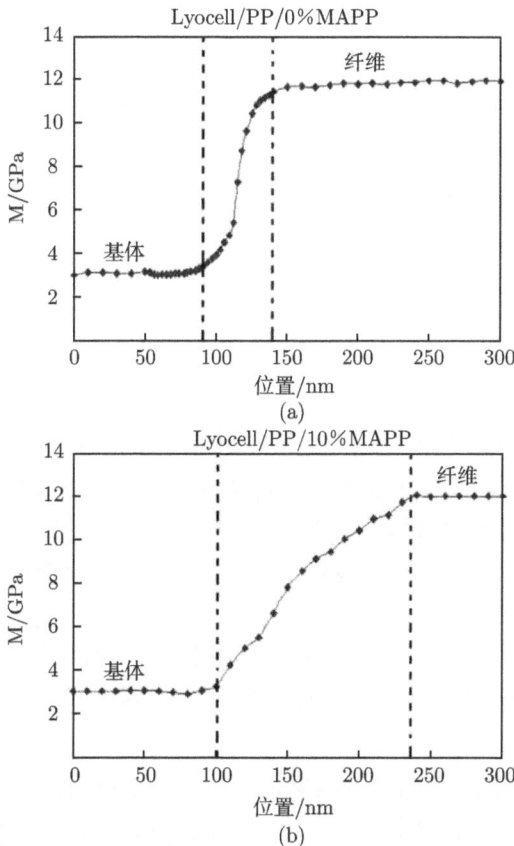

图 7.2 沿纤维和基体径向界面区域附近的模量分布平均值曲线

(a) 不包含 MAPP 的复合材料模量分布曲线；(b) 包含 10%MAPP 的复合材料界面模量分布曲线[8]

体之间的界面模量变化近似为线性。随着 MAPP 添加浓度的升高,纤维和基体之间的平均界面宽度逐渐增大,从而使纤维和基体之间的模量变化更为平缓,可以在一定程度上提高材料的宏观力学性能。

　　Zhao 等利用扫描探针声学显微术研究了水浴加热对碳纤维增强复合材料中树脂基体弹性模量的影响,测试结果如图 7.3 所示[10]。测试结果表明,随着水浴加热时间的增加,树脂基体的弹性模量从初始的 4.8 GPa 逐渐减小,慢慢趋近于一个常值。他们认为,基体弹性模量的减小是由于基体吸收水分及聚合物交联造成的。

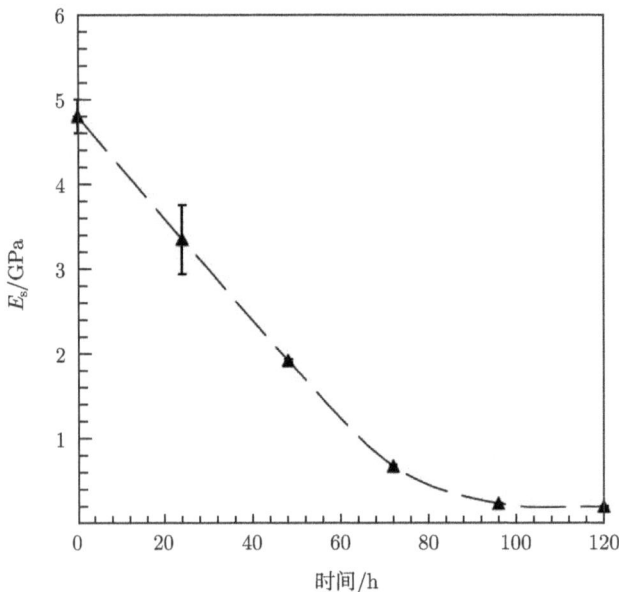

图 7.3　碳纤维增强复合材料基体树脂弹性模量随水浴时间的变化趋势[10]

　　周锡龙等利用扫描探针声学显微术对碳纤维增强复合材料进行了振幅成像测试,检测出了碳纤维的皮芯结构,如图 7.4 所示。碳纤维皮芯结构主要是由于氧的不均匀扩散造成的。皮芯结构是一种缺陷结构,严重影响了碳纤维及其复合材料的力学性能。利用 AFAM 成像结果,可以对皮芯结构的尺寸进行表征,有助于建立微观尺度皮芯结构大小与宏观力学性能之间的关系。另外,也可以对不同工艺条件下碳纤维的皮芯结构进行表征,从而改善生产工艺,提高碳纤维及其复合材料的力学性能。

　　扫描探针声学显微术具有高分辨率、定量化及无损的优势,特别适合纤维增强复合材料及其界面区域的纳米力学表征。利用扫描探针声学显微术研究不同工艺及服役环境对纤维增强复合材料及其界面的影响,对于提高纤维增强复合材料的力学性能尤为重要。

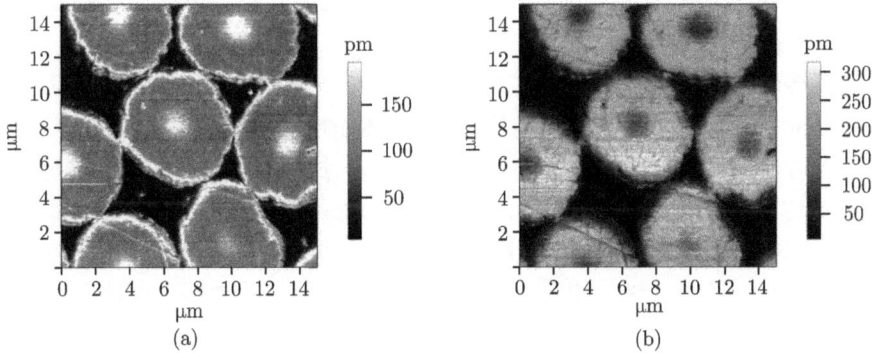

图 7.4 定频模式 AFAM 对碳纤维皮芯结构的成像

(a) 和 (b) 分别为激励频率为 690kHz 和 705kHz 时的声学振幅像。不同激励频率获得的振幅像产生了对比度反转

7.3 智能材料领域的应用

智能材料是具有感知外界环境刺激,对其进行相应的分析处理,并进行响应的一类材料。智能材料在现代科学和技术领域中扮演着举足轻重的角色。形状记忆合金、铁电材料、铁磁材料等由于其优良的多场耦合性能被广泛应用于传感器、驱动器及换能器等。针对智能材料微观尺度下微结构及性能的研究,对于智能材料宏观性能的研究和应用极为重要。

智能材料的相关的应用与机理与其微观结构紧密相关,因此对其微结构的测试和表征对于其广泛应用尤为重要。以铁电材料电畴结构表征为例,目前铁电材料畴结构表征方法主要有腐蚀法[11,12]、偏光显微镜方法[13]、投射电镜[14]、压电力显微镜 (piezoresponse force microscopy, PFM)[15,16] 等。腐蚀法一般要在样品腐蚀后借助光学显微镜或扫描电镜来观察铁电材料的畴结构。偏光显微镜一般只对透明样品比较有效。压电力显微镜可以对铁电材料纳米尺度的畴结构进行成像,还可以对纳米尺度铁电材料的力电耦合性能进行定量化研究,是纳米尺度铁电材料畴结构及动态性能研究的有力工具。鉴于不同取向的畴结构其力学性能也不相同,因此也可以采用纳米力学测试方法,如扫描探针声学显微术对铁电材料纳米尺度畴结构进行研究。此外,我们可以在同一区域进行压电力显微术和扫描探针声学显微术成像研究,将两种不同成像技术获得的畴结构图像进行对比,可以帮助我们更好地理解铁电材料畴结构纳米力学性能和力电耦合性能之间的关联,为铁电材料在力场和电场作用下畴结构的演化提供研究思路[17]。

Rabe 等分别利用扫描探针声学显微术和压电力显微术对钛酸钡陶瓷和锆钛酸铅陶瓷的微区电畴结构进行了成像[18]。图 7.5 是钛酸钡陶瓷样品同一区域内的形貌像,声学像和压电响应像。从形貌像中同样可以分辨出电畴结构,而声学像和压电响应像给出了相似的电畴结构。采用不同激励频率进行扫描探针声学显微术成像时，PZT 陶瓷电畴结构成像结果出现对比度反转，如图 7.6 所示。当选取的激励频率远离接触共振频率时，不同取向电畴之间的对比度消失。他们对钛酸钡陶瓷单个晶粒内的畴结构进行了压入模量的定量化成像测试，成像结果如图 7.7 所示。通过对三个方向压电响应振幅的测量，可以确定出扫描范围内电畴的三维构型。采用两种参考材料的方法，获得针尖压入模量为 (313±24) GPa。压入模量成像测试结果表明，面内畴的压入模量要高于面外畴的压入模量。通过选取远离畴界的电畴区域，获得面内 a 畴压入模量的平均值为 (318±30) GPa，而面外 c 畴压入模量的平均值为 (220±50) GPa。

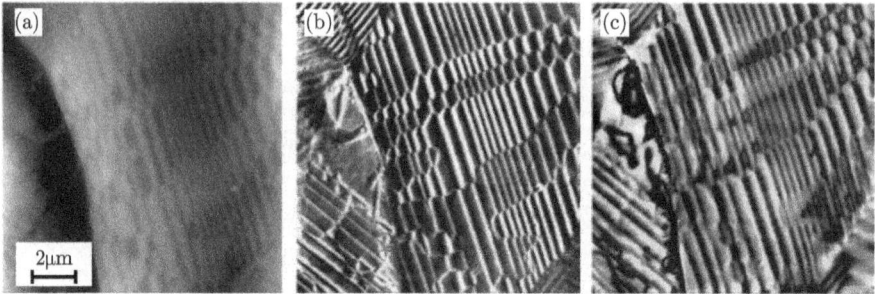

图 7.5 扫描探针声学显微术和压电力显微术对钛酸钡 (BTO)陶瓷同一区域电畴结构的扫描成像结果[18]

(a) 形貌像；(b) 声学振幅像；(c) 压电响应振幅像

图 7.6 PZT 陶瓷扫描探针声学像的对比度反转

(a) 激励频率为 835kHz 时的声学振幅像；(b) 激励频率为 845kHz 时的声学振幅像[18]

一般认为，近表面的缺陷会降低局部的能量势垒，使电畴更加容易形核和翻转。这些缺陷的力学性能一般会与周围区域有所不同。Polomoff 等研究了外延生长的 PZT 薄膜微区电畴的形核和生长动力学与局部的纳米力学性能之间的关系[19]。他们对测试材料同一区域进行高速压电力显微术成像和扫描探针声学显微术成像，对比不同微区局部电畴翻转动力学特性和局部力学性能之间的关系。测试结果表明，微区电畴翻转动力学与局部的力学性能相关，电畴最初开始翻转的区域对应微区模量较低的区域。

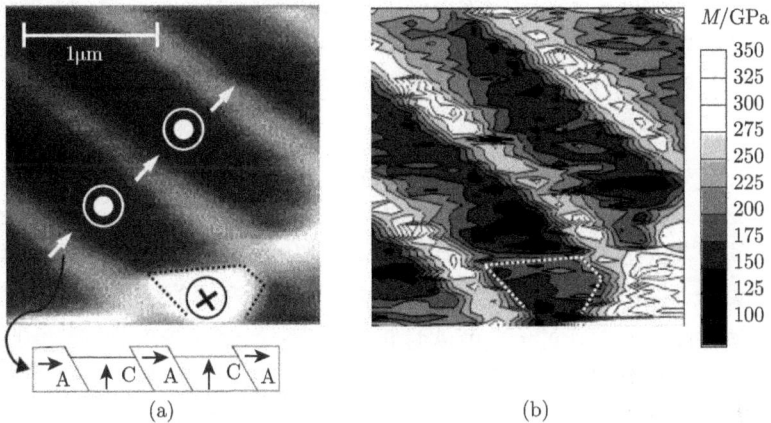

图 7.7 钛酸钡陶瓷的：(a) 形貌图；(b) 同一区域的压入模量图
采用单晶硅和 SrTiO₃ 作为参考材料。(a) 中的箭头表示电畴的取向，其中包含圆点的圆圈表示指向外的
C⁺ 畴，虚线包围的区域为指向里面的 C⁻ 畴[18]

此外，还有一种针对铁电材料电畴成像的声学检测模式。这种成像模式在探针针尖和样品底电极之间施加小的交变电场。由于逆压电效应，针尖附近的微区会产生局部振动，从而产生声波。测试样品的底部与一压电换能器紧密相接，用来检测产生的声波信号，实现对电畴结构的成像。Liu 等利用此种扫描近场声学显微术研究了钛酸钡陶瓷的电畴结构[20]。殷庆瑞等采用这一扫描近场声学显微术研究了PLZT 陶瓷的电畴结构[21]，如图 7.8 所示。从形貌像只能看到一些处理样品过程中留下的划痕，从声学像中不仅能看到划痕和晶界外，还可以明显地看到 PLZT 陶瓷的条纹状铁电畴结构，其宽度约为 300nm。

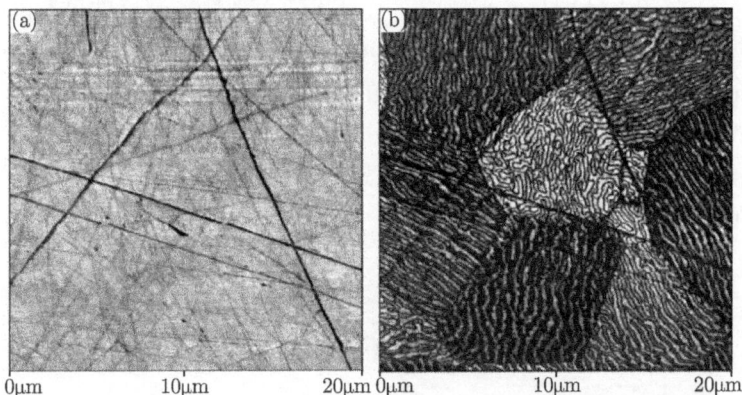

图 7.8 在导电探针和 PLZT 透明陶瓷底电极之间施加交变电压进行扫描获得的
成像结果[21]：(a) 形貌像；(b) 声学像
施加交变电压的激励频率为 131.5kHz

此外，Tsuji 等利用 UAFM 方法研究了 PZT 铁电陶瓷的电畴结构力学性能分布，发现电畴壁的刚度要低于相邻电畴区域的刚度[22]。Oulevey 等设定激励频率高于针尖样品的接触共振频率，通过测量不同温度下探针振动的振幅和相位变化，研究了温度变化引起的 NiTi 合金马氏体相变和逆相变过程[23]。

7.4 生物材料领域的应用

关节软骨在人体及动物关节活动中非常重要。关节软骨表面光滑，可以大大减少相邻骨头的摩擦作用，并能极大地缓冲剧烈活动时产生的应力作用。针对关节软骨微区力学性能的研究，对于关节软骨相关疾病 (如骨软骨病、关节炎等) 的发展过程及相关替代生物仿生材料的研发均非常重要。过去的研究主要针对宏观尺度下包含关节软骨在内的多个区域和组织的整体力学性能测试，针对微纳米尺度软骨力学性能分布的研究不多。Campbell 等利用扫描探针声学显微术和纳米压痕对兔子股骨关节软骨界面进行了力学性能定量化成像研究，并将两种测试技术的测试参数 (表 7.1) 与测试结果进行了对比。

表 7.1 纳米压痕和扫描探针声学显微术力学性能测试实验参数对比

实验参数	纳米压痕		扫描探针声学显微术	
	ACC	HAC	ACC	HCC
最大压力/μN	500	500	0.4	0.4
测试间距/μm	5	5	0.1~0.5	0.1~0.5
压入深度/nm	120~230	200~450	2.5	3.7
接触半径/μm	0.64	1.26	0.011	0.014

图 7.9(a) 和 (b) 分别是纳米压痕对软骨界面力学性能测试结果及同一区域定量背散射电子显微镜 (qBSE) 给出的矿物度含量测试结果。纳米压痕给出关节钙化软骨 (articular calcified cartilage，ACC) 的模量平均值为 (21.3 ± 1.8) GPa，透明关节软骨 (hyaline articular cartilage，HAC) 区域的模量平均值为 (5.7 ± 1.0) GPa。由图可见，模量值从 ACC 到 HAC 是突然变化的，几乎不存在中间的过渡点，可以判断界面宽度小于 5μm。

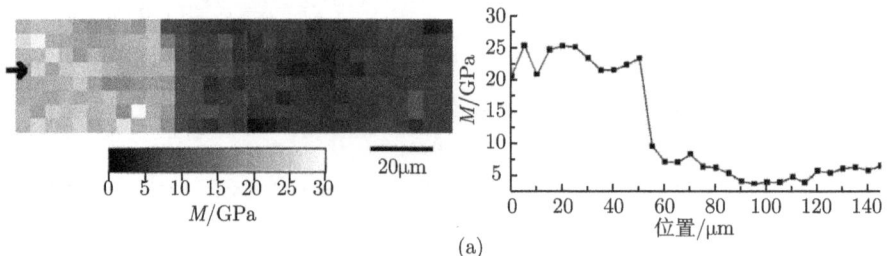

(a)

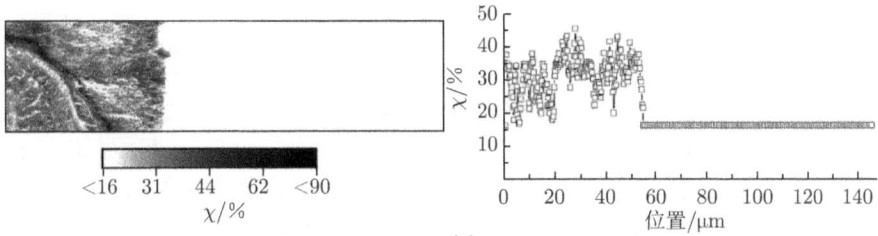

(b)

图 7.9 (a) 纳米压痕测试获得的软骨界面力学性能分布图和 (b) 定量背散射电子显微镜 (qBSE) 测试获得的矿物含量百分比图[24](详见书后彩图)

表面形貌像显示扫描区域内形貌相对比较平整。图 7.10(b) 右边分布曲线为沿界面处四条分布曲线的平均值曲线，可以看到扫描探针声学显微术获得的模量

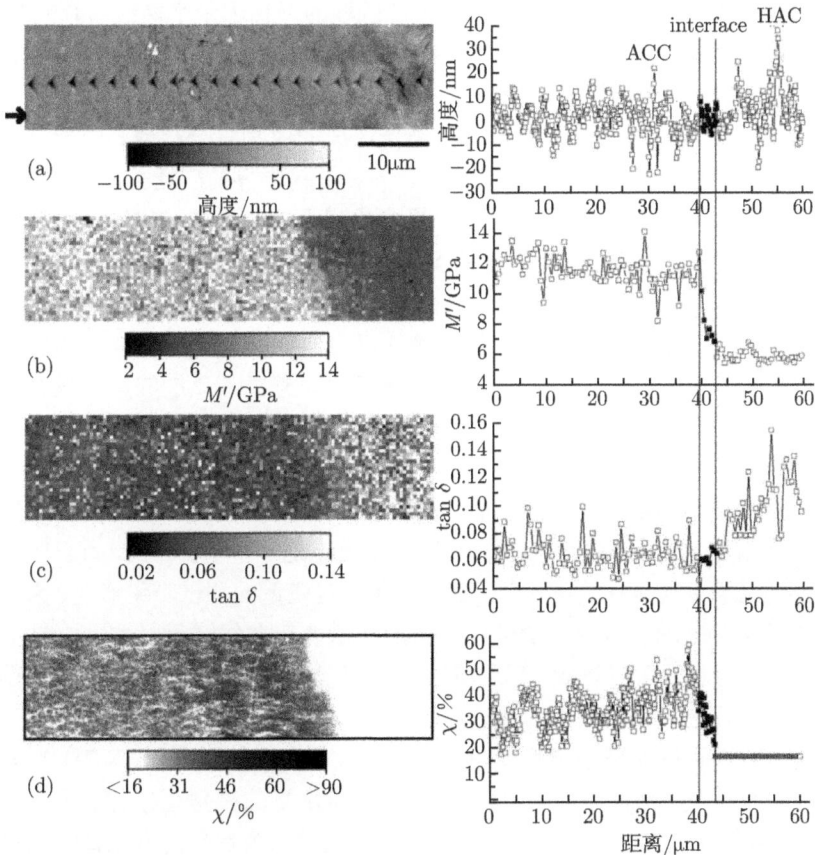

图 7.10 兔关节软骨界面处性能变化测试结果 (左侧为分布图，右侧为 (a) 中箭头处相应的分布曲线)

(a) 轻敲模式获得的形貌高度图；(b)AFAM 测量获得的存储模量结果图；(c)AFAM 黏弹性测试获得的损耗因子图；(d) 定量背散射电子显微镜 (qBSE) 测试获得的矿物含量百分比结果[24]。图中右侧竖线之间的区域为 ACC 和 HAC 之间的界面区

值从 ACC 区域到 HAC 区域逐渐减小,并存在一个过渡区域。qBSE 测试结果表明,从 ACC 区域到 HAC 区域矿化度逐渐减小。模量分布曲线与 qBSE 测试结果显示的界面转变区域相对应。统计结果给出 ACC 区域模量的平均值为 (11.1 ± 2.4) GPa,HAC 区域模量的平均值为 (6.1 ± 1.1) GPa。与纳米压痕测试结果进行对比,纳米压痕测试获得的 ACC 区域模量值大约是扫描探针声学显微术获得的结果的 2 倍。他们认为,这是由于纳米压痕测试时涉及的侧向影响区域远大于扫描探针声学显微术,造成纳米压痕测试时压头涉及的区域为矿化的胶原纤维网,而扫描探针声学显微术测试针尖涉及的区域为单一的矿化胶原纤维。通过多次测试获得的平均界面宽度为 $(2.3\pm1.2)\mu m$。图 7.10(c) 为相应区域损耗因子的成像结果,可以看到,从 ACC 区域到 HAC 区域损耗因子逐渐增大,即能量损耗逐渐增大。测量得到 HAC 区域损耗因子的平均值为 0.110 ± 0.02,ACC 区域的损耗因子平均值为 0.066 ± 0.04。通过对比可以看到,扫描探针声学显微术分辨率要远高于纳米压痕技术,同时受到边界效应的影响比纳米压痕也小得多。

贝壳是一种天然的有机和无机材料结合形成的生物复合材料。由于贝壳优异的力学性能和独特的多级微结构,受到力学界和材料学界的广泛关注。贝壳珍珠母是由硬的文石晶片和软的有机质有序地层叠排列而成,两者的体积分数分别约为 95% 和 5%。从纳米尺度到宏观尺度的多级结构被认为是贝壳高强度和高韧性优良力学性能的原因。对贝壳高强高韧性能的深入理解有助于仿生学的开展,帮助人类制造性能优异的仿生复合材料。对贝壳珍珠母力学性能的实验研究分为宏观尺度性能研究和微纳米尺度性能研究。由于文石晶片间有机基质层的厚度只有几十纳米,小于纳米压痕的压头半径,所以纳米压痕方法一般并不特别适用。另外,考虑到纳米压痕压入测试过程中一般会产生塑性变形,测试结果也会受到影响。扫描探针声学显微术很好地解决了这一问题。图 7.11 为包含有机基质在内的扫描探针声学显微成像结果,成像范围为 $200nm\times200nm$[25]。从图中可以看到,有机基质的模量数值要远低于文石晶片的模量值。鉴于形貌会对模量的测试产生影响,为了分析形貌产生的影响,需要对形貌变化和对应的模量变化曲线进行对比,如图 7.11(c) 所示。从两者的对比可以看到,形貌确实会对模量测量产生影响,模量数值最大值对应的位置正好位于形貌曲线的最低点。显然这是形貌造成的假象。从形貌变化曲线可知,形貌斜面与水平方向有大约 15° 的夹角。由于技术原因,AFM 微悬臂与样品水平方向也有大约 15° 的夹角。形貌斜面与水平的夹角正好与微悬臂的倾角近似相等。当针尖在左边界面区域扫描时,可等效地认为水平的微悬臂针尖在水平表面上进行扫描。当针尖往右移动,接触到右边的文石晶片表面时,接触面积开始显著增大。由于接触面积增大所引起的接触刚度增加远大于由样品模量减小引起的接触刚度的减小,因此接触共振频率迅速增大,如图 7.11(d) 所示。当针尖位置正好位于形貌曲线的最低点时,针尖与样品之间的接触面积最大,接触共振频率也达到最大值。随后，针尖离开最低点，接触面积迅速减小，导致接触共振频率 (或模量值) 迅速减小 (图中小椭圆所示)。之后针尖继续向右扫描，由于测试样品的模量逐渐增大，导致探针的接触共振频率慢慢增大。通过分析可知，探针在界面左边区域的测量更稳定。通过随机选取左边区域 10 条垂直界面方向的模量分布曲线进行平均，得到界面的宽度值为 (34 ± 9)nm $(x\pm3\sigma)$。模量分布曲线中最低的模量值为23 GPa，介于报道的有机基质模量数值2.84~40 GPa[26-28]。当然测量得到的模量值仍大于其真实值，即其真实值不会超过23 GPa。由于贝壳珍珠母有机基质的宽度仅为几十纳米，AFAM 的高分辨率优势适合贝壳珍珠母微结构的纳米力学测试，特别是有机基质与文石晶片之间的界面过渡区域。此外，可以看到模量值沿着界面逐渐变化，表明珍珠母成分的渐变分布，类似于功能梯度材料的概念。

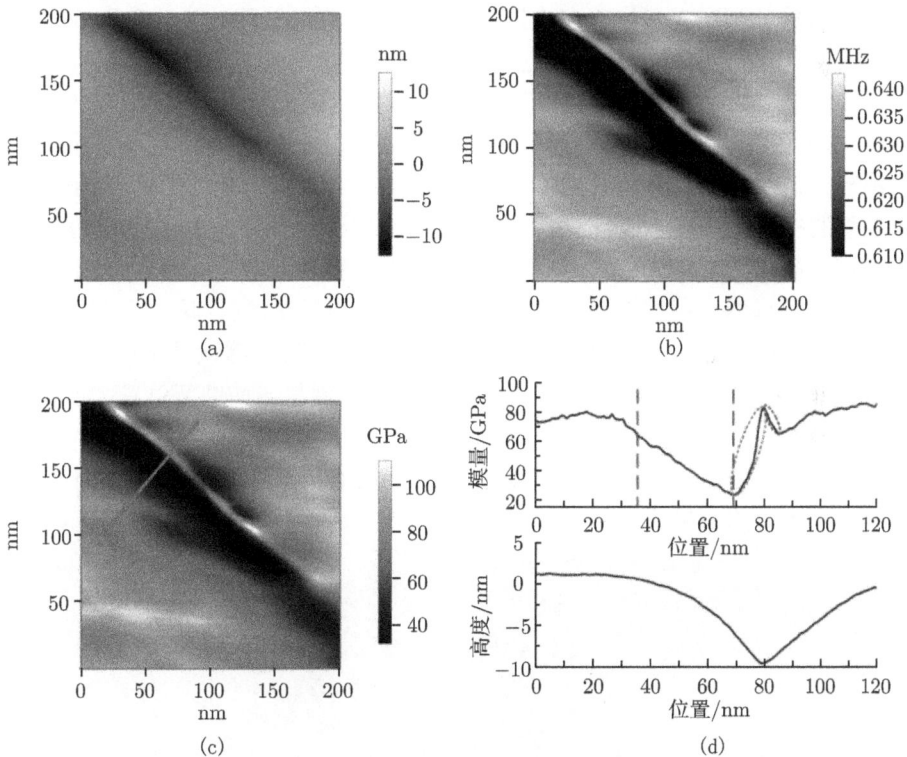

图 7.11 扫描探针声学显微术高分辨率珍珠母界面区域成像结果
(a) 形貌像；(b) 接触共振频率像；(c) 模量像；(d) 横线处形貌变化和模量变化的对比[25]

通过对细胞力学性能的成像，可以分析细胞在外界环境影响下力学性能的变化，或者细胞在疾病发展过程中力学性能的变化，为疾病诊断提供一定的帮助。Ebert 等利用扫描探针声学显微术研究了 BHK 细胞的纳米力学性能[29]。一般 BHK 细胞在特殊条件下的存活时间为 8min，而通常力–距离曲线进行的是单点测试，且进行阵列成像要耗费大量的时间。而利用 AFAM 进行测试，样品的安放和扫描的时间一般不超过 5min。针尖对样品施加的力很小，约为 1nN。实验中使用探针的名义弹性常数为 0.26 N/m。激励频率选择在谐振频率的右侧，此时振幅响应较大的区域其模量值一般也比较高。图 7.12 是扫描探针声学显微术的成像结果[29]。多次连续的扫描结果基本一致，说明成像过程中没有对细胞产生明显的损伤。从形貌像可以看出细胞的大致轮廓，但是看不到细胞表面更细节的东西。而从相应的振幅图可以看到，细胞显示出明显不同的两个区域。细胞中心比较暗的区域代表模量值相对较低的区域，而靠近细胞边缘处的较亮区域表示模量值相对较高的区域。图中右下角处两个细胞从形貌像上并不能分辨出来，而振幅像却能很好地将两个细胞分辨出来。在中心区域还可以看到亮度较大的一圈区域。此外，细胞外的边界与玻璃基底之间也存在较好的对比度。细胞外缘区域包含有更多的纤维蛋白，细胞骨架也更多地分布在靠近表面的区域，因此细胞边缘处的模量值相对较高。而细胞中心处主要是细胞核，模量值相对较低。他们还采用力–距离曲线对获得的结果进行了验证。图 7.13 是 BHK 细胞表面三个位置处的力压痕深度曲线，其中实线部分是通过赫兹模型拟合得到的，同时给出了相应的弹性模量的数值。他们一共在细胞中心处测试了 28 组力–距离曲线，在边缘处测试了 22 组力–距离曲线，得到中心处的模量平均值为 19.1 kPa，在边缘处模量的平均值为 46.7 kPa。

此外，Zhang 等利用扫描探针声学显微术研究了血管平滑肌细胞的弹性性能[30]。采用探针的弹性常数为 0.1134N/m，将激励频率从 112kHz 缓慢减小到 10kHz，发现当激励频率在 30kHz 附近时，声学像可以给出细胞更多的细节信息。通过成像结果可以发现，AFAM 声学像可以给出比形貌像更多的信息。声学响应从细胞中心区域到边缘区域给出了不同的对比度。此外，他们还采用力–距离曲线方法测量了细胞不同部分的模量值。

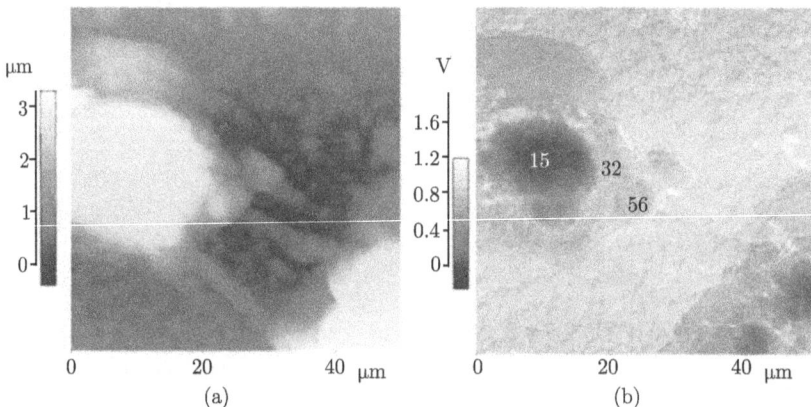

图 7.12　利用扫描探针声学显微术获得的 BHK 细胞的：(a) 形貌像；(b) 声学振幅像
扫描范围为 50μm×50μm[29]

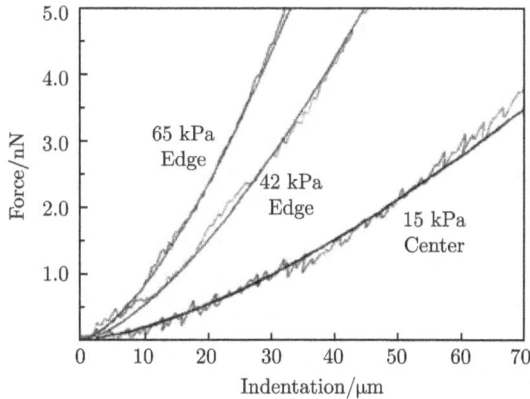

图 7.13　BHK 细胞三个不同位置处的力压痕深度曲线及测量得到的模量值[29]

7.5　薄膜及纳米材料领域的应用

AFAM 施加压力小，成像分辨率高的典型优势，特别适合纳米材料及薄膜力学性能的测试和表征，在这两个领域的应用也相当广泛。图 7.14 是室温下测试获得的两种纳米晶铁氧体薄膜材料弹性模量随不同氧化温度的变化结果。对于两种铁氧体材料，随着氧化温度的升高，弹性模量先减小后增大。两种铁氧体分别在大约 $150^\circ C (Fe_3O_{4+\delta})$ 和 $300^\circ C (Cu_{0.7}\text{-}Co_{0.3}\text{-}Mn_{0.75}\text{-}Fe_{1.25}O_{4+\delta})$ 时弹性模量取得极小值，在大约 $230^\circ C$ 和 $400^\circ C$ 时弹性模量为极大值，随后随着氧化温度的升高模量继续减小。他们还将测试结果与纳米压痕的结果进行对比，发现纳米压痕无法分辨出铁氧体模量随不同氧化温度的变化，认为这是测试过程中纳米压痕施加较大的压力，引起较大的基底效应，从而对测试结果产生影响。这也体现出扫描探针声学显微术

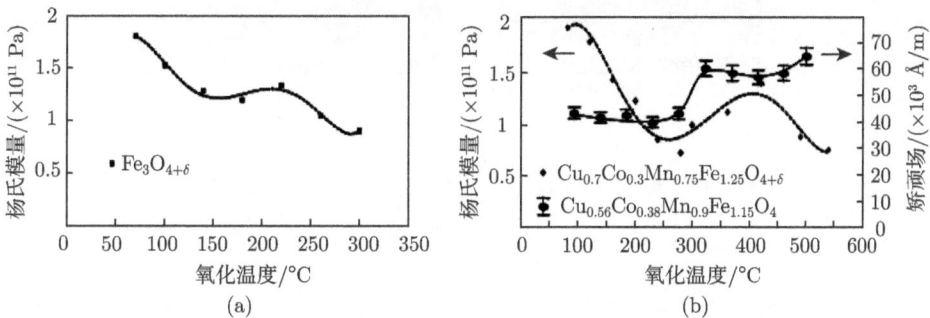

图 7.14　两种铁氧体的杨氏模量随氧化温度改变的变化趋势[31]

(a)$Fe_3O_{4+\delta}$；(b)$Cu_{0.7}\text{-}Co_{0.3}\text{-}Mn_{0.75}\text{-}Fe_{1.25}O_{4+\delta}$；(b) 中还给出 $Cu_{0.56}Co_{0.38}\text{-}Mn_{0.9}\text{-}Fe_{1.15}O_4$ 的矫顽场大小随氧化温度的变化趋势。图中数据点之间通过最小二乘方法进行曲线拟合

施加压力小的优势。同时，图 7.14(b) 还给出了 $Cu_{0.56}Co_{0.38}$-$Mn_{0.9}$-$Fe_{1.15}O_4$ 的矫顽场大小随氧化温度的变化趋势。他们认为，氧化过程从薄膜表面开始，逐渐扩展到内部，因此薄膜的表面部分氧化程度高，内部氧化程度相对低。氧化部分和未氧化部分材料的晶格常数不同，氧化程度越高，晶格常数越小。两种尖晶石晶格结构的差异造成薄膜表面产生拉应力，薄膜内部产生压应力。由于磁弹效应产生的磁各向异性，会影响材料矫顽场的大小。

　　Hurley 等研究微电子设备中不同组件之间的力学性能分布及结合情况[32]。图 7.15(b) 和 (c) 分别是探针接触振动一阶模态和二阶模态的接触共振频率图。铜区域的接触共振频率高于 SiOC 薄膜区域的接触共振频率。图 7.15(e) 是假设针尖为圆柱形平压头计算获得的模量结果图。从图中可以看到，铜连接线区域的模量要远高于 SiCO 薄膜的模量值，与两者相应的块体材料的模量大小相一致。

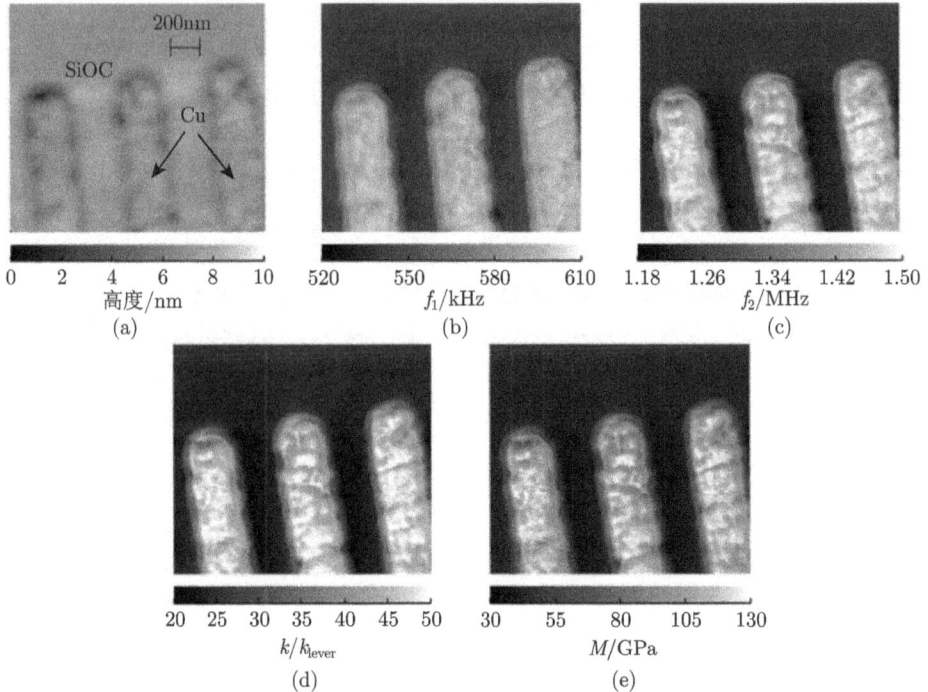

图 7.15　微电子电路结构的扫描探针声学显微术成像结果
(a) 形貌图；(b) 一阶接触共振频率图；(c) 二阶接触共振频率图；(d) 无量纲化的接触刚度图；
(e) 模量分布图[32]

　　晶格材料结构的长程有序性使晶体材料具有较均匀的弹性模量，而非晶材料微观组织的不均匀性导致材料局部微区的力学性能有所差异。Wagner 等利用扫描探针声学显微术研究了非晶态 PdCuSi、多晶 PdCuSi 及 (100) 取向的 $SrTiO_3$ 局部微区压入模量的分布情况，如图 7.16 所示[33]。为了提高测试的准确性，他们首先将探针曲率半径磨损到一个稳定值。测试过程中无接触共振频率突变的情况发生。通过测试发现，非晶态的 PdCuSi 模量分布的变化为 $\Delta M/M \approx 30\%$。而晶体 PdCuSi 材料的模量分布宽度要远小于非晶态的分布宽度。他们认为这是由于晶体材料结构的长程有序性使晶体材料具有较均匀的弹性模量，而非晶材料微观组织的不均匀性导致材料局部微区的力学性能分布差异较大。

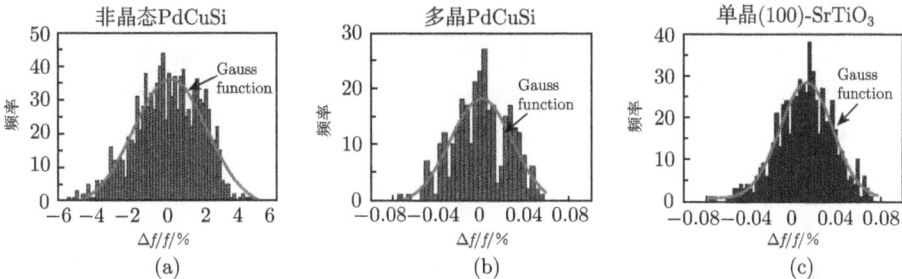

图 7.16 (a)非晶PdCuSi和(b)晶态PdCuSi及(c)SrTiO₃的接触共振频率的统计分布图[33]
统计分布图通过高斯函数进行拟合，三种材料对应分布的半最大值相对宽度分别为 4.4%、0.06%和0.05%

一维 ZnO 纳米线由于其优良的半导体和压电特性在纳米器件领域显示出很好的应用前景。ZnO 纳米线的广泛应用迫切需要对其微尺度的纳米力学性能进行研究。然而，纳米线的微纳米小尺度特性极大地限制了常规测试方法的应用。Stan 等利用 AFAM 测量了不同直径的 [0001] 取向 ZnO 纳米线的径向压入弹性模量[34]。他们首先给出针尖与平躺在基底上的圆柱体纳米线之间的接触力学分析模型，通过测量获得的探针接触共振频率，计算出针尖与纳米线之间的接触刚度，再通过建立的接触力学模型得到纳米线的径向弹性模量值。此外，他们还利用针尖与纳米线摩擦的方法测试了纳米线的剪切模量。测试结果表明，当纳米线的直径小于 80nm 时，径向模量和剪切模量均随着直径的减小而显著增大，如图 7.17 所示。他们认为这是由于纳米线的表面硬化效应，并采用核壳模型对测试结果进行了分析，给出

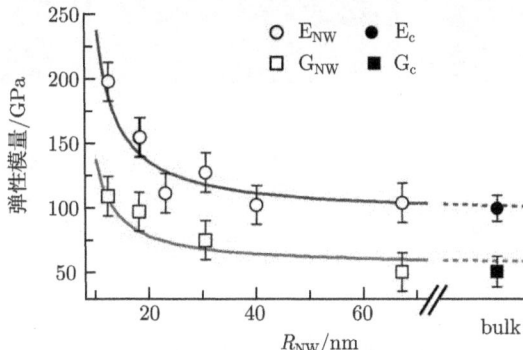

图 7.17 不同直径 ZnO 纳米线的径向弹性模量 (ENW) 和切向剪切模量 (GNW)

实线为纳米线核壳模型拟合得到的曲线[34]

当纳米线的直径逐渐减小时硬的表面层逐渐起主导作用，从而使纳米线的模量显著增加。此外，Stan 等还对不同氧化温度下的不同直径的氧化 Si 纳米线进行了径向模量的测定[35]。

　　扫描探针声学显微术是近场声学技术，测量时样品表面存在应力场。亚表面的微结构或力学性能的差异会影响应力场的分布，使针尖样品之间接触刚度发生变化，从而引起接触共振频率的变化。因此，扫描探针声学显微术可以对材料亚表面的纳米力学性能进行探测。理论分析可知，通常探测深度为针尖样品接触半径的 3 倍左右[36]。何存富等采用定频 AFAM 对 SiOx 薄膜的亚表面缺陷进行了研究[37]。徐平等研究了光盘表面薄膜结构，如图 7.18 所示[38]。从图 7.18(a) 中可见，光盘数据面凹槽的周期尺寸约为 1.4μm。图 7.18(c) 声学像获得的凹槽结构与图 (a) 中凹槽结构结果相吻合，并且包含了图 (b) 中不规则颗粒的信息。Killgore 等在不同厚度的聚合物薄膜的表面之下埋藏直径约为 50nm 二氧化硅纳米颗粒，并利用 AFAM 对亚表面的纳米颗粒进行了成像分析[39]。由于纳米颗粒的模量要远大于 PS 聚合物的模量，因此，纳米颗粒的存在会使接触刚度或接触共振频率增大。他们对各阶模态灵敏度进行分析，发现相应实验条件下四阶模态和五阶模态具有高于一阶模态的成像灵敏度。图 7.19 是薄膜覆盖层厚度为 92nm 的 PS 薄膜在同一区域内测试获得的样品的形貌、一阶接触共振频率像和五阶接触共振频率像。可以发现，五阶模态可以检测到亚表面的二氧化硅纳米颗粒，而形貌像和一阶模态都不能对亚表面的二氧化硅颗粒进行很好的成像。

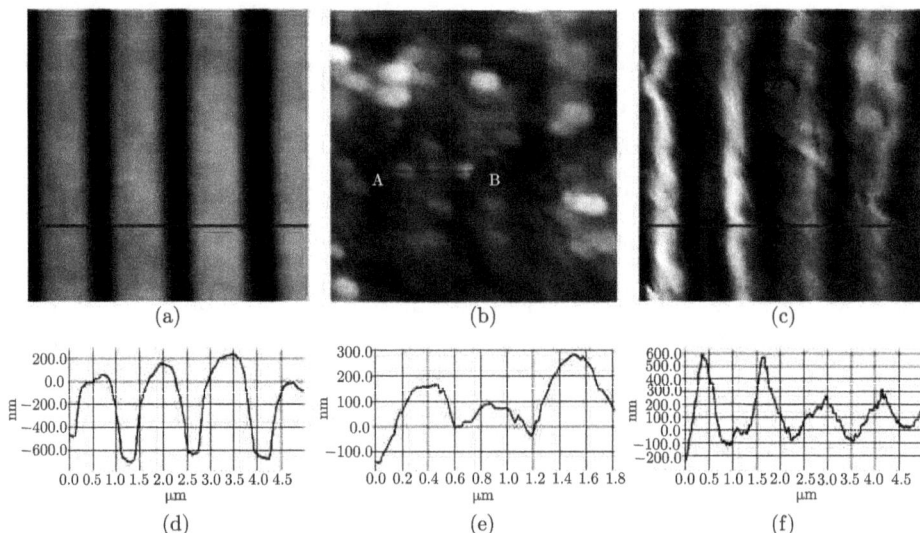

图 7.18　光盘表面薄膜结构检测

(a) 接触模式下获得的光盘数据面凹槽结构的形貌像；(b) 光盘印刷面的形貌像；(c)AFAM 模式下激励频率为 28kHz 时获得的光盘印刷面的声学像；(d)、(e) 和 (f) 分别为图中横线处的数据分布结果[38]

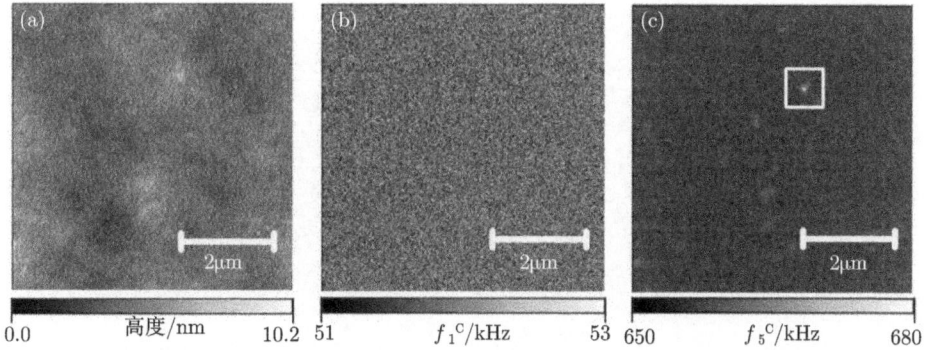

图 7.19 扫描探针声学显微术对埋有二氧化硅纳米颗粒的聚合物薄膜的成像结果[39]

(a) 形貌图; (b) 一阶模态接触共振频率图; (c) 五阶模态接触共振频率图。其中薄膜覆盖层的厚度为 92nm

图 7.20 是二氧化硅纳米颗粒覆盖层厚度为 32nm 和 125nm 的 PS 薄膜的成像结果。当覆盖层的厚度为 32nm 时，由于纳米球颗粒的直径约为 50nm，厚度为 25nm 的薄膜覆盖层在形貌上并不能对其进行很好的掩盖。从图中可以看出，形貌像和接触刚度像均能对亚表面的二氧化硅纳米颗粒进行较好的分辨。当覆盖层厚度为 125nm 时，从形貌像上就并不能分辨出纳米球颗粒，但是从接触刚度像却可以对亚表面的纳米球形颗粒进行较好的分辨。他们还研究了不同埋藏深度和不同施加的压力对接触刚度成像灵敏度的影响，并与有限元的结果进行了对比。研究结果表明，接触刚度的对比度随着施加压力的增大和覆盖层厚度的减小而增加。

薄膜与基底之间的黏附强度对于薄膜材料的服役尤为重要。由于薄膜与基底之间的黏附强度会对针尖样品之间的接触应力场产生影响，从而使针尖样品的接触刚度产生变化。Hurley 等利用 AFAM 对薄膜/基底黏附强度进行了表征[40]。他们利用薄膜沉积和光刻的方法在硅片上制成了如图 7.21(a) 所示的薄膜构型，其中硅片与金 (Au) 膜直接接触的区域为底部的钛 (Ti) 膜中间的 $5\mu m \times 5\mu m$ 大小的孔的格子结构。这种构型的设计可以较好地减小形貌对测试造成的影响，更好地反映出薄膜基底之间的黏附强度。他们在 Au 膜表面上镀一层 Ti 膜以防止 Au 膜对

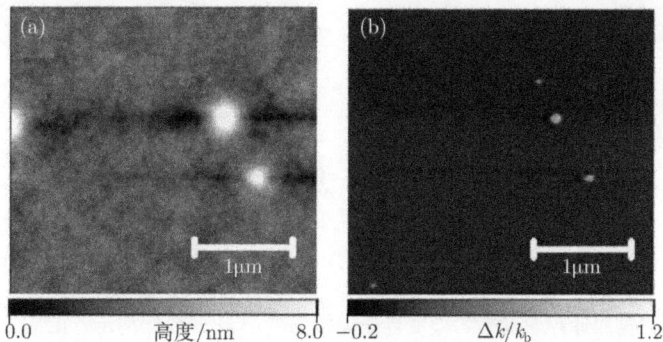

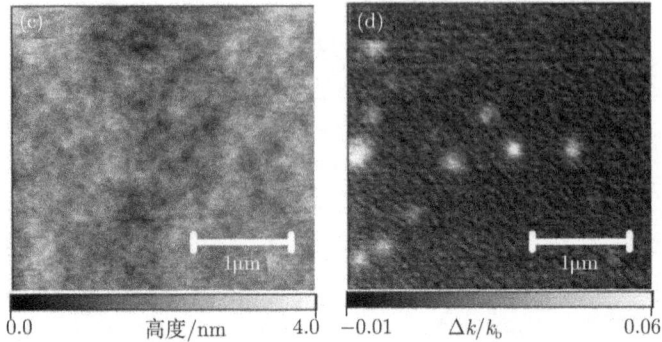

图 7.20　纳米颗粒覆盖 PS 薄膜层厚度为 32nm 时的: (a) 形貌图; (b) 接触刚度差异图; PS 薄膜覆盖层厚度为 125nm 时的: (c) 形貌图; (d) 接触刚度差异图[39]

针尖产生污染。图 7.21(b) 是同时包含 Ti 膜中间层和无 Ti 膜中间层区域的接触刚度图像。从图中可以看到, Au 膜与 Si 基底直接接触的方格区域内, 针尖样品之间的接触刚度要小于周围包含 Ti 膜中间层的区域。包含 Ti 中间层区域的薄膜与基底之间的黏附力 (Si/Ti/Au) 要大于没有 Ti 膜中间层区域的黏附强度 (Si/Au)。图 7.21(c) 是 (b) 中虚线范围内 40 条接触刚度分布曲线的平均值。经过计算得到不包含 Ti 膜中间层的方格区域内无量纲化的接触刚度平均值为 37.1±0.5; 包含 Ti 膜中间层区域的无量纲化接触刚度平均值为 39.1±0.6, 两者存在大约 5% 的差异。不包含 Ti 膜中间层的方格区域内较弱的黏附作用削弱了针尖样品之间的接触刚度, 导致接触共振频率较低。

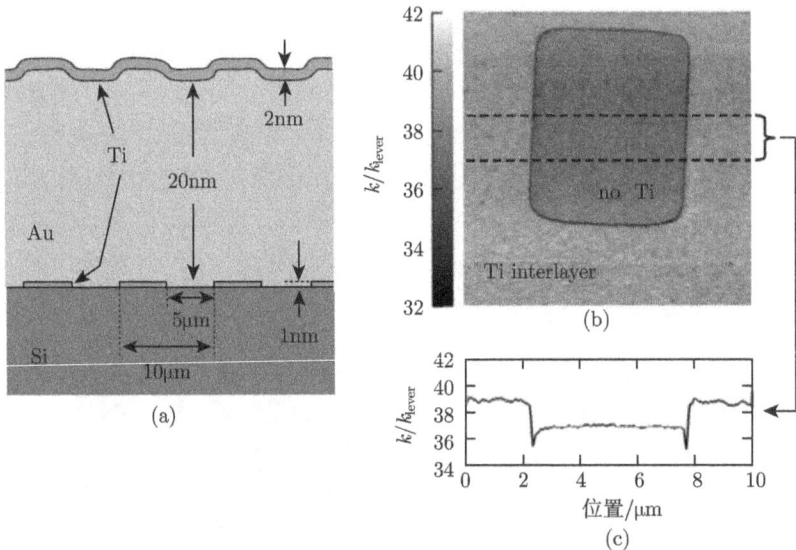

图 7.21　利用扫描探针声学显微术检测界面黏接强度: (a) 薄膜结构示意图; (b) 无量纲化的接触刚度图; (c) 横截面处无量纲化接触刚度的平均值分布[40]

Jesse 等将频带激励 (band excitation，BE) 的方法与 AFAM 技术相结合，对苯二甲酸乙二醇酯 (polyethylene terephthalate，PET) 聚合物材料的相变过程、弹性性能和耗散进行了测量。他们使用可以施加电压对针尖进行加热的探针，通过增加或减小针尖施加电压的方式对探针进行加热或降温，对聚合物样品表面进行 4 个周期的循环加载，对聚合物样品表面杨氏模量和阻尼系数的测试结果如图 7.22 所示[42]。循环加载测试过程中设置相邻加载周期中的最大电压逐渐减小，可以保持针尖施加的压力及针尖样品之间的接触面积不变。探针的接触共振频率和品质因子的减小标志着聚合物样品的软化。测试结果表明，随着每个加载周期加热电压的逐渐增大，接触刚度 (弹性模量) 逐渐减小。阻尼系数变化曲线第一个加载周期中电压为 2V 和 3.8V 时存在两个转变点，可能与被测材料的重结晶和熔化有关[41]。

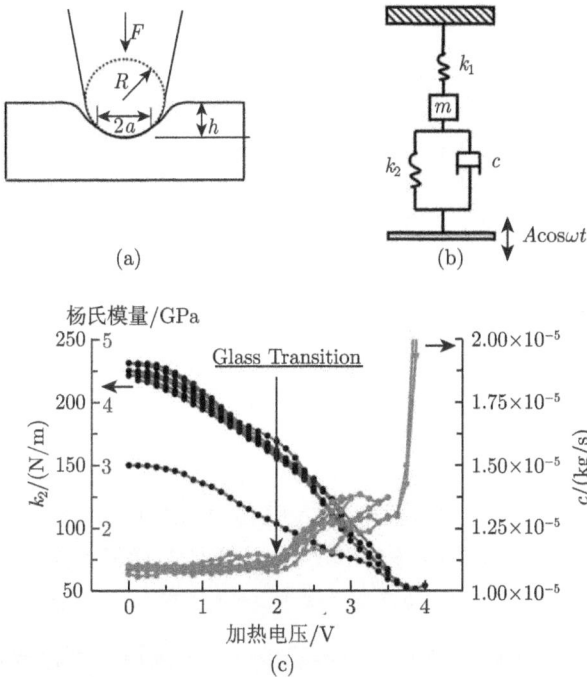

图 7.22 (a) 针尖样品之间的接触作用示意图；(b) 针尖样品接触的等效力学模型；(c) 局部微区的接触刚度、杨氏模量和阻尼系数随加热电压的变化[41]

扫描探针声学显微术还可以用来分析薄膜与基底之间的屈曲问题。图 7.23(a) 是 300nm 厚度的金薄膜在聚酰亚胺基底上发生屈曲的光学图片。具有代表性的形貌变化和接触共振频率变化曲线可以划分为四个区域，如图 7.23(b) 所示。区域 A 的形貌高度最低，此时针尖远离屈曲位置，而接触共振频率最高，说明薄膜与基底之间黏附较好；区域 B 形貌高度逐渐增大，说明针尖位于屈曲的斜面上。接触共

振频率远小于区域 A，此区域薄膜和基底之间可能发生了分层。区域 C 为屈服区的边缘，此区域接触共振频率与 A 区域相比变化不大，而形貌高度逐渐增大，说明屈服边缘区域薄膜和基底之间的黏附仍然较好，虽然形貌高度发生一定变化，但是没有分层发生。D 区域为过渡区，形貌高度逐渐增大，而接触共振频率逐渐减小，宽度大约为几 μm。

此外，Stan 等利用 AFAM 对低介电薄膜弹性模量进行了测试，并将测试结果与皮秒激光声学 (picosecond laser acoustics，PLA) 方法得到的结果进行了对比，发现二者符合较好[42]。Zheng 等利用 AFAM 对 SnO_2 纳米带进行了模量成像[43]。Caron 等利用 AFAM 对纳米晶镍的局部内摩擦和塑性发生进行了表征[44]。Tsuji 等利用 UAFM 观察到了高定向热解石墨的亚表面位错[45]。

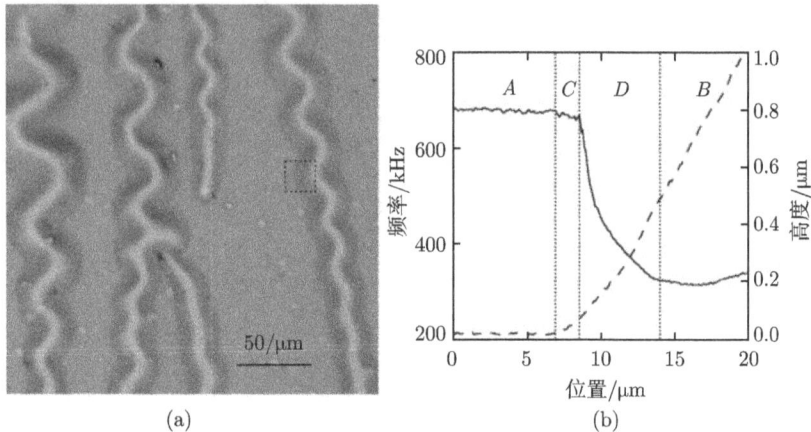

图 7.23　聚酰亚胺基底上沉积金膜发生屈曲的表征

(a) 光学显微图片，图中虚线框内为近似的扫描区域；(b) 沿屈曲边界某一扫描线的形貌分布 (虚线) 和一阶接触共振频率(实线) 分布[32]

综上所述，AFAM 的高分辨优势特别适合对纳米材料进行纳米力学测试与表征，而施加压力小的特点则使其在薄膜材料的表征中占有优势。从理论上说，只要纳米材料或结构表面或亚表面的成分、组织结构、力学状态等发生变化，对针尖样品之间的接触应力场 (即探针微悬臂的边界条件) 产生影响，就可以通过 AFAM 进行检测。因此，AFAM 具有非常广泛的应用前景，可以研究材料微纳米尺度的弹性、黏弹性、塑性发生、屈曲、黏附、位错、缺陷、相变、微结构演化、多场耦合 (热力、力电、力磁等) 效应等。

7.6 本 章 小 结

本章简要介绍了 AFAM 在各个领域的应用。AFAM 作为一项纳米力学测试技术，其优势在于其高分辨率和对样品施加压力小，因此在复合材料的微小界面力学性能表征、智能材料微结构成像及力学性能测试、生物材料纳米尺度弹性性能成像、薄膜材料及纳米材料力学及相关测试过程中显示出较大的应用潜力。原子力显微镜与声学技术相结合的发展趋势是向高速扫描技术以及四维扫描探针显微技术发展[46]。传统的扫描探针声学显微术，其扫描频率一般为 1Hz 左右，而在高速扫描模式下，扫描频率至少可以达到 10Hz。在应用方面，今后可以开展扫描探针显微术新的测量模式和测试内容的研究和开发，比如开展对材料塑性、相变、物理场作用下微结构演化等相关内容的测试和表征。

参 考 文 献

[1] 沈观林, 胡更开, 刘彬. 复合材料力学 (第 2 版). 北京: 清华大学出版社, 2013.

[2] Hodzic A, Stachurski Z H, Kim J K. Nano-indentation of polymer-glass interfaces part I. Experimental and mechanical analysis. Polymer, 2000, 41(18): 6895–6905.

[3] Kim J K, Sham M L, Wu J S. Nanoscale characterisation of interphase in silane treated glass fibre composites. Composites Part A-Applied Science and Manufacturing, 2001, 32(5): 607–618.

[4] Gao S L, Mader E. Characterisation of interphase nanoscale property variations in glass fibre reinforced polypropylene and epoxy resin composites. Composites Part A-Applied Science and Manufacturing, 2002, 33(4): 559–576.

[5] Montes-Moran M A, Young R J. Raman spectroscopy study of high-modulus carbon fibres: effect of plasma-treatment on the interfacial properties of single-fibre-epoxy composites—Part II: Characterisation of the fibre-matrix interface. Carbon, 2002, 40(6): 857–875.

[5] Appiah K A, Wang Z L, Lackey W J. Characterization of interfaces in C fiber-reinforced laminated C-SiC matrix composites. Carbon, 2000, 38(6): 831–838.

[7] Hurley D C, Kopycinska-Muller M, Kos A B. Mapping mechanical properties on the nanoscale using atomic-force acoustic microscopy. Jom, 2007, 59(1): 23–29.

[8] Nair S S, Wang S Q, Hurley D C. Nanoscale characterization of natural fibers and their composites using contact-resonance force microscopy. Composites Part A-Applied Science and Manufacturing, 2010, 41(5): 624–631.

[9] Nair S S, Hurley D C, Wang S Q, Young T M. Nanoscale characterization of interphase properties in maleated polypropylene-treated natural fiber-reinforced polymer compos-

ites. Polymer Engineering and Science, 2013, 53(4): 888–896.

[10] Zhao W, Singh R P, Korach C S. Effects of environmental degradation on near-fiber nanomechanical properties of carbon fiber epoxy composites. Composites Part A——Applied Science and Manufacturing, 2009, 40(5): 675–678.

[11] Zhu S N, Cao W W. Direct observation of ferroelectric domains in LiTaO$_3$ using environmental scanning electron microscopy. Physical Review Letters, 1997, 79(13): 2558–2561.

[12] Muller M, Soergel E, Wengler M C, Buse K. Light deflection from ferroelectric domain boundaries. Applied Physics B——Lasers and Optics, 2004, 78(3/4): 367–370.

[13] Pang G K H, Baba-Kishi K Z. Characterization of butterfly single crystals of BaTiO$_3$ by atomic force, optical and scanning electron microscopy techniques. Journal of Physics D——Applied Physics, 1998, 31(20): 2846–2853.

[14] Floquet N, Valot C M, Mesnier M T, Niepce J C, Normand L, Thorel A, Kilaas R. Ferroelectric domain walls in BaTiO$_3$: Fingerprints in XRPD diagrams and quantitative HRTEM image analysis. Journal De Physique Iii, 1997, 7(6): 1105–1128.

[15] Gruverman A, Kalinin S V. Piezoresponse force microscopy and recent advances in nanoscale studies of ferroelectrics. Journal of Materials Science, 2006, 41(1): 107–116.

[16] Kalinin S V, Rodriguez B J, Jesse S, Karapetian E, Mirman B, Eliseev E A, Morozovska A N. Nanoscale electromechanics of ferroelectric and biological systems: A new dimension in scanning probe microscopy. Annual Review of Materials Research, 2007, 37: 189–238.

[17] Zhou X L, Li F X, Zeng H R. Mapping nanoscale domain patterns in ferroelectric ceramics by atomic force acoustic microscopy and piezoresponse force microscopy. Journal of Applied Physics, 2013, 113(18): 187214.

[18] Rabe U, Kopycinska M, Hirsekorn S, Saldana J M, Schneider G A, Arnold W. High-resolution characterization of piezoelectric ceramics by ultrasonic scanning force microscopy techniques. Journal of Physics D——Applied Physics, 2002, 35(20): 2621–2635.

[19] Polomoff N A, Rakin A, Lee S, Palumbo V, Yu P, Chu Y H, Ramesh R, Huey B D. Correlation between nanoscale and nanosecond resolved ferroelectric domain dynamics and local mechanical compliance. Journal of Applied Physics, 2011, 109(9): 091607.

[20] Liu X X, Heiderhoff R, Abicht H P, Balk L J. Scanning near-field acoustic study of ferroelectric BaTiO$_3$ ceramics. Journal of Physics D——Applied Physics, 2002, 35(1): 74–87.

[21] Yin Q R, Yu H F, Zeng H R, Li G R, Xu Z K. SFM in acoustic mode and its applications to observation of ferroelectric domain. Materials Science and Engineering B-Solid State Materials for Advanced Technology, 2005, 120(1–3): 100–103.

[22] Tsuji T, Saito S, Fukuda K, Yamanaka K, Ogiso H, Akedo J, Kawakami Y. Significant stiffness reduction at ferroelectric domain boundary evaluated by ultrasonic atomic force

microscopy. Applied Physics Letters, 2005, 87(7): 071909.

[23] Oulevey F, Gremaud G, Mari D, Kulik A J, Burnham N A, Benoit W. Martensitic transformation of NiTi studied at the nanometer scale by local mechanical spectroscopy. Scripta Materialia, 2000, 42: 31–36.

[24] Campbell S E, Ferguson V L, Hurley D C. Nanomechanical mapping of the osteo-chondral interface with contact resonance force microscopy and nanoindentation. Acta Biomaterialia, 2012, 8(12): 4389–4396.

[25] Zhou X L, Miao H C, Li F X. Nanoscale structural and functional mapping of nacre by scanning probe microscopy techniques. Nanoscale, 2013, 5(23): 11885–11893.

[26] Barthelat F, Li C M, Comi C, Espinosa H D. Mechanical properties of nacre constituents and their impact on mechanical performance. Journal of Materials Research, 2006, 21(8): 1977–1986.

[27] Moshe-Drezner H, Shilo D, Dorogoy A, Zolotoyabko E. Nanometer-Scale Mapping of Elastic Modules in Biogenic Composites: The Nacre of Mollusk Shells. Advanced Functional Materials, 2010, 20(16): 2723–2728.

[28] Xu Z H, Yang Y C, Huang Z W, Li X D. Elastic modulus of biopolymer matrix in nacre measured using coupled atomic force microscopy bending and inverse finite element techniques. Materials Science & Engineering C——Materials for Biological Applications, 2011, 31(8): 1852–1856.

[29] Ebert A, Tittmann B R, Du J, Scheuchenzuber W. Technique for rapid in vitro single-cell elastography. Ultrasound in Medicine and Biology, 2006, 32(11): 1687–1702.

[30] Zhang B, Cheng Q, Chen M, Yao W G, Qian M L, Hu B. Imaging and analyzing the elasticity of vascular smooth muscle cells by atomic force acoustic microscope. Ultrasound in Medicine and Biology, 2012, 38(8): 1383–1390.

[31] Kester E, Rabe U, Presmanes L, Tailhades P, Arnold W. Measurement of Young's modulus of nanocrystalline ferrites with spinel structures by atomic force acoustic microscopy. Journal of Physics and Chemistry of Solids, 2000, 61(8): 1275–1284.

[32] Hurley D C. in Scanning Probe Microscopy of Functional Materials: Nanoscale Imaging and Spectroscopy. New York: Springer Science+Business Media, LLC, 2010: 95–124.

[33] Wagner H, Bedorf D, Kuchemann S, Schwabe M, Zhang B, Arnold W, Samwer K. Local elastic properties of a metallic glass. Nature Materials, 2011, 10(6): 439–442.

[34] Stan G, Ciobanu C V, Parthangal P M, Cook R F. Diameter-dependent radial and tangential elastic moduli of ZnO nanowires. Nano Letters, 2007, 7(12): 3691–3697.

[35] Stan G, Krylyuk S, Davydov A V, Cook R F. Compressive stress effect on the radial elastic modulus of oxidized Si nanowires. Nano Letters, 2010, 10(6): 2031–2037.

[36] Johnson K L. Contact Mechanics. Cambridge: Cambridge University Press, 1985.

[37] He C F, Zhang G M, Wu B, Wu Z Q. Subsurface defect of the SiOx film imaged by atomic force acoustic microscopy. Optics and Lasers in Engineering, 2010, 48(11): 1108–1112.

[38] 徐平, 蔡微, 余威, 钱建强, 姚骏恩. 扫描近场声显微镜用于光盘表面薄膜结构的研究. 电子显微学报, 2006, 25(4): 313–315.

[39] Killgore J P, Kelly J Y, Stafford C M, Fasolka M J, Hurley D C. Quantitative subsurface contact resonance force microscopy of model polymer nanocomposites. Nanotechnology, 2011, 22(17): 175706.

[40] Hurley D C, Kopycinska-Muller M, Langlois E D, Kos A B, Barbosa N. Mapping substrate/film adhesion with contact-resonance-frequency atomic force microscopy. Applied Physics Letters, 2006, 89(2): 021911.

[41] Jesse S, Nikiforov M P, Germinario L T, Kalinin S V. Local thermomechanical characterization of phase transitions using band excitation atomic force acoustic microscopy with heated probe. Applied Physics Letters, 2008, 93(7): 073104.

[42] Stan G, King S W, Cook R F. Elastic modulus of low-k dielectric thin films measured by load-dependent contact-resonance atomic force microscopy. Journal of Materials Research, 2009, 24(9): 2960–2964.

[43] Zheng Y G, Geer R E, Dovidenko K, Kopycinska-Muller M, Hurley D C. Quantitative nanoscale modulus measurements and elastic imaging of SnO_2 nanobelts. Journal of Applied Physics, 2006, 100(12): 124308.

[44] Caron A, Arnold W. Observation of local internal friction and plasticity onset in nanocrystalline nickel by atomic force acoustic microscopy. Acta Materialia, 2009, 57(15): 4353–4363.

[45] Tsuji T, Yamanaka K. Observation by ultrasonic atomic force microscopy of reversible displacement of subsurface dislocations in highly oriented pyrolytic graphite. Nanotechnology, 2001, 12(3): 301–307.

[46] Huey B D. AFM and acoustics: Fast, quantitative nanomechanical mapping. Annual Review of Materials Research, 2007, 37: 351–385.

第8章 原子力显微镜多频成像技术

8.1 引　言

扫描探针声学显微术针对材料的测试范围一般为 1~300 GPa，对于模量较低的样品，由于扫描探针显微术是在接触模式下的测试方法，施加在样品上的压力一般为从几十纳牛到几微牛，很容易对软样品 (如细胞等生物样品) 造成损害，因此并不适用于对模量较低样品的测试。相对于接触模式，轻敲模式下针尖施加在样品上的力要小得多，适合于软材料的测试。多频成像技术是近年来发展的原子力显微镜成像技术，通过同时激励和检测探针多个频率的响应或探针振动的两阶 (或多阶) 模态或探针振动的基频和高次谐波成分等，可以实现对被测样品形貌、弹性等性质的快速测量。只要是涉及探针两个及两个以上频率成分的激励和检测，均可以归为多频成像技术。多频成像技术既可以基于轻敲模式也可以基于接触模式。从这个意义上讲，前面介绍的扫描探针声学显微术扫频模式 (包括频带激励) 及双频共振追踪模式也属于多频成像技术的范畴。本章内容主要涉及基于动态轻敲模式的原子力显微镜多频成像技术。首先对原子力显微术动态 (轻敲) 模式下的相关内容进行介绍，随后介绍轻敲模式下探针微悬臂的动力学分析，最后介绍原子力显微镜动态多频技术的主要成像模式及其应用。

8.2　动态 (轻敲) 模式原子力显微镜

动态 (轻敲) 模式原子力显微镜成像模式主要分为振幅调制原子力显微镜 (amplitude modulation AFM，AM-AFM) 和频率调制原子力显微镜 (frequency modulation AFM，FM-AFM) 两种模式。振幅调制模式即通过调制振幅并采用振幅作为反馈获得样品表面形貌或其他信息的方式。通常通过压电陶瓷调整 z 方向探针的位移来保证探针的响应振幅保持恒定，从而获得样品形貌信息。针尖样品之间的相互作用力会导致探针振动的共振频率发生偏移，通过频率偏移进行反馈就可以控制针尖样品之间的作用力，实现对样品表面形貌的成像。频率调制原子力显微镜分为常振幅频率调制模式和常激励频率调制模式。常振幅频率调制包含两个反馈回路：一个是频率反馈回路，通过检测相位的变化调整激励频率，保证激励频率处的相位值始终保持为 $90°$，可以实现共振频率的追踪以及使探针的响应最大；另一个反馈回路调节驱动电压的幅值，使得探针的响应振幅不变。常激励频率调制模式则只有频率反馈回路，追踪共振频率的变化，而保持驱动电压的幅值不变。两种模式均可以应用在轻敲模式，也可以应用在非接触模式。通常情况下，常激励频率调制模式比常振幅频率调制模式施加在样品上的作用力要小得多，更适合于软样品的成像。

　　根据针尖样品之间相互作用力平均值的正负，将针尖样品作用力区域分为引力区和斥力区。当相互作用力平均值为正值时为斥力区；当相互作用力平均值为负值时为引力区。根据成像时针尖样品之间作用力是引力或斥力，可以将成像模式分为引力模式成像或斥力模式成像。图 8.1 是探针在引力模式和斥力模式成像时相应的振幅和相位与探针自由状态下振幅和相位的变化示意图。从图中可知，可以通过相位信息来分析原子力显微镜是在引力区还是在斥力区成像。当探针的相位大于 90° 时，探针在引力区成像；当探针的相位小于 90° 时，探针在斥力区成像。

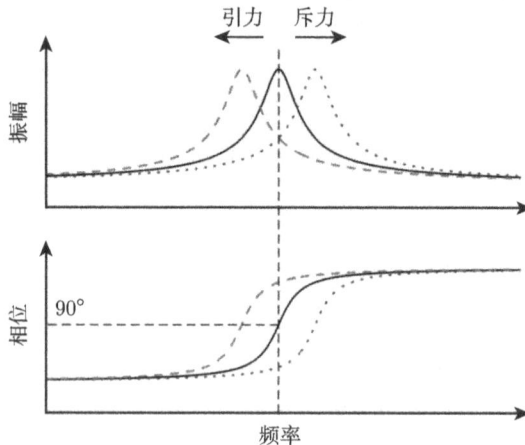

图 8.1　探针在引力区和斥力区成像时振幅和相位的相应变化示意图

　　通常在大气环境下，样品表面都会存在有一层水膜。实际扫描时，针尖要透过这层水膜，与样品表面直接接触，这样才能较准确地对样品表面进行成像和分析。振幅调制模式探针的下针可以分为软下针和硬下针。硬下针是指直接设定参考点，参考点通常可以设置为自由状态下振幅响应的 2/3 左右。软下针是逐渐减小振幅的参考点，使针尖可以逐渐穿透水膜，最后与样品表面发生接触。相对而言，软下针方式更为温和，可以更好地保护探针针尖以及样品，尤其是对比较脆弱的样品或针尖。

　　扫描探针声学显微术中将探针针尖与样品之间相互作用力用弹簧和黏壶来表示，在轻敲模式下同样适用。不过此时针尖样品之间的相互作用力要远小于扫描探针声学显微术接触模式下针尖对样品的作用力。扫描探针声学显微术成像时，一般情况下针尖与样品之间相互作用的接触力占主导地位，其他的相互作用力与其相比较小, 可以不予考虑。轻敲模式下针尖与样品之间各种相互作用力的大小在很多情况下相差不多, 因此需要考虑各种相互作用力同时作用的效应。

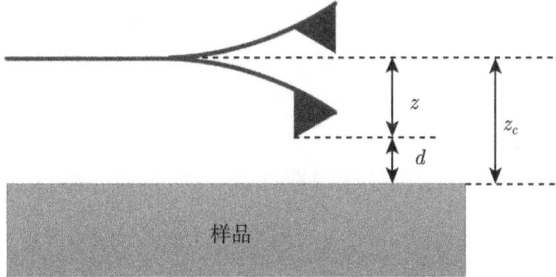

图 8.2　针尖样品之间相互作用距离示意图

探针距离样品的平均距离为 z_c, 探针实时位置与样品之间的距离为 d, 探针相对初始位置的变形量为 z。

三者满足 $d = z + z_c$。

探针在弯曲变形模式下通常具有三类力常数[1]: 静态力常数、动态模式下各阶模态的力常数以及点质量模型的等效力常数。静态力常数的定义为

$$k_{\mathrm{s}} = \frac{F_0}{z} \tag{8-1}$$

其中, z 为探针总的变形量, 如图 8.2 所示。

动态模式下第 n 阶模态的力常数为

$$k_{dn} = \frac{F_0}{z_n} \tag{8-2}$$

其中, z_n 为探针第 n 阶模态的变形量。

因此, 动态力常数与静态力常数之间的关系为

$$z = \sum_{n=1}^{\infty} z_n = \sum_{n=1}^{\infty} \frac{F_0}{k_{dn}} = \frac{F_0}{k_{\mathrm{s}}} \tag{8-3}$$

故可得

$$1/k_{\mathrm{s}} = \sum_{n=1}^{\infty} \frac{1}{k_{dn}} \tag{8-4}$$

动态模式下探针微悬臂各阶模态力常数的计算公式为

$$k_{dn} = \frac{k_n^4 EIL}{4} \tag{8-5}$$

各阶模态共振频率为

$$\omega_n^2 = \frac{k_n^4 EI}{\rho bh} \tag{8-6}$$

　　探针悬臂梁各阶不同模态无量纲波数、共振频率、力常数和品质因子之间的关系如表 8.1 所示。

表 8.1　矩形均匀悬臂梁前四阶弯曲自由振动模态的无量纲波数、共振频率、力常数、品质因子之间的关系[2]

模态	无量纲波数	共振频率	力常数	品质因子
1	1.8751	ω_1	k_1	Q_1
2	4.6941	$6.27\omega_1$	$39.31k_1$	$6.27Q_1$
3	7.8548	$17.55\omega_1$	$308k_1$	$17.55Q_1$
4	10.9956	$34.39\omega_1$	$1183k_1$	$34.39Q_1$

　　动态原子力显微镜动力学分析常采用点质量模型进行分析。点质量模型的适用条件是探针的刚度远大于样品的刚度，此时响应信号的变化主要受到样品表面性能变化的影响。点质量模型描述探针运动的控制方程为[3]

$$m\ddot{z} = -\frac{m\omega_0}{Q}\dot{z} - kz + F_0\cos\omega t + F_{\text{ts}}(d) \tag{8-7}$$

其中，m 为等效质量；Q 为品质因子；ω_0 为自由状态下的共振频率；$F_0\cos\omega t$ 为激励力；$F_{\text{ts}}(d)$ 表示针尖样品之间的作用力。

　　首先考虑探针远离样品表面，探针与样品之间无相互作用的情况，即 $F_{\text{ts}}(d)=0$。以很低的频率激励探针时，加速度和速度，即位移的二阶导数 $\ddot{z}$ 和一阶导数 $\dot{z}$，可以忽略不计，类似于准静态的情况，探针的位移响应为 F_0/k。而当激励频率远高于探针的共振频率时，探针由于惯性来不及响应，此时的振幅响应很小。

　　通过点质量模型等效微悬臂一阶振动的振幅和相位分别为

$$A = \frac{F_0/k}{\sqrt{\left[1 - (\omega/\omega_1)^2\right]^2 + (\omega/\omega_1)^2/Q^2}} \tag{8-8}$$

$$\tan\varphi = \frac{\omega/Q}{1 - (\omega/\omega_1)^2} \tag{8-9}$$

由振幅与频率的函数表达式可知，当激励频率为一阶无阻尼自由共振频率 ω_1 时，其振幅响应大小为 QF_0/k，此时的相位值大小为 $90°$。

　　由振动力学的知识可知，有阻尼存在时单自由度系统的自由振动的共振频率为

$$\omega_{\text{r}} = \omega_1\sqrt{1 - 1/(4Q^2)} \tag{8-10}$$

有阻尼存在时强迫振动的点质量模型的最大振幅可以通过求极值的方法求得，令振幅对频率的一阶导数为零可以求得，当频率为 $\omega_{\text{r}} = \omega_1\sqrt{1 - 1/(2Q^2)}$ 时，最大振

幅值为

$$A_{\max} = \frac{F_0 Q/k}{\sqrt{1 - 1/(4Q^2)}} \tag{8-11}$$

当针尖样品之间存在相互作用力时，假设其相互作用力大小为 F_{ts}。针尖样品之间的相互作用力会引起点质量模型共振频率的变化，进而引起幅值、相位的相应变化。针尖样品相互作用力的力梯度 $(-\mathrm{d}F_{\mathrm{ts}}/\mathrm{d}z)$ 可以用一个弹簧近似等效，其弹性常数为 k_{ts}，即

$$k_{\mathrm{ts}} = -\frac{\mathrm{d}F_{\mathrm{ts}}}{\mathrm{d}z} \tag{8-12}$$

由于引入了一个额外的弹簧，将其与微悬臂的弹性常数相叠加可得

$$k_{\mathrm{eff}} = k + k_{\mathrm{ts}} \tag{8-13}$$

针尖样品相互作用力梯度增加后的共振频率值为

$$\omega_{\mathrm{eff}} = \sqrt{(k + k_{\mathrm{ts}})/m} \tag{8-14}$$

从而可得共振频率变化量为

$$\Delta\omega = \omega_{\mathrm{eff}} - \omega_1 = \sqrt{\frac{(k + k_{\mathrm{ts}})\,\omega_1^2}{k}} - \omega_1 = \left(\frac{\sqrt{k^2 + kk_{\mathrm{ts}}}}{k}\right)\omega_1$$
$$\approx \left(\frac{k + k_{\mathrm{ts}}/2}{k} - 1\right)\omega_1 = k_{\mathrm{ts}}/(2k)\omega_1 \tag{8-15}$$

因此，可以建立探针共振频率漂移与针尖样品之间作用力的力梯度之间的关系为[1]

$$k_{\mathrm{ts}} = 2k\Delta f/f_0 \tag{8-16}$$

式 (8-16) 仅适用于针尖样品之间的相互作用力梯度远小于探针弹性常数的情况。利用式 (8-16)，我们可以很方便地利用频率调制成像模式通过共振频率的偏移来确定针尖样品之间的作用力梯度。知道了针尖样品之间作用力的力梯度，再通过接触力学的知识就可以求得被测样品的力学性能。

8.3 动态模式下针尖样品之间力–距离曲线的重构

振幅调制或频率调制原子力显微镜由于是动态模式，针尖样品之间作用力除了跟针尖样品之间距离相关之外，还跟时间有关。动态模式的振幅调制或频率调制模式的力测量曲线主要分为两类：一类是针尖样品之间作用力的平均值与针尖样品之间距离的曲线；另一类是针尖样品之间为某一距离时瞬时作用力大小随时间的变化曲线。

目前，通过理论和数值的方法对探针在轻敲模式下的动力学行为研究已经相对比较成熟。从系统的观点看如图 8.3 所示，主要是已知探针本身的几何和力学方面的信息以及针尖与样品之间的相互作用力和外界对探针的激励，求解探针的响应，如振幅、相位、共振频率等。我们可以称之为正问题。若已知探针的响应和外界激励以及探针几何和力学方面的信息，反过来求针尖样品之间的相互作用力，我们将其称为反问题。了解针尖样品之间的相互作用力对于解释图像和分析被测样品的纳米力学性能至关重要。由于探针的响应振幅存在双稳态解以及针尖样品之间压入及撤回作用力的黏滞性，极大地增加了这一反问题的难度，目前关于针尖样品相互作用力的重构研究与探针响应分析的正问题相比相对较少。由于动态模式对样品的施加作用力非常小，对动态模式下针尖样品之间作用力的重构有助于对很软样品，比如细胞等生物样品的定量化力学性能测试。除此之外，更重要的一点是可以建立以扫描为基础的定量化纳米力学成像，与力–距离曲线模式相比，具有更高的空间分辨率，而且扫描成像速度快，具有广泛的应用前景。

图 8.3 从系统的观点分析原子力显微镜动态模式的测量过程

动态原子力显微术为了处理问题的方便，通常将悬臂梁模型等效成点质量模型。动态力显微术的振幅调制和频率调制两种模式下测量探针响应的物理量不同，因此进行反向计算针尖样品作用力的过程也不同。一般情况下，频率调制模式要相对更直接一些。式 (8-16) 给出了频率漂移与针尖样品之间力梯度的一个近似关系式。但是由于推导过程中假设针尖样品之间相互作用为线性关系，因此只适用于探针小振幅振动的情况。Giessibl 利用 Hamilton–Jacobi 方法和一阶微扰理论推导频率偏移与针尖样品之间作用力之间的关系为[4]

$$\Delta f\left(z_{\mathrm{c}}\right)=\frac{f_0^2}{kA}\int_0^{1/f_0}F_{\mathrm{ts}}\left[z_{\mathrm{c}}+A\cos\left(2\pi f_0 t\right)\right]\cos\left(2\pi f_0 t\right)\mathrm{d}t \qquad (8\text{-}17)$$

其中，$\Delta f(z_{\mathrm{c}})$ 是探针基片与样品距离为 z_{c} 时的频率偏移；A 为探针的振幅大小；f_0 和 k 分别是探针的共振频率和弹性常数。

振幅调制模式相对频率调制模式构建针尖样品距离曲线要相对复杂一些。Lee 和 Jhe 将探针运动等效为点质量模型，将针尖样品作用力分为两部分，一部分是保守力，另一部分是与能量耗散相关的作用力，且保守力的大小只跟距离 z 有关。他们假设非保守力和针尖样品之间的相互作用力可以表示成[5]

$$F_{\text{ncon}} = -\Gamma(z_{\text{c}})\dot{z} \tag{8-18}$$

$$F_{\text{ts}} = F_{\text{con}}(z_{\text{c}}) + F_{\text{ncon}} = F_{\text{con}}(z_{\text{c}}) - \Gamma(z_{\text{c}})\dot{z} \tag{8-19}$$

另外，还可以用针尖样品间的耗散能去等效地描述针尖样品间的非保守力。将以上针尖样品相互作用力及探针反射量的表达式代入等效的质点运动方程中，可得

$$m\ddot{z} + \frac{m\omega_0}{Q}\dot{z} + kz = F\cos\omega t + F_{\text{con}}(z_{\text{c}}) - \Gamma(z_{\text{c}})\dot{z} \tag{8-20}$$

通过积分和拉普拉斯变换的方法，得到 $F_{\text{con}}(z_{\text{c}})$ 和 $\Gamma(z_{\text{c}})$ 与激励力大小及探针振幅、相位之间的关系为

$$\sum_{k=0}^{\infty} \frac{A^{2k+1}(z_{\text{c}})}{2^{2k+1}k!\,(k+1)!} \frac{\mathrm{d}^{2k+1}}{\mathrm{d}z^{2k+1}} F_{\text{con}}(z_{\text{c}}) = -\frac{F}{2}\sin\varphi(z_{\text{c}}) + \frac{A(z_{\text{c}})}{2}(k - m\omega^2) \tag{8-21}$$

$$\sum_{k=0}^{\infty} \frac{A^{2k}(z_{\text{c}})}{2^{2k+1}k!\,(k+1)!} \frac{\mathrm{d}^{2k}}{\mathrm{d}z^{2k}} \Gamma(z_{\text{c}}) = \frac{1}{2}\left[\frac{F}{A(z_{\text{c}})\omega}\cos\varphi(z_{\text{c}}) - b\right] \tag{8-22}$$

其中，边界条件为

$$\frac{\mathrm{d}^k}{\mathrm{d}z^k} F_{\text{c}}(z_{\text{c}}) = \frac{\mathrm{d}^k}{\mathrm{d}z^k}\Gamma(z_{\text{c}}) = 0, \quad z \to \infty, \quad k = 0, 1, 2, \cdots \tag{8-23}$$

通过对以上两式进行数值积分，可以确定出 $F_{\text{con}}(z_{\text{c}})$ 和 $\Gamma(z_{\text{c}})$ 的具体数值。实际应用中通常选取前几项进行近似。他们利用这一方法对比了 Lennard-Jones 型相互作用力的理论力–距离曲线和利用以上方法重构出的力–距离曲线，发现对于小的振幅值，第一项就可以很好地重构出力–距离曲线；对于大的响应振幅值，至少需要几项才能很好地对力–距离曲线进行重构，并且随着方程中高阶项的增加，理论曲线与重构曲线吻合得越好，从而证明了此方法的有效性[5]。

Holscher 也提出了一种振幅调制模式下计算针尖样品之间相互作用力的方法[6]。他将针尖样品之间的相互作用力采用傅里叶级数展开，并只取激励频率项。将针尖样品作用力和位移表达式代入运动控制方程，若忽略 $D+A \sim D+2A$ 范围内的相互作用力，得到用振幅和位移表示的针尖样品作用力为

$$F_{\text{ts}} = \frac{\partial}{\partial D}\int_{D}^{D+2A} \frac{\kappa(z)}{\sqrt{z-D}}\mathrm{d}z \tag{8-24}$$

其中，D 为针尖距离样品的最近距离，z 取 $D \sim D+2A$ 范围内的值。$\kappa(z)$ 的表达式为

$$\kappa(z) = k\frac{A^{3/2}}{\sqrt{2}}\left[\frac{F_0\cos\varphi}{kA} - \frac{\omega_0^2 - \omega^2}{\omega_0^2}\right] \tag{8-25}$$

需要指出的是，由于针尖样品之间作用力的推导过程中忽略了 $D+A \sim D+2A$ 范围内针尖样品的相互作用力，因此此方法只对探针振幅较大的情况适用。

8.4　针尖样品间能量损耗测量

针尖样品之间能量损耗的来源有表面黏附、黏弹性、滞回等。在测试过程中，针尖的响应是保守力和耗散力共同作用的结果，通过分析将保守力和耗散力各自的作用效果分开，可以对测试结果进行更好的解释。一般认为，振幅调制模式下相位值的改变与针尖样品之间的能量耗散相关。引力区和斥力区成像区域的转换也会引起相位的变化，此时相位的变化与能量耗散无关，仅仅是由于成像区域的转换。此时不仅不能得到有关能量耗散的信息，反而会对测试结果造成一些误导。由此可见，在进行能量耗散测量时，要避免引起引力区与斥力区之间的模式转变。

Garcia 等通过分析得到，只有纯弹性保守力相互作用时，相位值与弹性模量的大小无关。当针尖样品之间存在黏弹性相互作用或表面黏附时，相位值则会随着样品的弹性模量而发生变化[7]。Cleverland 等通过分析得到振幅调制模式下能量损耗与振幅和相位之间的关系为[8]

$$P_{\text{ts}} = \frac{1}{2} \frac{kA^2\omega_0}{Q} \left(\frac{A_0}{A} \sin\varphi - 1 \right) \tag{8-26}$$

从式 (8-26) 可以看到，当针尖与样品之间无能量损耗时 (即 $P_{\text{ts}}=0$)，相位和振幅之间是不互相独立的，两者之间存在关系 $A = A_0 \sin\varphi$。而振幅调制模式成像时，由于反馈回路保持参考响应振幅 A 不变，故此时相位为一恒定值，与以上的理论分析相一致。Cleveland 等在振幅调制模式下，对硅探针在硅基底上的动态力曲线及能量耗散过程进行了分析，如图 8.4 所示。通过测量发现，动态力曲线的整个过程中斥力区的能量耗散基本是不变的。从图中可以看到，当振幅减小时，相位值也逐渐减小，而从式 (8-26) 计算得到的能量耗散却基本不变[8]。

除此之外，Proksch 提出了一种简单的通过相位来测量能量损耗的损耗角的方法[9]：

$$\tan\delta = \frac{V_1/V_{\text{free}} - \sin\varphi_1}{\cos\varphi_1} \tag{8-27}$$

通过式 (8-27) 可以看到，振幅调制模式下只需要设定探针微悬臂自由振动时的振幅电压值和参考振幅的电压值，通过测量一阶模态相位值的变化，根据式 (8-27) 就可以计算出损耗角的大小。

从能量的观点来看，单个周期内输入使探针激励的能量等于针尖样品之间的能量损耗和探针在空气介质中运动时的阻尼损耗[1]，即

$$E_{\text{exc}} = E_{\text{dis}} + E_{\text{air}} \tag{8-28}$$

以上三项的能量表达式分别如下：

$$E_{\text{exc}} = \int F_0 \cos\omega t \frac{\mathrm{d}z}{\mathrm{d}t}\mathrm{d}t = \frac{\pi k A_0 A \sin\varphi}{Q} \tag{8-29}$$

$$E_{\text{air}} = \int \left(\frac{m\omega_0}{Q}\frac{\mathrm{d}z}{\mathrm{d}t}\right)\frac{\mathrm{d}z}{\mathrm{d}t}\mathrm{d}t = \frac{\pi k A^2 \omega}{Q\omega_0} \tag{8-30}$$

$$E_{\text{dis}} = \int F_{\text{ts}}\frac{\mathrm{d}z}{\mathrm{d}t}\mathrm{d}t \tag{8-31}$$

将以上表达式分别代入式 (8-28) 中，可得单个周期内相位值与能量耗散之间的关系为

$$E_{\text{dis}} = \frac{\pi k A^2}{Q}\left(\frac{A_0}{A}\sin\varphi - \frac{\omega}{\omega_0}\right) \tag{8-32}$$

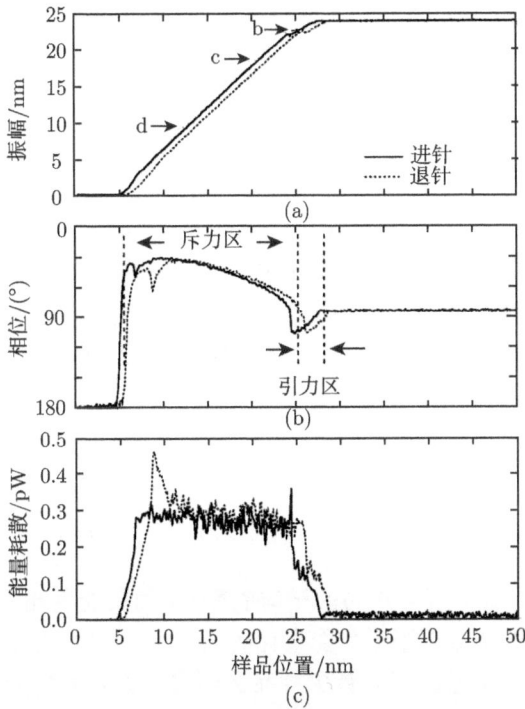

图 8.4 振幅调制模式针尖与样品从缓慢靠近接触到离开过程中的动态力曲线和能量耗散：
(a) 振幅距离曲线；(b) 相位距离曲线；(c) 能量耗散距离曲线[8]

从式 (8-27) 可以看到，当设定好参考振幅值 A 时，能量耗散只与相位值的变化有关。若无能量损耗，则相位值保持不变。Garcia 等通过位力定理和能量守恒定律来分析能量耗散[10]。一般认为针尖样品之间的相互作用力对探针运动形式的影响很小，仍假设探针的运动为正余弦形式。由位力定理，可得位力项的表达式为

$$V_{\text{ts}} = \frac{1}{T}\int_0^{T_0} F_{\text{ts}}(d)\,z(t)\,\mathrm{d}t = \frac{kA}{2}\left[A\left(1 - \frac{f_{\text{exc}}^2}{f_0^2}\right) - \frac{A_0\cos\varphi}{Q}\right] \tag{8-33}$$

针尖样品之间的能量耗散为

$$P_{\text{ts}} = -\int_0^{T_0} F_{\text{ts}}(d)\,\dot{z}(t)\,\mathrm{d}t = \frac{\pi f_{\text{exc}} k A^2}{Q}\left(\frac{A_0}{A}\sin\varphi - \frac{f_{\text{exc}}}{f_0}\right) \tag{8-34}$$

他们还研究了相位变化与针尖样品之间距离、相互作用区域、探针力学性能及激励振幅之间的关系[11]。此外，他们还采用相位成像模式对沉积在硅片上的六噻吩进行了能量损耗成像测量[12]。

在高品质因子情况下，某阶模态占主导地位，则其他阶模态对探针反射变形量的影响可以忽略不计。但是对于低品质因子的情况，很多时候其他各阶模态或高次谐波的影响不能忽略，需要考虑其他阶模态或高次谐波对探针响应的影响。若仅考虑高次谐波的影响，此时探针变形为各次谐波的叠加，同样从能量守恒的角度进行分析，可得一阶模态相位与高次谐波之间的关系为[1,13]

$$\sin\varphi_1 = \sum_{n=1}^{\infty} \frac{n^2 A_n^2 \omega}{A_0 A_1 \omega_0}\left(1 + \frac{E_{\text{dis}}}{E_{\text{air}}}\right) \tag{8-35}$$

从式 (8-35) 可以看到，当考虑高次谐波影响时，相位值不仅与能量耗散有关，还与针尖样品之间的非线性弹性作用力相关。

相对于振幅调制模式，频率调制模式下的能量耗散计算则相对更直接一些。对于常振幅频率调制模式，频率偏移与能量损耗分别可以表示为[14]

$$\Delta f = -\frac{f_0^2}{Ak}\int_0^{1/f_0} F_{\text{ts}}(z,\dot{z})\cos(2\pi f_0 t)\,\mathrm{d}t \tag{8-36}$$

$$|g| = \frac{1}{Q} + \frac{2f_0}{Ak}\int_0^{1/f_0} F_{\text{ts}}(z,\dot{z})\sin(2\pi f_0 t)\,\mathrm{d}t \tag{8-37}$$

频率漂移与针尖样品相互作用力的平均值有关，而与能量耗散过程无关。而此时保持响应振幅不变的增益因子只与能量耗散相关。通过式 (8-36) 和式 (8-37) 可以直接建立频率漂移及增益因子与针尖样品之间保守力及耗散力之间的关系，便于测量和成像分析。Holscher 等通过对针尖样品之间有效距离进行变换的方法将常激励频率调制模式下的振幅和频率漂移的影响分开，并在真空实验条件下与常振幅频率调制模式下的针尖样品之间相互作用力及能量耗散的实验结果进行了对比[15]，如图 8.5 所示。结果表明两种模式得到的针尖样品相互作用力和能量耗散相一致，说明常激励频率调制模式也可以较好地对针尖样品之间相互作用力和能量损耗进行测量，且由于施加作用力比常振幅模式相对要小，所以更适用于很软的生物样品测试。

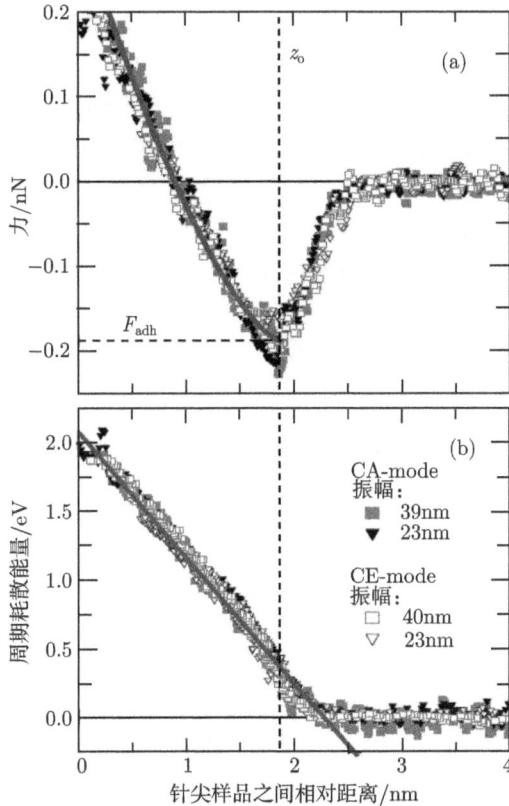

图 8.5　常振幅频率调制模式和常激励频率调制模式针尖样品之间相互作用力和能量耗散的
实验结果对比[15]

8.5　多频成像技术成像模式及其应用

　　静态力谱测试方法在纳米力学测试过程中施加的力相对动态模式要大得多，且容易受到侧向作用力的影响，测试精度会受影响。尤其对一些生物样品，如细胞等，静态力谱模式测试很容易对被测样品产生损害。相对静态力谱方法，动态力谱方法受侧向作用力的影响很小，施加在样品上的作用力相对较小，一个振动周期内的作用时间相对较短。但是静态力谱技术和动态力谱技术存在着类似的缺点：它们一般都是利用单点测试的方式测量被测样品的纳米力学性能。通常在选取测试点之前都要对被测样品进行形貌扫描，获得样品的形貌像。之后选取被测区域内感兴趣的测点进行静态力谱或动态力谱测试。如果想对整个扫描区域进行纳米力学性能分布的测量，需要在被测区域内进行比较精细的阵列测试。对于较高像素的阵列测试，测量往往需要耗费大量的时间。如果在样品测试过程中，测试环境发生变化或样品性能随时间发生变化，会对测量的准确度产生较大的影响，且测试区域容易因为热漂移的影响发生偏移。如果在扫描过程中能同时进行形貌和纳米力学性能的定量化成像，就可以避免以上问题，提高测量效率和测试准确度。动态多频技术的出现有效地解决了这一问题，极大地推进了基于原子力显微镜定量化纳米力学测试技术的发展。

针尖样品之间作用力本质上是非线性的。针尖样品之间作用力的非线性会导致探针振动高次谐波的产生。但是高次谐波成分的响应信号很小，要比基频响应信号小几个数量级。原子力显微镜动态多频技术目前主要有五种成像模式：双 (多) 模态动态成像、弯曲振动高次谐波成像、宽频带激励成像、扭转共振高次谐波成像和扫描近场声全息成像技术[2]。

8.5.1　双模态或多模态动态成像

双模态 (bimodal dynamic microscopy) 或多模态动态成像是指同时激励探针微悬臂的两阶或多阶模态。通常选择的激励频率一般选在各阶模态的共振频率处，同时激励多阶本征模态提高了模态之间的耦合性。由于探针微悬臂不同阶振动模态的共振频率、弹性常数及品质因子不同，所以不同阶模态可以提供对材料性能不同的测试灵敏度。之所以使用高阶模态对材料性能进行分析，主要是由于高阶模态可以提供比基本模态更高的测试灵敏度。

Garcia 等首先通过数值计算发现，如果以一阶模态的振幅值作为形貌成像反馈，则二阶本征模态的相位值对范德瓦耳斯长程吸引力的灵敏度很高。图 8.6 是

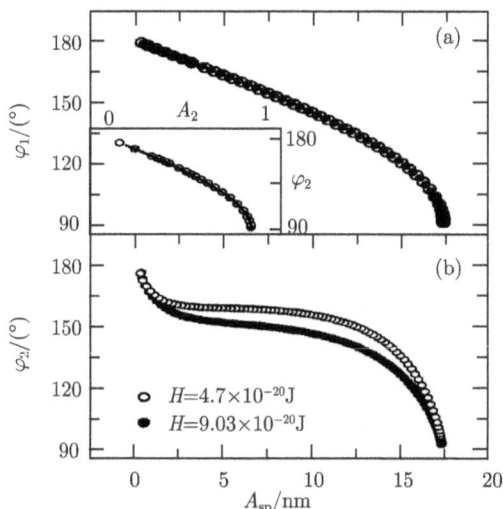

图 8.6　不同的 Hamaker 常数时相位值与参考点振幅值之间的关系

(a) 一阶模态相移与一阶参考点振幅的关系；(b) 二阶模态相移与一阶参考点振幅的关系。图 (a) 左下角的图形是二阶模态相移与二阶参考点振幅的关系曲线[16]

两种不同 Hamaker 常数时, 前两阶模态的相位值与一阶模态设定参考振幅之间的关系曲线[16]。通过曲线可以看到, 以各阶模态的振幅作为参考点时, 相位变化对 Hamaker 常数基本无关。如果以一阶模态的振幅作为参考点, 则可以看到二阶本征模态的相位与 Hamaker 常数相关。随后, 他们又通过实验验证了之前的理论分析。他们通过同时激励探针微悬臂的前两阶模态, 并在针尖样品之间的相互作用力的引力区成像, 成像对比结果显示二阶模态的相位变化要比一阶模态高一个数量级[17]。Proksch 也提出了在针尖样品相互作用的斥力区进行双模态成像, 并以高定向热解石墨 (图 8.7) 和生物 DNA 为测试样品, 实验证实了二阶本征模态的振幅和相位在大部分情况下具有比一阶模态更高的成像灵敏度和对比度[18]。

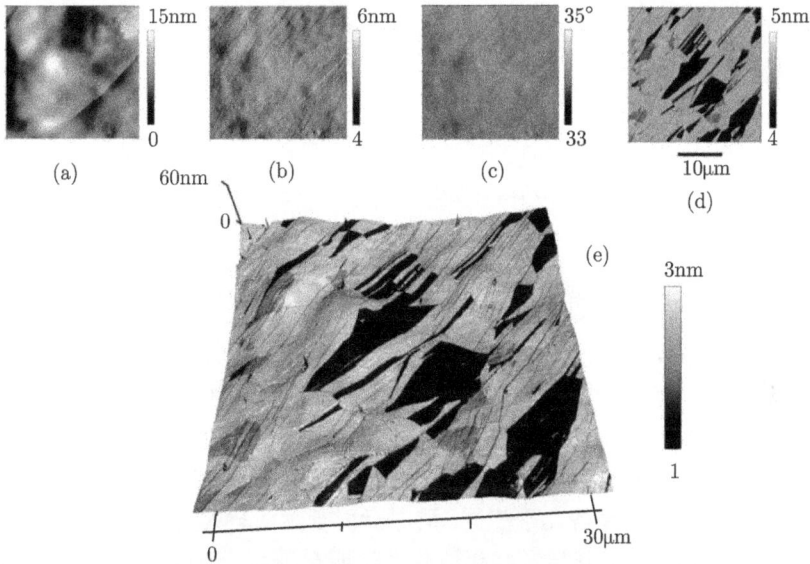

图 8.7 多频模式用于高定向热解石墨 (HOPG) 的成像
(a) 形貌像; (b) 一阶模态振幅像; (c) 一阶模态相位像; (d) 二阶模态振幅像; (e) 二阶模态振幅像叠加到形貌像上的三维图。可以看出, 二阶模态的振幅具有比一阶模态更高的测试灵敏度[18]

双模态动态成像一般情况下利用一阶模态的振幅或频率变化作为反馈对样品表面形貌进行成像, 二阶或高阶模态的振幅、相位及频率偏移可以自由变化, 不受反馈回路的影响 (开环模式), 可以用来分析样品的力学、电学、磁学等方面的性质。根据各阶模态选取的是振幅调制 (AM) 或频率调制 (FM), 可以将双模态模式分为 AM-AM 模式、AM-FM 模式、FM-AM 模式、FM-FM 模式四种模式。双模态成像模式在大气环境中、液相环境以及超高真空中均可以进行成像。图 8.8 是 AM-AM 模式的测试原理示意图。这种模式与一般的动态模式的主要区别是双模态成像时需要两个信号发生器以及对两个信号同时进行锁相提取。两个信号发生器产生的激励频率分别位于前两阶本征模态共振频率处,一般高阶模特的振幅要远小于一阶模态的振幅,两个信号进行叠加之后输入到激励探针的压电陶瓷上。同时,两个信号发生器产生的激励信号分别输入到两个锁相放大器作为参考信号,将探针响应的信号进行分离,获得两个激励频率所对应的探针的振幅响应和相位。实验测试发现,较好的成像条件是前两阶模态的振幅满足 $A_1/A_2 \geqslant 10$ 且 $A_2 < 1\text{nm}$[19]。

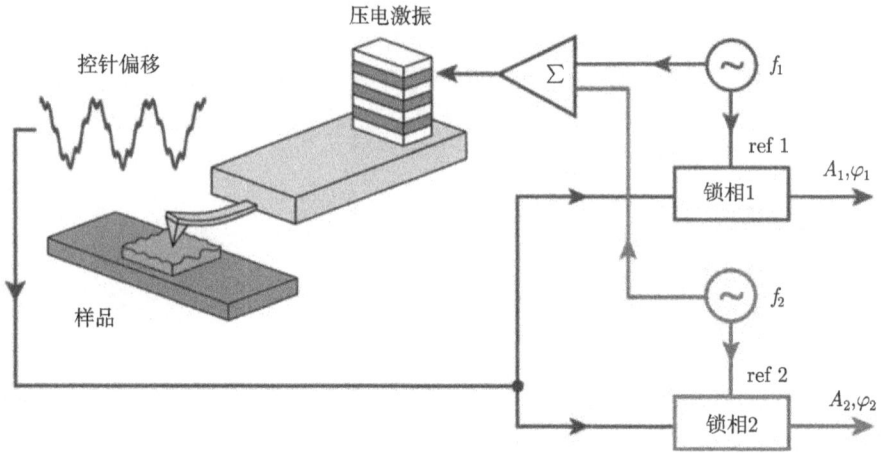

图 8.8　双模态动态成像 AM-AM 模式的原理图[20]

　　Garcia 等发展了多频成像技术的理论[21]。他们在多频理论基础上,选取常用的实验参数及材料参数,研究了单独激励单阶模态和同时激励两阶模态时,一阶和二阶模态的振幅和相位随针尖样品之间距离的变化规律,结果如图 8.9 所示。从图中可以看到,单独激励一阶模态和同时激励两阶模态时,一阶模态振幅和相位随针尖样品之间距离变化的趋势几乎相同。同时激励前两阶模态时,二阶模态在针尖样品之间的距离相对较大,其振幅和相位就发生明显变化,表现出较高的灵敏度。这种优势可以在针尖样品之间作用力很小时实现对材料不同组分性能的成像,特别适合易损坏样品的成像研究。他们还将数值模拟和实验的结果与多频理论结果进行了对比,结果表明理论结果和数值模拟及实验结果吻合较好,从而验证了理论模型的有效性。

　　多模态激励模式探针的响应振幅可以表示为

$$z = z_0 + \sum_{n=1}^{N} \xi_n(t) \tag{8-38}$$

其中,z_0 是静态下探针的变形量;ξ_n 是探针 n 阶本征模态振幅的大小。双模态成像模式下激励频率以外的响应振幅可以忽略不计。探针的响应振幅可以表示为

$$z = z_0 + A_1 \cos(\omega_1 t - \varphi_1) + A_2 \cos(\omega_2 t - \varphi_2) \tag{8-39}$$

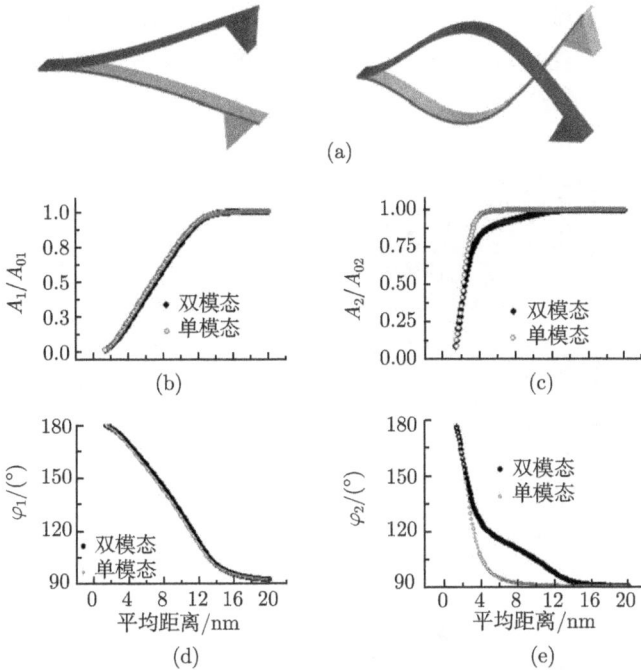

图 8.9 (a) 一阶和二阶模态弯曲振动时探针的几何形状, (b)、(d) 分别是单模态激励和双模态激励时一阶模态的振幅和相位随针尖样品之间距离的变化曲线; (c)、(e) 分别是单模态激励和双模态激励时二阶模态的振幅和相位随针尖样品之间距离的变化曲线[21]

Solares 等同时激励探针微悬臂的前三阶模态,利用一阶模态的振幅反馈进行形貌成像,二阶模态和三阶模态探针振动的参数可以自由变化,不受反馈回路的限制[23]。通过测量二阶振动模态的相位和三阶模态的频率漂移,可以实现对样品表面能量耗散和弹性性质的成像,即通过一次扫描就可以同时获得样品表面的形貌、弹性性质和能量耗散的信息。

在 AM-AM 模式下利用二阶本征模态对样品的弹性模量进行定量化成像,在二阶振幅远小于一阶振幅的情况下,针尖样品之间的作用力梯度可以通过二阶模态振动的振幅和相位计算得到:

$$k_{ts} = C \frac{k_2 A_{02} \cos \varphi_2}{Q_2 A_2} \tag{8-40}$$

其中,k_2、A_{02}、Q_2 分别是探针二阶模态振动的弹性常数、自由振幅和品质因子;C 为修正因子,它可以通过重构力–距离曲线来确定[24]。

Garcia 等采用 FM-AM 双模态成像模式对 IgM 抗体进行了弹性性能成像,成像结果如图 8.10 所示,其中,图 (a) 为单个抗体的形貌图,图 (b) 为相应的模量分布图,模量最大值为 (19.0±0.1) MPa,最小值为 (8.2±0.1) MPa。图 (d) 中给出的

图 (a) 和图 (b) 中虚线处的形貌和模量对比曲线表明二者没有相关性。他们还进行了力曲线测试，测试结果与成像结果得到的结果相近，表明了 FM-AM 双模态成像方法在弹性模量定量化方面的准确性和有效性。

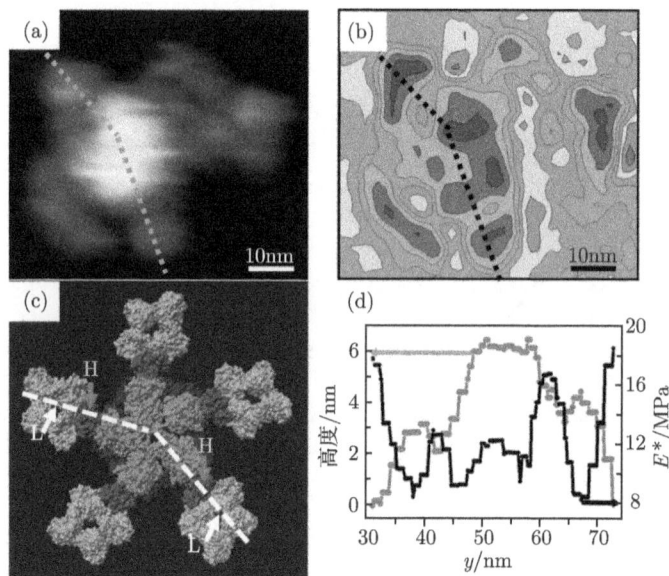

图 8.10　双模态成像模式对 IgM 抗体的形貌和模量成像 (详见书后彩图)

成像参考点的频率漂移为 Δf=40Hz，此时针尖施加的最大压力约为 40 pN。其中，一阶模态振幅 A_1=45nm，二阶模态自由振幅为 A_{02}=0.5nm。图 (a) 为 IgM 抗体的形貌像，图 (b) 为相应的折合模量分布图，图 (c) 为 IgM 抗体的五聚物结构，其中 H 处为模量最大值位置，L 处为模量最小值位置。图 (d) 中的灰线和黑线分别为图 (a) 及图 (c) 中横线处的形貌和模量变化曲线[22]

在 AM-FM 以及 FM-FM 模式下，利用二阶模态的共振频率漂移来计算被测样品的弹性模量变得更加直接。针尖样品之间作用力的力梯度与二阶模态共振频率漂移之间的关系式为

$$k_{\mathrm{ts}} \approx 2k_2 \Delta f_2 / f_2^0 \qquad (8\text{-}41)$$

其中，k_2 为探针二阶模态弹性常数；f_2^0 为二阶模态共振频率；Δf_2 为二阶模态共振频率偏移。如果选取其他高阶本征模态测量频率偏移，则上式仍然成立，只需要把下标替换一下。类似于扫描探针声学显微术，在知道了探针微悬臂振动的动力学特性后，还需要了解针尖样品之间的接触力学相互作用，才能推出样品的力学性能。假设针尖样品之间为最简单的赫兹接触，则有

$$k_{\mathrm{ts}} = 2aE^* \qquad (8\text{-}42)$$

其中，a 为针尖样品之间的接触半径。

由式 (8-41) 和式 (8-42) 联立可得

$$E^* = k_2 \Delta f_2 / a f_2^0 = C_2 \Delta f_2 \tag{8-43}$$

通常情况下，针尖与样品之间的接触半径并不是十分容易确定，因此通常情况下也采用参考材料的方法，而且所选取的参考材料，其模量值与被测材料不应相差太远。若满足以上实验条件，通常可以认为针尖与被测样品与参考样品之间的接触半径近似相等。找到了参考材料共振频率偏移与折合模量之间的关系，便可确定出系数，进而由被测样品的共振频率偏移确定出其折合模量。需要说明的是，由于针尖与样品之间的接触半径无法准确确定，只能通过扫描电镜来确定或者做一个大概的尺寸估计，因此折合模量的计算只是半定量的结果。此外，探针可测量的响应带宽为[19]

$$BW_i = \pi f_i^0 / Q_i^0 \tag{8-44}$$

通常情况下响应带宽越大，探针可测的范围就越大。为了增加探针的测量范围，一般情况下只能通过增加共振频率来增加测量带宽。这通常通过减小探针质量来增加探针的共振频率。Garcia 和 Proksch 使用小质量探针分别以 2Hz 和 20Hz 的扫描频率进行定量化成像，发现测得的模量值的变化小于 15%[19]。图 8.11 是利用 AM-FM 模式得到的三元共混物的三阶模态的频率图和计算得到的模量值，参考材料为超高分子量聚乙烯 (UHMWPE)。从图中可以看到，AM-FM 可以很好地分辨不同组分的弹性性质。从图 8.11(d) 得到的模量值可以看到，不同聚合物的模量值与频率值近似为线性关系。

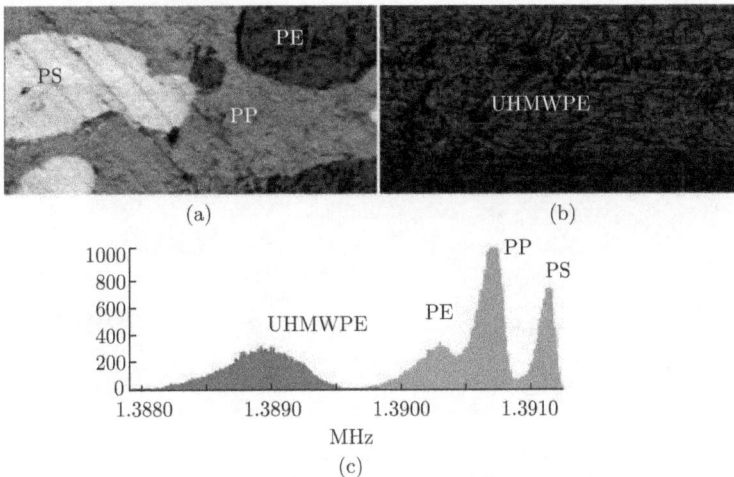

(a)　　　　　　　　　　　　(b)

(c)

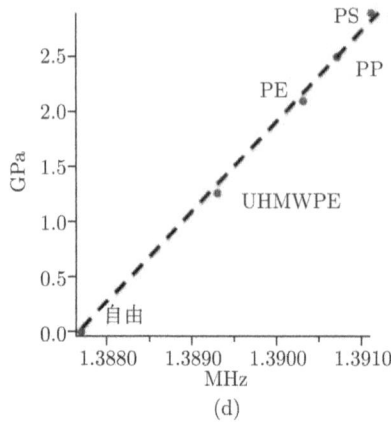

(d)

图 8.11　AM-FM 成像模式对聚合物纳米力学性能的成像

(a) PP, PE, PS 三元共混物的三阶模态频率图；(b)UHMWPE 参考材料三阶模态的频率图；(c) 是在
(a) 和 (b) 中不同组分的频率分布；(d) 各种组分计算得到的模量值[19]

　　近几年来，多频技术的发展以及多频技术在纳米力学成像和测试过程中的应用，使得在多频模式下进行能量损耗分析变得越来越重要。多频模式下对针尖样品之间相互作用主要采用位力定理和能量耗散分析。Solares 等利用双模态成像分析了PS 和 PE 混合聚合物在开环模式、常激励频率调制模式和常振幅频率调制模式下的针尖样品之间的保守力和耗散力相互作用[25]，如图 8.12 所示，图中的圆形区域为PE。从成像结果可以看到，开环模式和常激励模式下，PE 区域的响应振幅比 PS 要小一些，开环模式 PE 区域的相位要大一些。常激励和常振幅频率调制模式 PE 区域的频率都要小一些，常振幅频率调制模式 PE 区域的驱动电压振幅要大些。图 8.13

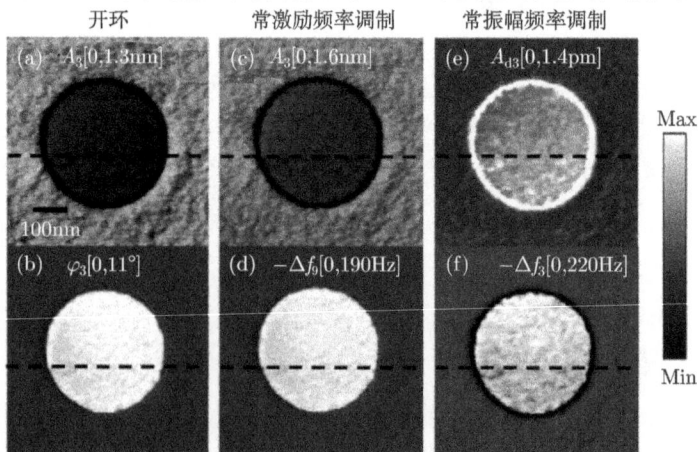

图 8.12　三种成像模式下的成像结果

(a) 和 (b) 分别为开环模式下的振幅和相位图；(c) 和 (d)是常激励频率调制模式下的探针响应振幅和频率
偏移图；(e)和(f)分别是常振幅频率调制模式下的探针激励振幅和频率偏移图。图中圆形区域为PE相[25]

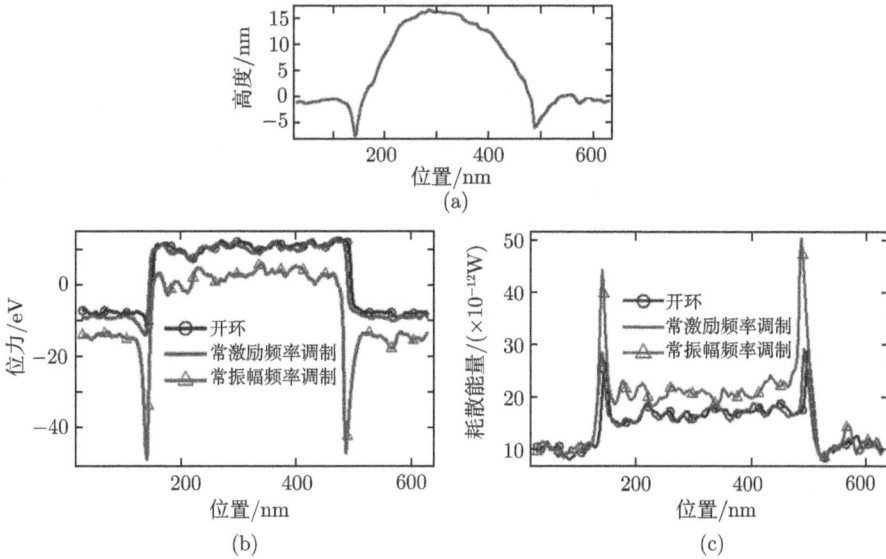

图 8.13 图 8.12 中横线处的:(a) 形貌;(b) 位力;(c) 能量耗散分布情况[25]

是图 8.12 横线处的形貌和计算得到的位力及能量耗散值的分布,从图中可以看到,PS 区域的位力值基本为负值,PE 区域基本为正值,说明成像过程中设定的参考振幅使针尖与样品之间的作用力在 PE 区域基本为吸引力,而在 PS 区域基本为排斥力。PE 区域的能量耗散值要大于 PS 区域。

8.5.2 弯曲振动高次谐波成像

由于针尖样品之间作用力的非线性导致探针振动产生高次谐波成分,其中包含了样品的弹性信息。包含高次谐波成分的探针振动位移可以表示为

$$z = z_0 + \sum_{n=1}^{N} A_n \cos\left(n\omega t - \varphi_n\right) \tag{8-45}$$

其中,z_0 为静态下探针的变形;A_n 为 n 次谐波的振幅,φ_n 为 n 次谐波的相移。一般情况下,高次谐波的响应振幅很小。理论分析表明,高次谐波振幅的大小随着谐波次数的增加以 $1/n^2$ 的关系减小。通常在实际测试过程中,高次谐波的幅值很小,一般情况下较难进行精确测量。

从图 8.14 中可以看出,不同弹性模量的样品其力–距离曲线的斜率不同,模量高的材料其力–距离曲线的斜率更大。单周期内随时间变化的曲线对弹性模量较大的材料来说更窄一些,即接触时间更短一些,而对弹性模量较小的材料相对更宽一些,接触时间更长一些,但是力的平均值大小近似相同。我们在轻敲模式下测量的通常是振幅和相位的平均值。通过以上分析可知,测量得到的振幅或相位并不能很

好地反映出样品弹性模量的不同。从傅里叶空间中的高次谐波与作用力的曲线图可以看出，前面的低次谐波分量相差并不大，主要区别是高次谐波。样品的弹性模量越高，则相应的高次谐波的幅值越大。也就是说，高次谐波中包含了样品的弹性信息。由傅里叶变换性质可知，时域内的脉冲宽度越窄，则经过傅里叶变换后频域内的频谱相应越宽。如果测量得到了随时间变化的针尖样品作用力曲线，经过分析就可以反推出针尖样品之间的力–距离曲线。

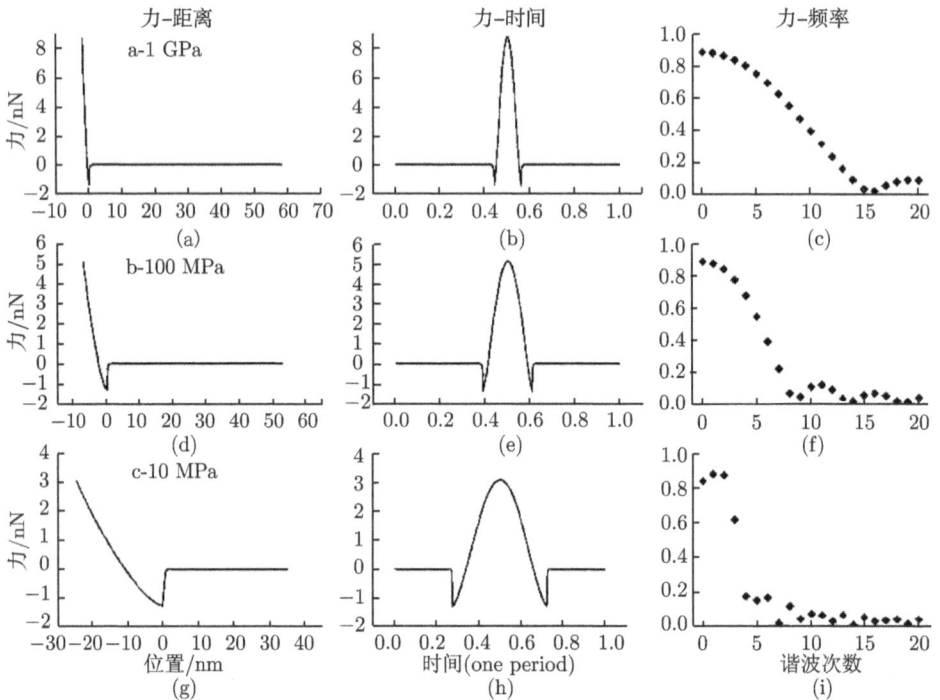

图 8.14　轻敲模式下模拟的不同弹性模量样品的力–距离曲线，单周期的作用力随时间变化曲线及变换到傅里叶频域空间的高次谐波与作用力曲线。三类样品模量分别为10 MPa, 100 MPa, 1 GPa[26,27]

　　美国 Purdue 大学的 Raman 等建立了一种方法，可以通过探针动态模式的零阶振幅 (即探针振动过程中针尖样品的平均作用力产生的反射量)、一次和二次谐波的振幅和相位信息，得到被测样品的局部微区力学性能。他们利用这一方法得到了生物活细胞，包括大肠杆菌、老鼠尾巴的成纤维细胞及人的红细胞纳米尺度力学性能分布，得到了细胞的刚度、存储模量和损耗模量等信息。图 8.15 是老鼠尾巴的成纤维细胞的纳米力学成像结果[28]。

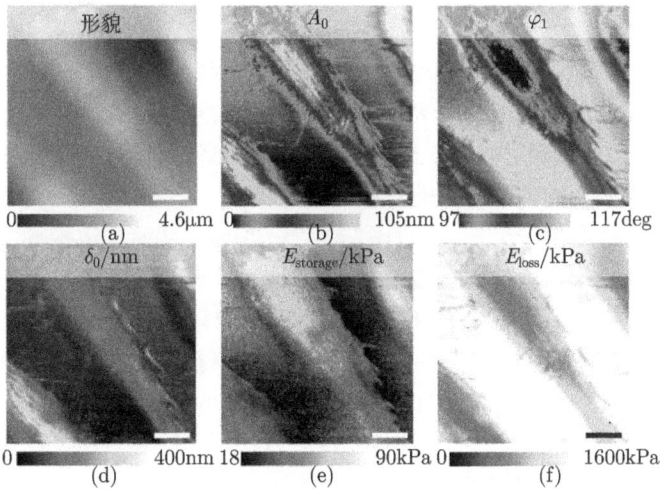

图 8.15　老鼠尾巴的成纤维细胞纳米力学成像结果[28](详见书后彩图)

(a) 形貌像；(b) 探针的平均反射量 A_0；(c) 一阶谐振相位像；(d) 平均压入量分布；(e) 存储模量分布图；
(f) 损耗模量分布图

8.5.3　频带激励

频带激励方法 (band excitation) 是由美国橡树岭国家实验室 (ORNL) 和 Asy-lum Research 公司合作开发的[29]，它的原理类似于扫频模式，但是可以比普通的扫频模式获得更多的样品信息。使用者可以自己设置激励波形信号，通过软件实现逆傅里叶变换，将设置信号转换到时域，对探针或样品进行激励。之后，将探针的响应信号通过光敏检测器和锁相放大器记录下来，再通过傅里叶变换到频域，得到探针的响应信息，如共振频率和 Q 值等 (图 8.16)。频带激励的缺点是数据的存储量较大，对硬件的要求相对较高。

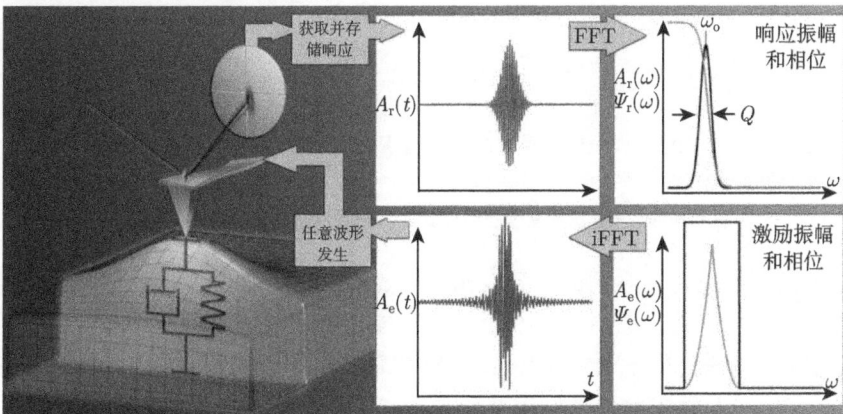

图 8.16　宽频带激励多频技术的测试方法原理示意图[29]

8.5.4　扭转高次谐波成像

Sahin 等通过设计一种特殊几何形状的 T 形探针，提出了一种利用微悬臂扭转振动高次谐波来进行纳米力学表征的方法[30]。这种探针的形状为 T 形，在探针自由端处垂直于微悬臂长度方向上的两个方向各向外延伸一定的长度，探针针尖位于某一方向伸长段的末端，扫描电镜图结果如图 8.17(a) 所示。探针在弯曲振动的过程中可以同时产生一个扭矩，如图 8.17(b) 所示，从而导致探针同时发生弯曲振动和扭转振动。这两种变形可以通过原子力显微镜的四象限光敏检测器进行同时检测，如图 8.17(c) 所示。T 形的探针微悬臂还可以通过一定长度的横梁将响应的信号进行一定放大，从而提高信噪比。另外，T 形探针微悬臂扭转振动的振幅远小于纵向弯曲振动的振幅，因此可以认为对探针整体振动的影响较小。

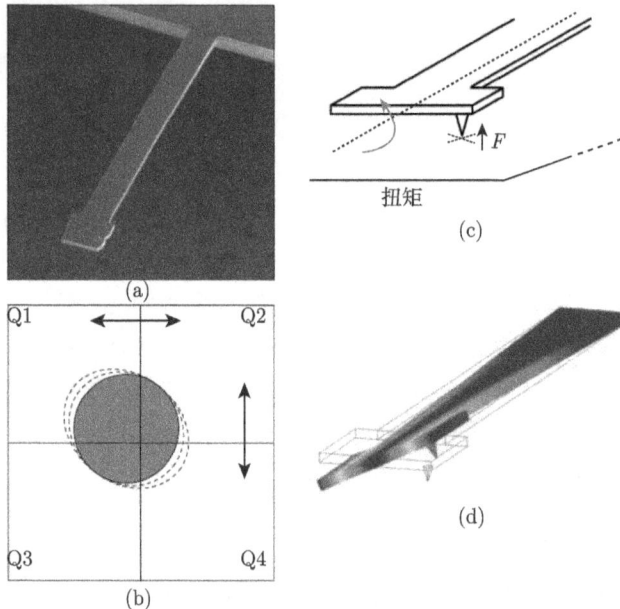

图 8.17　扭转模式高次谐波探针和检测示意图[30]

(a)T 形扭转谐波探针的 SEM 图；(b)T 形扭转谐波探针的示意图；(c)T 形扭转谐波探针弯曲振动和扭转振动在四象限光敏检测器的信号变化；(d) 探针振动的有限元模型

之所以采用探针微悬臂的扭转变形来分析针尖样品之间的相互作用力，从信号与系统的观点来看，主要是由于扭转振动模式下的位移响应只与针尖样品之间的相互作用力有关，而与激励力无关。探针扭转振动引起的四象限光敏检测器横向的信号变化 S_T 与针尖样品之间相互作用力之间的关系可以表示为[30]

$$S_T = C_{opt} \frac{\omega_T^2 / K_T}{\omega_T^2 - \omega^2 + i\omega\omega_T / Q_T} F_{ts} = H_T F_{ts} \qquad (8\text{-}46)$$

其中，C_{opt} 为扭转振动引起探针变形的光学增益；K_T 和 Q_T 分别为探针自由状态下的扭转弹性常数和品质因子；ω 为激励圆频率；ω_T 为探针的扭转共振圆频率；F_{ts} 为针尖样品之间的相互作用力；H_T 为传递函数。从上式可以看到，如果已知探针扭转振动的响应信号 S_T 和传递函数 H_T，则可以计算出针尖样品之间的相互作用力 F_{ts}。假设轻敲模式下探针的运动轨迹近似为正余弦形式，就可以重构出针尖样品之间的力–距离曲线。针尖样品之间的相互作用力模型采用 DMT 模型，其表达式为

$$F_{ts} = \frac{4}{3} E^* \sqrt{R} (a_0 - d)^{3/2} + F_{ad} \tag{8-47}$$

其中，E^* 为折合弹性模量；R 为针尖曲率半径；$(a_0 - d)$ 为压痕深度；F_{ad} 为针尖样品之间黏附力的大小。若针尖半径可以通过其他方式获得，则将式 (8-47) 与重构出来的力–距离曲线进行拟合，就可以确定出折合弹性模量 E^* 和针尖样品之间黏附力的大小 F_{ad}。

高次谐波包含了样品弹性模量的信息。但是通常情况下高次谐波的信号很小，在实验过程中很难准确测量。Sahin 等分析和测试了 T 形探针弯曲振动和扭转振动模式下的高次谐波响应图，如图 8.18 所示。图 8.18(a) 是通过数值计算获得的在探针激励频率 20 倍大小范围内的频响曲线。从图中可以看出，在此范围内，弯曲振动有三个共振峰，而扭转振动却仅有一个共振峰。扭转振动的共振峰在较大范围内均有较大的振幅响应。扭转振动共振频率要远高于弯曲振动的共振频率，因此可以有足够的时间对样品施加在探针上的作用力进行响应。图 8.18(b) 和 (c) 分别是通过轻敲模式在 PS 样品上测量得到的弯曲振动和扭转振动的频率响应图。弯曲振动在激励频率处，探针有较大的位移响应。随着频率的增大，探针响应越来越小，高次谐波的频率响应远小于激励频率下响应。而扭转振动模式下探针在较大范围内高次谐波均有较好的响应，而且在扭转共振频率附近，探针的扭转振幅响应有显著升高。使用 T 形探针进行纳米力学表征时，通常采用扭转振动的高次谐波进行分析。成像过程中，普通弯曲振动轻敲模式下的振幅响应作为形貌成像的参考。扭转谐波模式在一次扫描过程中，就可以同时获得形貌、弹性模量、黏附力、相位等信息。

在相同的实验条件和参数设置下，Sahin 等对常见的十余种材料进行了定量化弹性模量测试[31]。测量结果表明，在 1 MPa~10 GPa 的模量范围内，材料的测试模量与材料的常见模量值符合得较好。因此可知，扭转高次谐波方法可以测量的材料弹性模量的范围比较宽，可以跨越大约四个数量级的范围。扭转高次谐波方法特别适合于多组分弹性性质差异较大的复合材料纳米力学测试。另外，弹性模量较大的测试样品的相对误差比弹性模量较小的测试样品测量结果的相对误差要小得多。这是因为当被测样品的弹性模量较小时，所用接触力学模型没有考虑黏弹性的影

响，不能较好地描述针尖样品之间的相互作用。另外，需要注意的是，当样品模量较大时，针尖对样品的作用力导致的变形很小，因此这种方法也不适合模量特别大样品的模量测试，其绝对误差会很大。通过选取不同弹性常数的探针可以适当调整弹性模量的可测范围。

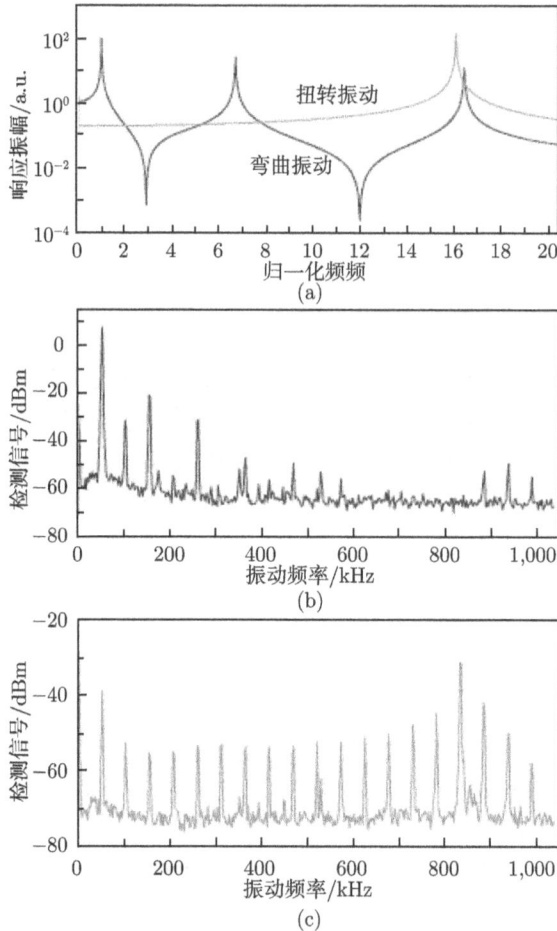

图 8.18　扭转共振微悬臂的不同频率响应图

(a) 频率振幅曲线；(b) 弯曲振动模式下不同频率的探针弯曲响应；(c) 扭转振动模式下不同频率的探针扭转响应。测试样品为 PS[30]

　　扭转高次谐波方法既可以对被测样品进行定性分析，也可以进行定量化分析。理论分析表明，样品弹性性质与高次谐波的响应振幅大小有关。Sahin 利用扭转振动的 10 倍频次谐波对 PS 和 PMMA 的二元共混物在不同温度下的力学性能变化进行了定性的纳米力学成像[30]，测量温度范围为 85~215 ℃，如图 8.19 所示。形貌像和相位像的对比度随温度升高而增加，高次谐波对比度随温度变化先上升后下降。随着温度的上升，PS 和 PMMA 两种聚合物都会发生由玻璃态向橡胶态的转变，且 PS 的转变温度要低于 PMMA 的转变温度。一般情况下，高次谐波振幅越小，样品模量越小。当温度小于 160℃时，高次谐波像的对比度较小，主要是由于玻璃态时两种材料的弹性模量接近。在 160℃和 175℃时，高次谐波像对比度增加，此时 PS 发生玻璃态向橡胶态的转变。190℃时，两者的对比度又开始降低，说明此时 PMMA 也开始发生玻璃态向橡胶态的转变。通过高次谐波成像可以比较准确地分析聚合物的物态转变，这是形貌像和相位像所不能完全给出的。除了定性的高次谐波成像，他们还对不同温度下的力学性能进行了定量化分析，得到室温时的 PS 和 PMMA 的弹性模量分别为 2.3 GPa 和 3.7 GPa。两种聚合物在温度低于 115℃时的模量变化很小，随后随着温度的升高，模量迅速降低。测量得到的 PS 和 PMMA 的转变温度大致分别为 160℃和 180℃。

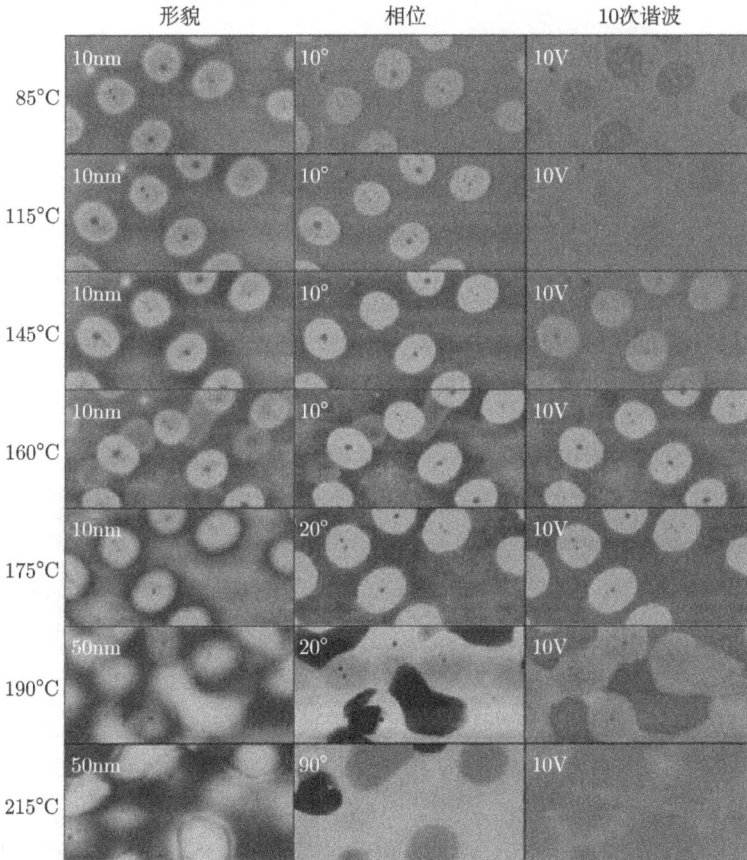

图 8.19 扭转高次谐波方法获得的 PS 和 PMMA 二元共混物在不同温度下的形貌像、相位像、10 倍高次谐波振幅像[30]。中间圆形区域为 PMMA，分布于 PS 基体中。扫描范围为 2.5μm×2.5μm[30]

之后，Sahin 又重新改进设计了探针，利用这一方法扩展的液相模式测量了细菌视紫红质蛋白质紫膜的弹性模量，得到了高分辨率的模量分布图，如图 8.20 所示[32]。这种方法施加在样品上的力可以小到几百 pN，不会对样品造成损害。通过测量，他们发现不同 pH 的溶液对蛋白质的弹性模量也有影响。随着 pH 的升高，蛋白质的弹性模量也相应增加。扭转高次谐波成像速度快，可以同时获得形貌像和弹性模量分布，测量范围较大。缺点是需要特殊制造的探针，因此在应用的广泛性上受到了一定程度的限制。

图 8.20　细菌视紫红质蛋白质紫膜的：(a) 形貌图；(b) 相位图；(c) 弹性模量图；(d) 高分辨率细胞质的模量图；(e) 高分辨率细胞外模量图；(f)、(g)、(h) 分别对应 (a)、(b)、(c) 中虚线处的形貌变化、相位变化和弹性模量的变化曲线[32]（详见书后彩图）

8.5.5　扫描近场声全息

扫描近场声全息 (scanning near-field ultrasound holography, SNFUH) 技术由美国西北大学的 Dravid 等提出[33]。SNFUH 具有高分辨率 (10~20nm)、无损、具有对表面以下的微结构 (> 100nm) 进行检测的功能。SNFUH 可以对表面的缺陷，如裂纹、孔洞、夹杂等进行检测，既可以应用于半导体材料体系，也可以对生物材料 (如细胞) 的内部结构进行成像。

扫描近场声全息成像时，被测样品和探针同时通过压电陶瓷进行激励，激励频率一般在兆赫兹的范围内。被测样品的激励频率和探针的激励频率需要设定一定的频率差，且频率差不能超出光敏检测器频率的检测范围。两个激励波形会在样品表面形成声表面驻波，如图 8.21 所示。将探针作为一个探测的 "天线"，通过锁相放大的方法可以对声表面驻波的振幅和相位进行探测。当样品表面以下的力学性能发生变化或存在缺陷时，如裂纹、孔洞、夹杂等都会对声表面驻波的振幅和相位产生扰动，尤其是波的相位，因此通常选取超声信号的相位作为检测信号。SNFUH

成像有两种模式：一种是软接触，针对硬度较大的样品；另外一种模式是近接触，针对生物等软样品。成像时要保证针尖样品之间相互作用位于作用力的非线性区域。在近接触模式下，针尖一般需要高出样品表面 $2\sim5\text{nm}$。Dravid 等对聚合物薄膜下面的金纳米颗粒进行了成像，样品和探针的激励频率分别为 2.1MHz 和 2.3MHz，成像结果如图 8.22 所示。他们首先在硅基底上铺一层聚乙烯吡咯烷酮 (PVP) 薄膜，之后将直径大约为 15nm 的金纳米颗粒离散地撒在薄膜上，再铺上一层 500nm 厚度的聚合物薄膜，如图 8.22(a) 所示。图 8.22(b) 是最上面一层聚合物薄膜表面的形貌像，可以看到扫描区域很平，粗糙度很小。图 8.22(c) 是 SNFUH 的相位像。从相位像可以很清楚地看到聚合物薄膜下面埋的金纳米颗粒。这是由于金纳米颗粒和聚合物之间模量的差异会对声波造成局部的干扰，导致声波到达表面时的相位发生变化，如图 8.22(d) 和 (e) 所示。成像分辨率和探针针尖与声表面驻波的相互作用区域有关。他们还采用 SNFUH 对生物软材料进行了成像。他们分别选取体外感染了疟疾寄生虫 24h 和 4h 之后的红细胞，采用近接触模式在近场区域内进行成像分析，如图 8.23 所示。从图 8.23(a) 所示感染疟疾寄生虫的红细胞形貌像基本看不出什么细节方面的信息，但是从图 8.23(b) 所示的 SNFUH 相位像却能清晰地看到红细胞内部感染的疟疾寄生虫。除了疟疾寄生虫，还可以看到红细胞的一些膜蛋白和细胞结构。疟疾寄生虫的形态、大小和分布与之前的结果相一致。SNFUH 对感染疟疾寄生虫 4h 后的红细胞的成像结果如图 8.23(c) 和 (d) 所示。从图 8.23(d) 所示的相位像中可以看出，感染 4h 后的红细胞中仍可以清晰地分辨出细胞内疟疾寄生虫。这是目前其他方法在感染初期所不能做到的。

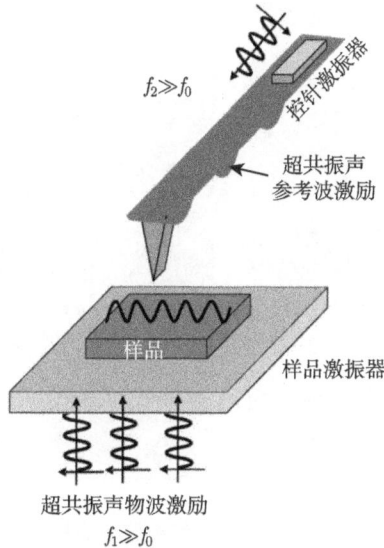

图 8.21　扫描近场声全息成像技术原理示意图[33]

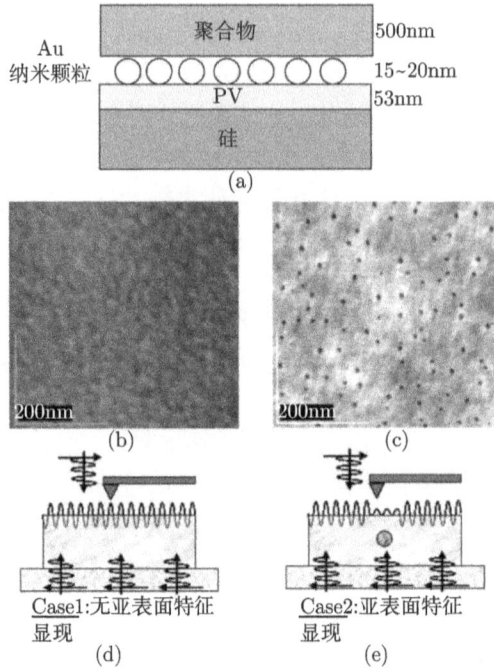

图 8.22　扫描近场声全息对聚合物薄层下埋金纳米颗粒的成像

(a) 材料体系示意图；(b) 形貌像；(c) 相位像；(d) 亚表面没有金纳米颗粒；及 (e) 亚表面有金纳米颗粒时的声表面波示意图[33]

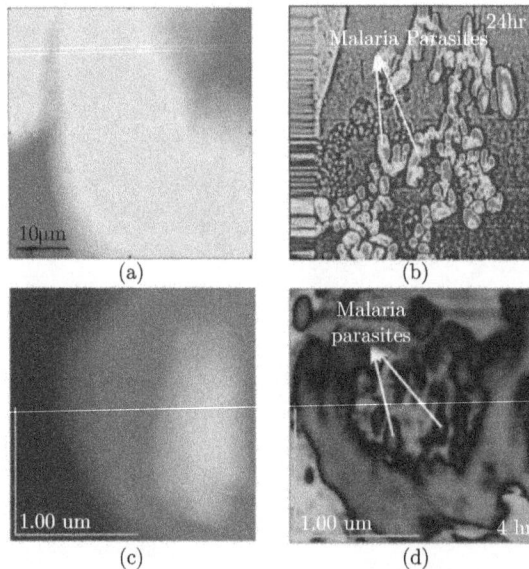

图 8.23　扫描近场声全息对感染疟疾的红细胞的成像 (详见书后彩图)

感染疟疾寄生虫 24h 红细胞的：(a) 形貌像；(b)SNFUH 的相位像；感染疟疾寄生虫 4h 红细胞的：
(c) 形貌像；(d)SNFUH 的相位像[33]

他们还提出利用探针阵列成像的概念，并且针尖样品之间相互作用的反馈不采用激光反馈，而是采用电子电路的反馈，既可以极大地缩短成像时间，又不受激光反馈中光敏检测器对成像激励频率的限制。目前，SNFUH 的成像机理和模拟还处在研究阶段，存在的主要问题是较难对成像结果进行定量化分析。

8.6 本 章 小 结

原子力显微镜多频成像技术是近年来发展起来的纳米力学成像技术。从其定义来说，涉及测量两个及两个以上频率的动态原子力显微成像技术均可称为原子力多频成像技术。由于可以测量多个频率处的响应，多频成像技术获得的样品信息更为丰富，例如，可以同时对样品表面的弹性和黏性性能进行成像。由于针尖样品之间相互作用力本质上的非线性特性，动态原子力显微镜成像过程中关于样品性能的信息通常也会包含在除激励频率以外的频率成分里。传统的动态原子力显微术一般只涉及对探针某一个频率的激励和检测，因此就无法获得探针其他频率响应成分所包含的样品信息。多频原子力显微术对探针的多个频率或模态同时进行激励和检测，与单频激励相比具有更高的灵敏度和空间及时间分辨率，并能实现对样品亚表面的成像。原子力显微镜动态多频成像技术在一次扫描过程中就可以同时获得材料的形貌、弹性和损耗等性能。此外，多频原子力成像技术成像速度快，适合生物活细胞的纳米力学性能快速成像。

参 考 文 献

[1] R G. Amplitude Modulation Atomic Force Microscopy. Weinheim: WILEY-VCH Verlag GmbH & Co. KGaA, 2010.

[2] Garcia R, Herruzo E T. The emergence of multifrequency force microscopy. Nature Nanotechnology, 2012, 7(4): 217–226.

[3] Garcia R, Perez R. Dynamic atomic force microscopy methods. Surface Science Reports, 2002, 47(6–8): 197–301.

[4] Giessibl F J. Forces and frequency shifts in atomic-resolution dynamic-force microscopy. Physical Review B, 1997, 56: 16010–16015.

[5] Lee M H, Jhe W H. General theory of amplitude-modulation atomic force microscopy. Physical Review Letters, 2006, 97(3): 036104.

[6] Holscher H. Quantitative measurement of tip-sample interactions in amplitude modulation atomic force microscopy. Applied Physics Letters, 2006, 89(12): 123109.

[7] Tamayo J, Garcia R. Effects of elastic and inelastic interactions on phase contrast images in tapping-mode scanning force microscopy. Applied Physics Letters, 1997, 71: 2394–

2396.

[8] Cleveland J P, Anczykowski B, Schmid A E, Elings V B. Energy dissipation in tapping-mode atomic force microscopy. Applied Physics Letters, 1998, 72: 2613–2615.

[9] Proksch R, Yablon D G. Loss tangent imaging: Theory and simulations of repulsive-mode tapping atomic force microscopy. Applied Physics Letters, 2012, 100(7): 073106.

[10] San Paulo A, Garcia R. Tip-surface forces, amplitude, and energy dissipation in amplitude-modulation (tapping mode) force microscopy. Physical Review B, 2001, 64(19): 193411.

[11] Martinez N F, Garcia R. Measuring phase shifts and energy dissipation with amplitude modulation atomic force microscopy. Nanotechnology, 2006, 17(7): S167–S172.

[12] Martinez N F, Kaminski W, Gomez C J, Albonetti C, Biscarini F, Perez R, Garcia R. Molecular scale energy dissipation in oligothiophene monolayers measured by dynamic force microscopy. Nanotechnology, 2009, 20(43): 434021.

[13] Tamayoa J. Energy dissipation in tapping-mode scanning force microscopy with low quality factors. Applied Physics Letters, 1999, 75: 3569–3571.

[14] Holscher H, Gotsmann B, Allers W, Schwarz U D, Fuchs H, Wiesendanger R. Measurement of conservative and dissipative tip-sample interaction forces with a dynamic force microscope using the frequency modulation technique. Physical Review B, 2001, 64(7): 075402.

[15] Schirmeisen A, Holscher H, Anczykowski B, Weiner D, Schafer M M, Fuchs H. Dynamic force spectroscopy using the constant-excitation and constant-amplitude modes. Nanotechnology, 2005, 16(3): S13–S17.

[16] Rodriguez T R, Garcia R. Compositional mapping of surfaces in atomic force microscopy by excitation of the second normal mode of the microcantilever. Applied Physics Letters, 2004, 84(3): 449–451.

[17] Martinez N F, Patil S, Lozano J R, Garcia R. Enhanced compositional sensitivity in atomic force microscopy by the excitation of the first two flexural modes. Applied Physics Letters, 2006, 89(15): 153115.

[18] Proksch R. Multifrequency, repulsive-mode amplitude-modulated atomic force microscopy. Applied Physics Letters, 2006, 89(11): 113121.

[19] Garcia R, Proksch R. Nanomechanical mapping of soft matter by bimodal force microscopy. European Polymer Journal, 2013, 49(8): 1897–1906.

[20] Proksch R. in Scanning Probe Microscopy of Functional Materials: Nanoscale Imaging and Spectroscopy. New York: Springer Science+Business Media, LLC, 2010: 125–151.

[21] Lozano J R, Garcia R. Theory of multifrequency atomic force microscopy. Physical Review Letters, 2008, 100(7): 076102.

[22] Martinez-Martin D, Herruzo E T, Dietz C, Gomez-Herrero J, Garcia R. Noninvasive Protein Structural Flexibility Mapping by Bimodal Dynamic Force Microscopy. Physical

Review Letters, 2011, 106(19): 198101.

[23] Solares S D, Chawla G. Triple-frequency intermittent contact atomic force microscopy characterization: Simultaneous topographical, phase, and frequency shift contrast in ambient air. Journal of Applied Physics, 2010, 108(5): 054901.

[24] Sader J E, Jarvis S P. Accurate formulas for interaction force and energy in frequency modulation force spectroscopy. Applied Physics Letters, 2004, 84(10): 1801–1803.

[25] Chawla G, Solares S D. Mapping of conservative and dissipative interactions in bimodal atomic force microscopy using open-loop and phase-locked-loop control of the higher eigenmode. Applied Physics Letters, 2011, 99(7): 074103.

[26] Sahin O. Accessing time-varying forces on the vibrating tip of the dynamic atomic force microscope to map material composition. Israel Journal of Chemistry, 2008, 48(2): 55–63.

[27] Sahin O. Scanning Probe Microscopy of Functional Materials: Nanoscale Imaging and Spectroscopy. New York: Springer Science+Business Media, LLC, 2010: 153–178.

[28] Raman A, Trigueros S, Cartagena A, Stevenson A P Z, Susilo M, Nauman E, Contera S A. Mapping nanomechanical properties of live cells using multi-harmonic atomic force microscopy. Nature Nanotechnology, 2011, 6(12): 809–814.

[29] Jesse S, Kalinin S V, Proksch R, Baddorf A P, Rodriguez B J. The band excitation method in scanning probe microscopy for rapid mapping of energy dissipation on the nanoscale. Nanotechnology, 2007, 18(43): 435503.

[30] Sahin O, Magonov S, Su C, Quate C F, Solgaard O. An atomic force microscope tip designed to measure time-varying nanomechanical forces. Nature Nanotechnology, 2007, 2(8): 507–514.

[31] Sahin O, Erina N. High-resolution and large dynamic range nanomechanical mapping in tapping-mode atomic force microscopy. Nanotechnology, 2008, 19(44): 445717.

[32] Dong M D, Husale S, Sahin O. Determination of protein structural flexibility by microsecond force spectroscopy. Nature Nanotechnology, 2009, 4(8): 514–517.

[33] Shekhawat G S, Dravid V P. Nanoscale imaging of buried structures via scanning near-field ultrasound holography. Science, 2005, 310(5745): 89–92.

索　引

彩　　图

(a)

(b)

(c)

(d)

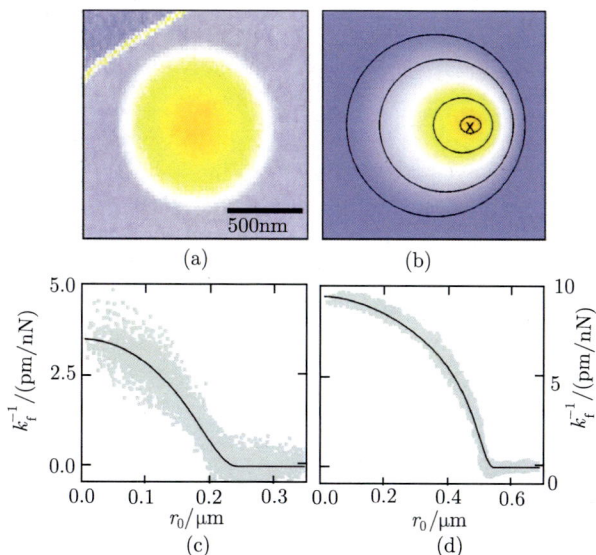

图 3.17　(a) 厚度为 23 nm 的石墨烯薄层的柔度分布图, 蓝色代表柔度低的区域, 橘黄色代表柔度分布高的区域, 范围为 9.7×10^{-3} m/N; (b) 通过计算得到的在图中标记点施加压力时石墨烯薄层的挠度分布图; (c) 厚度为 15 nm 的石墨烯薄层的柔度分布图; (d) 图 (a) 中沿径向的柔度分布。其中, 实线为拟合的结果[18]

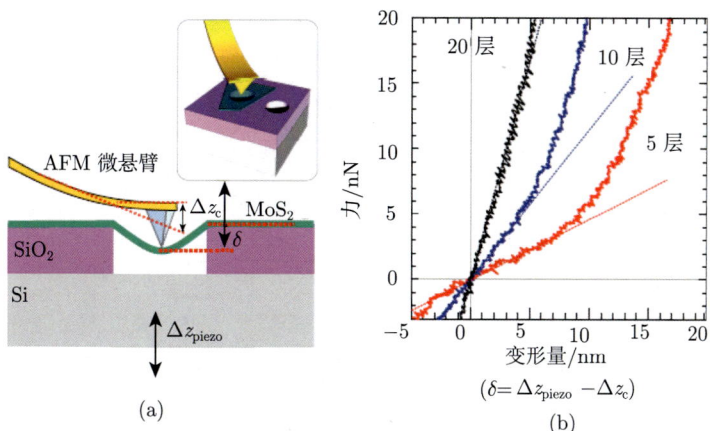

(a)

(b)

($\delta = \Delta z_{piezo} - \Delta z_c$)

图 3.18　利用力–距离曲线方法对平铺的 MoS_2 纳米薄层进行纳米力学
性能测试

(a) 测试过程示意图; (b) 5 层, 10 层, 20 层 MoS_2 在所覆盖的圆孔中心处测试得到的力变形曲线[17]

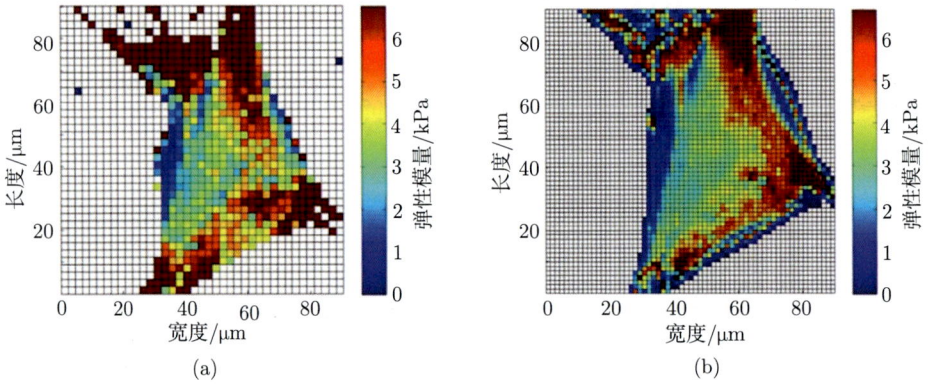

图 3.20　分别采用 (a) 力成像模式和 (b) 力扫描模式获得的细胞弹性模量分布图。两者测量得到的细胞模量分布基本一致。其中，力成像模式阵列为 40×40，力扫描模式的阵列为 60×60。虽然力扫描模式成像点远多于力成像模式，但成像时间仍然比力成像模式快 2.4 倍 (25.8min vs 10.8min)[27]

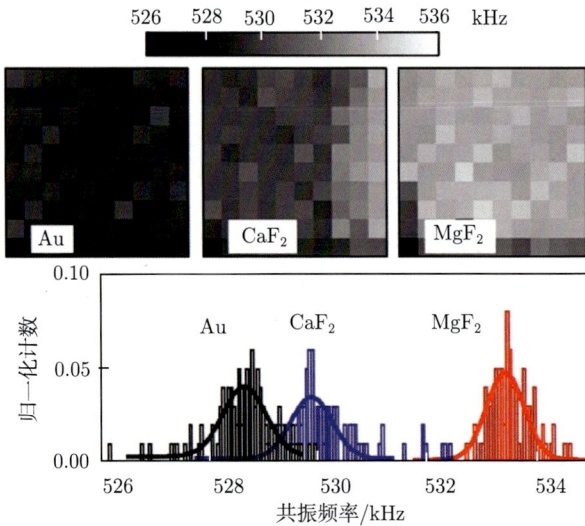

图 4.13　通过阵列成像获得的几种不同材料接触共振频率分布结果[8]

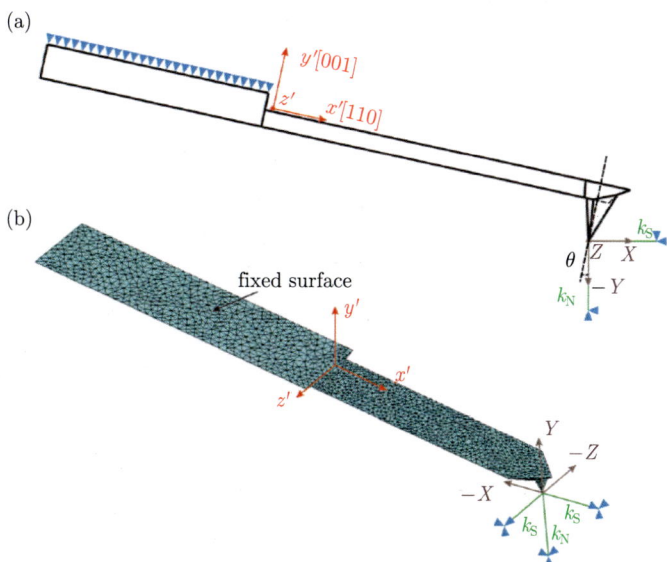

图 5.2 (a) 探针坐标系 $\{x',\,y',\,z'\}$ 与样品坐标系 $\{X,\,Y,\,Z\}$ 之间的夹角为 θ，以及(b) 网格划分后的有限元模型图[3]

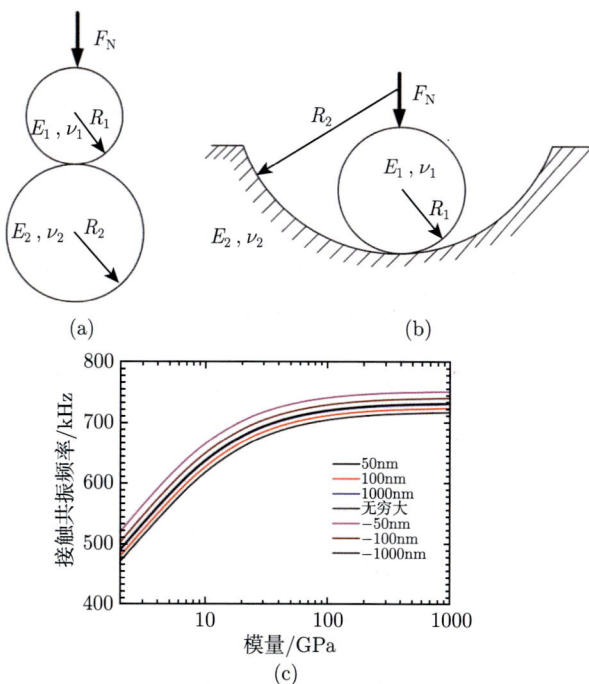

图 5.4 两种简单球形接触：(a) 两球体外接触；(b) 两球体内接触；(c) 当 R_2 取不同值对接触共振频率的影响

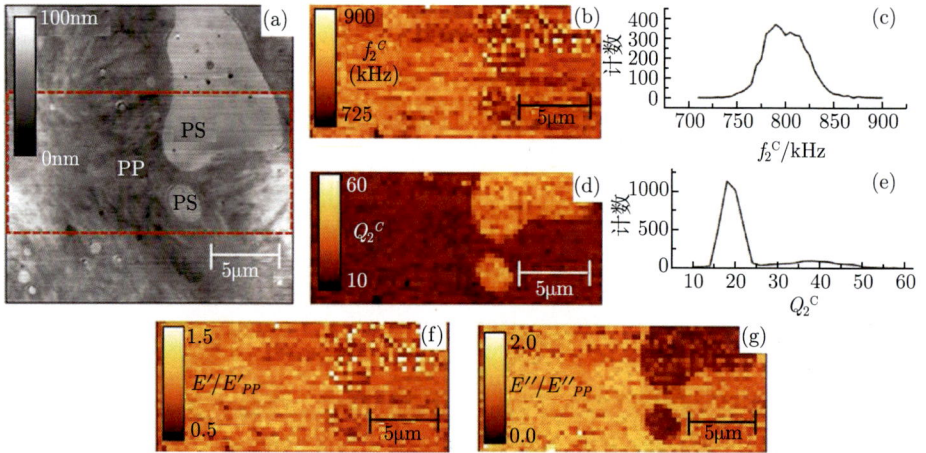

图 6.5 扫描探针声学显微术对 PS/PP 双元聚合物的黏弹性力学性能成像结果

(a) 形貌图；(b) 二阶接触共振频率图；(c) 二阶模态接触共振频率的分布图；(d) 二阶模态品质因子图；
(e) 二阶模态品质因子的分布图；(f) 两者的存储模量比值图；(g) 两者的损耗模量比值图[8]

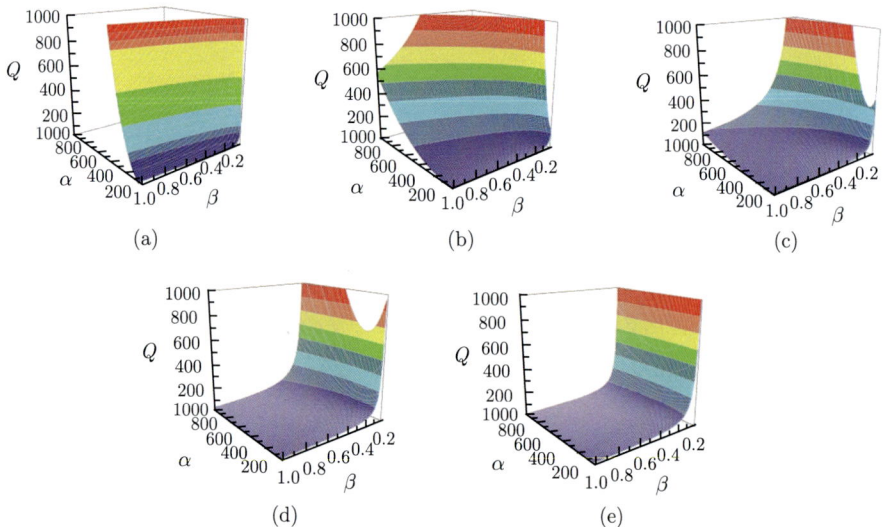

图 6.7 探针微悬臂前五阶振动模态的样品相关的品质因子与无量纲化的接触刚度及无量纲化
的接触阻尼之间的三维关系曲面图[18]

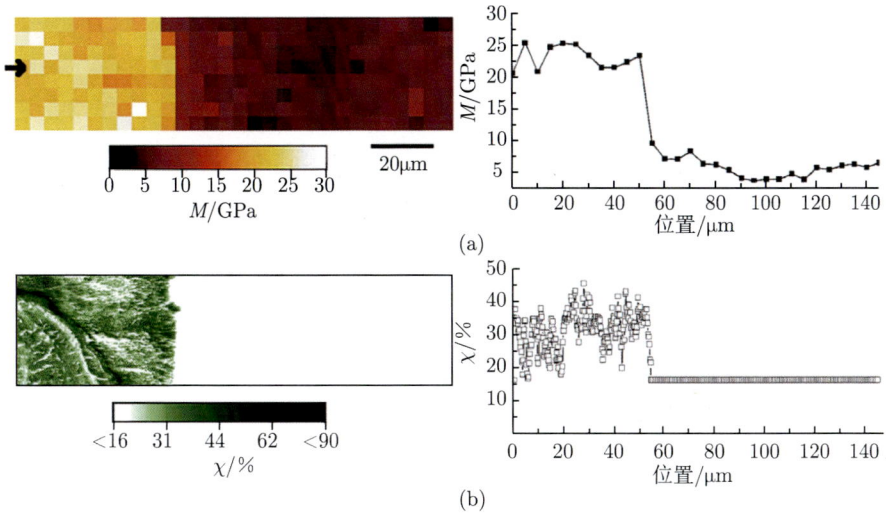

图 7.9　(a) 纳米压痕测试获得的软骨界面力学性能分布图和 (b) 定量背散射电子显微镜 (qBSE) 测试获得的矿物含量百分比图[24]

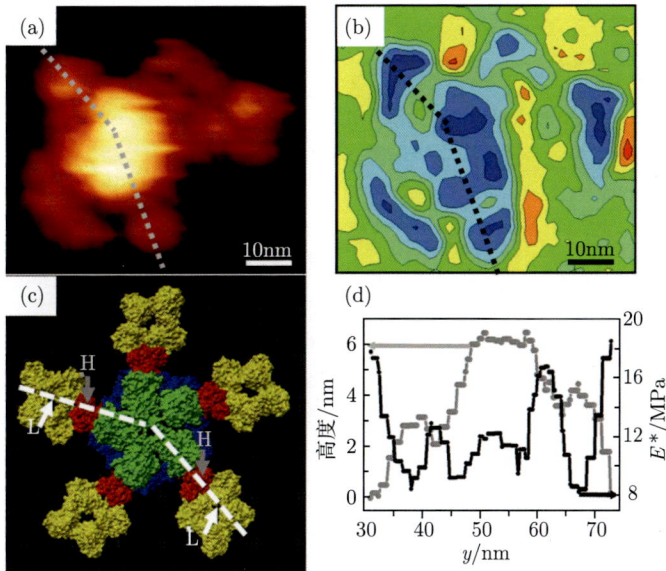

图 8.10　双模态成像模式对 IgM 抗体的形貌和模量成像

成像参考点的频率漂移为 Δf=40Hz，此时针尖施加的最大压力约为 40 pN。其中，一阶模态振幅 A_1=45nm，二阶模态自由振幅为 A_{02}=0.5nm。图 (a) 为 IgM 抗体的形貌像，图 (b) 为相应的折合模量分布图，图 (c) 为 IgM 抗体的五聚物结构，其中 H 处为模量最大值位置，L 处为模量最小值位置。图 (d) 中的灰线和黑线分别为图 (a) 及图 (c) 中横线处的形貌和模量变化曲线[22]

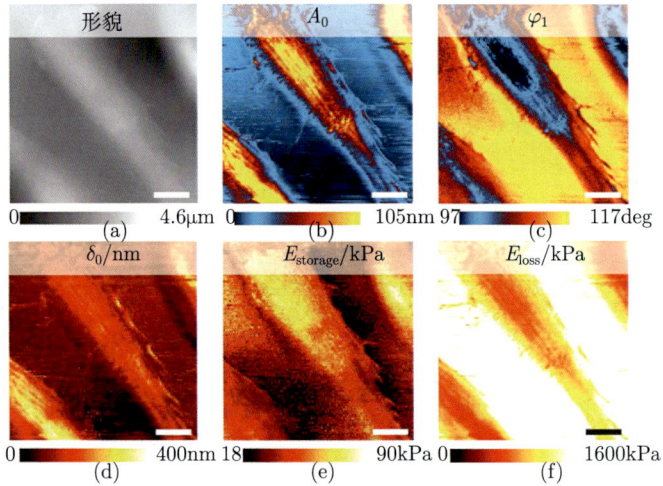

图 8.15 老鼠尾巴的成纤维细胞纳米力学成像结果[28]

(a) 形貌像；(b) 探针的平均反射量 A_0；(c) 一阶谐振相位像；(d) 平均压入量分布；(e) 存储模量分布图；

(f) 损耗模量分布图

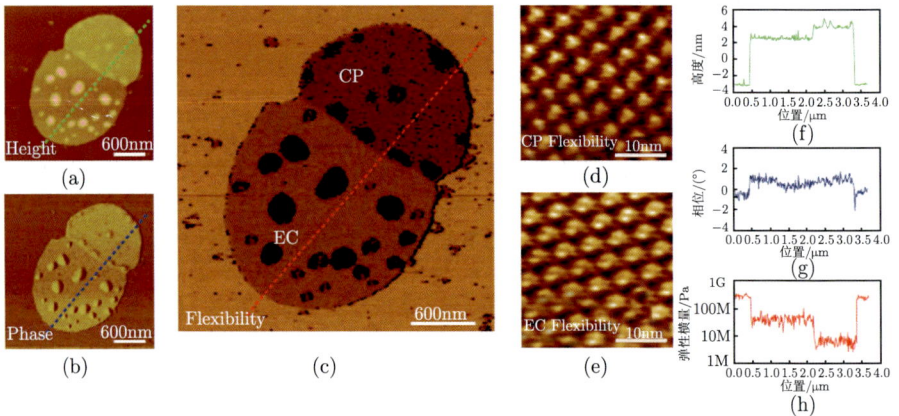

图 8.20 细菌视紫红质蛋白质紫膜的：(a) 形貌图；(b) 相位图；(c) 弹性模量图；(d) 高分辨率
细胞质的模量图；(e) 高分辨率细胞外模量图；(f)、(g)、(h) 分别对应 (a)、(b)、(c) 中虚线处的
形貌变化、相位变化和弹性模量的变化曲线[32]